# 跨越的30年 腾飞的30年

## ——改革开放30年北京交通发展成就与展望

北京市交通委员会 编

人民交通出版社

图书在版编目（CIP）数据

跨越的30年　腾飞的30年：改革开放30年北京交通发展成就与展望/北京市交通委员会编．—北京：人民交通出版社，2008.12
ISBN 978-7-114-07508-7

Ⅰ.跨...　Ⅱ.北...　Ⅲ.交通运输业-经济发展-成就-北京市　Ⅳ.F512.71

中国版本图书馆CIP数据核字（2008）第195968号

书　　名：跨越的30年　腾飞的30年
　　　　——改革开放30年北京交通发展成就与展望
著 作 者：北京市交通委员会
责任编辑：乔文平
出版发行：人民交通出版社
地　　址：(100011)北京市朝阳区安定门外外馆斜街3号
网　　址：http://www.ccpress.com.cn
销售电话：(010)59757969　59757973
总 经 销：北京中交盛世书刊有限公司
经　　销：各地新华书店
印　　刷：北京鑫正大印刷有限公司
开　　本：787×980　1/16
印　　张：21.25
插　　页：8
字　　数：293千
版　　次：2008年12月第1版
印　　次：2009年3月第2次印刷
书　　号：ISBN 978-7-114-07508-7
印　　数：3001－4000册
定　　价：30.00元

# 编委会名单

# 参 编 单 位

北京市交通委员会
北京市路政局
北京市运输管理局
北京市交通执法总队
北京交通发展研究中心
北京公共交通控股(集团)有限公司
北京市基础设施投资有限公司
北京市地铁运营有限公司
北京市轨道交通建设管理有限公司
北京市首都公路发展集团有限公司
北京市公联公路联络线有限责任公司
北京市政路桥建设控股(集团)有限公司
北京祥龙资产经营有限责任公司
北京市市政设计研究总院
北京市城建设计研究总院
首创股份京通快速路分公司

通惠河北路 （赵连山摄）

展西路 （赵连山摄）

丰北立交桥 （李社兴摄）

建成后的右外大街 （赵连山摄）

京津高速公路 （李冰摄）

密云县吉大路 （市路政局供图）

快速发展的北京公交 （公交集团供图）

通车后南中轴 BRT （公交集团供图）

奥运支线北土城站 （轨道建设公司供图）

轨道机场线 T3 航站楼站 （轨道建设公司供图）

天通苑北站 P+R 及公交停车场 （北京公联安达公司供图）

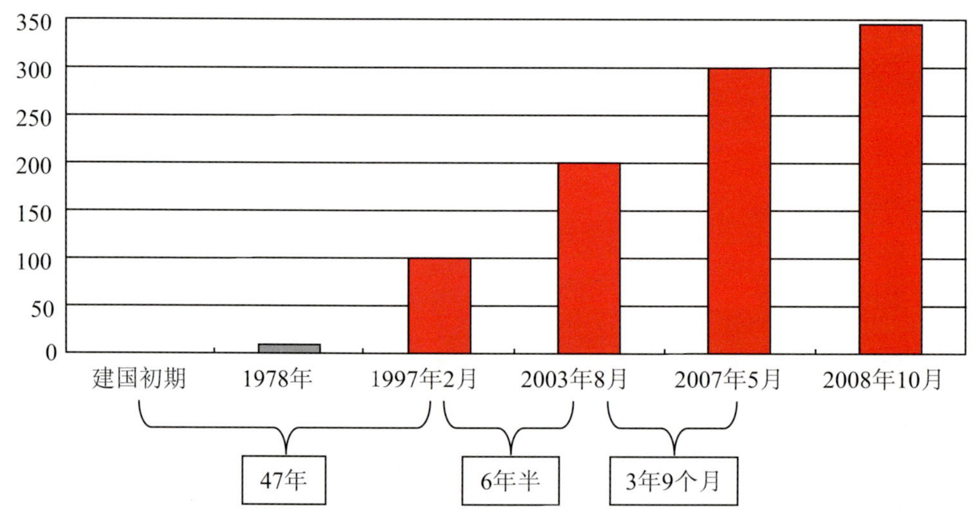


北京市机动车保有量增长情况示意图 （单位：万辆）

广安大街原貌 （赵连山摄）

改建后的广安大街 （赵连山摄）

1996 年北四环旧貌 （李社兴摄）

2002 年北四环中关村路堑 （李社兴摄）

2006 年 7 月改造前的怀柔区喇碾路 （杜宏利摄）

2007 年 8 月改造后的怀柔区喇碾路 （杜宏利摄）

2005 年通州区张采路东营段旧路（张长生摄）

2008 年 9 月通州区张采路东营段新路 （张长生摄）

1992 年 6 月赵公口长途客运汽车站建站初期原貌 （王魁摄）

2003 年 12 月赵公口客运站改扩建后的新貌 （许寿全摄）

1996 年六里桥长途客运临时站旧貌

2006 年新建的六里桥客运主枢纽外景 （许寿全摄）

改造前的北官厅换乘站 （公交集团供图）

改造后的北官厅换乘站 （公交集团供图）

20 世纪 90 年代初老丰田汽车维修服务中心外景 （王立忠摄）

2001 年三元桥新丰田汽车维修服务中心外景 （王立忠摄）

1975 年投入运营的 17 米黄河铰接车（BG670）（公交集团供图）

2006 年投入运营的 18 米低地板国 III 柴油铰接车（青年 JNP6180G 型），左开门 BRT 专用车（公交集团供图）

北京地铁一、二期工程 DK4 四型电动客车 （城建院供图）

北京地铁新型空调车 （地铁运营公司供图）

# 全面贯彻落实科学发展观
# 实现北京交通发展新跨越
## （代序）

1978年，党的十一届三中全会作出了把全党工作重点转移到社会主义现代化建设上来的战略决策，北京交通迎来了改革开放的春天。在党中央、国务院的亲切关怀下，在中共北京市委、市政府的正确领导下，经过30年的不懈努力，特别是2001年北京成功申办奥运会和全面筹办奥运交通以来，北京的交通发生了可喜的变化：地面，条条大路在延伸，车水马龙，一辆辆崭新的公共电汽车、出租汽车往来穿梭，一辆辆省际客运汽车、旅游客运汽车从北京开往全国，一辆辆货运汽车，奔驰在城市和农村；地下，轨道交通线网日渐拓展，新型车辆载着市民和中外宾客从城东至城西，从北城到南城；还有，铁路提速、民航通往国内和世界的城市……北京的地上、地下、空中立体交通网，基本解决了“乘车难”和“运货难”。这一切，都凝聚了各级领导、广大市民、特别是首都交通人的智慧和心血，展现了改革开放以来首都交通发展的巨大成就！

回顾改革开放30年来的北京交通发展，我们欣喜地看到：

## 一、交通基础设施建设突飞猛进

**——道路建设实现跨越式发展。**1978年，北京的城市道路总里程只有1900余公里，道路面积1446万平方米。到2007年底，城市道路总里程达到4460公里，道路面积6272万平方米，市区基本建成了4条快速环路和17条放射干线构成的中心城区快速路网系统，路网整体通行能力明显改善。

**——高速公路实现“区区通高速”。**从1986年北京市高速公路实现零的突破起，至2008年上半年通车总里程已达到762公里，初步建成“两环、八放射”（“两环”即五环路、六环路,“八放射”即京石、京开、京津塘、京沈、京哈、机场、京承、八达岭等8条放射线高速路)的高速公路网,2008年京平高速公路的竣工通车,标志着北京“区区通高速”目标的实现。

**——农村公路有力地支持新农村建设。**2005年,北京市在全国率先实现了行政村“村村通油路”,全市3985个行政村的道路全部实现油路、水泥路面。2007年,按照“统筹城乡、服务奥运”的原则,北京市完成了郊区公路3年提级改造工程,共改造郊区公路8771公里。2008年,全市重点自然村均实现通油路。“要想富,先修路”,农村公路建设的快速发展,有力地推进了新农村建设的进程。

**——轨道交通步入加速发展期。**1978年以来尤其是最近几年,北京市轨道交通建设快速发展,特别是2008年7月,地铁10号线一期、奥运支线、机场线同时建成通车,全市轨道交通总里程达到200公里,轨道交通初步显现网络效应。

## 二、公共交通出行更加安全便捷

**——交通出行结构初步改善。**优先发展公共交通成效初现。2007年,北京市公共交通运营车辆达到19395辆,比1978年增长了6倍多;运营线路总里程达到17353公里,比1978年的1217公里增长了16136公里,增加了13倍多。2008年轨道交通运营里程也由1978年的16.1公里增至200公里。尤其是2007年,全市轨道交通全网最高日开行列车2306列,日客运量首次突破300万,达到302万人次,是1978年日均客运量8.5万人次的35.5倍,成为中国大陆第一个日客流超过300万人次的轨道交通系统。2007年,北京全年公共交通完成客运量50.45亿人次,公交出行比例达到34.5%,近年来首次超过小汽车出行比例。

**——初步实现城乡公共交通一体化。**2007年底,北京市研究制订了郊区公共客运改革发展方案,坚持实行公交公益性定位和低票价政策,加大对郊区公共交通客运发展的投入,推进城乡公共交通一体化进程,市区公交、市郊公交、郊区公交网络初步形成,极大地方便了市民的出行。

## 三、出租汽车服务水平逐年提高

改革开放以来尤其是2004年以后,北京市通过制定相关的出租汽车行业标准规范，实行出租汽车企业企务公开、开展社会信誉评价、评选“北京的士之星”等活动，出租汽车行业管理不断加强，出租汽车行业整体精神风貌、服务水平和文明程度不断跃上新台阶。首都出租汽车行业规范的服务，整洁的车身，已经成为北京“窗口行业”一道靓丽的风景线。

## 四、道路运输发展迅速

**——省际长途客运通达程度大为提高。**1978 年省际客运线路仅有 182 条，总里程为 8917 公里，最远的客运班线仅到河北遵化，全长 305 公里。截至 2007 年底，省际客运线路已通达 3 个直辖市，15 个省会城市，19 个省、市、自治区的 400 多个地、市、县，形成了以首都为中心，南到重庆、福建，北到黑龙江，西到甘肃，东到山东、浙江等地区，向各省、区、市放射的公路省际客运线路网络，省际客运班线达到 790 条，线路总里程 43.7 万公里，最远线路里程 2600 多公里。2007 年省际客运日均发车 2200 余班次，年客运量达到 2571 万人次。

**——道路货运基本解决“运货难”。**随着北京市货运市场逐步放开，道路货物运输打破了地区、行业和部门的限制，出现了多种所有制并存和多元经营主体共同发展的局面。货运经营业户由 1978 年的仅有市运输公司等少数货运企业的几千辆车发展到 2008 年的 5.6 万户 12.6 万辆营业性货运车辆，“运货难”问题得到解决。

**——汽车维修服务水平逐年提高。**1978 年以来，北京市汽车维修企业数量逐年增加，并且改变了过去全民单一的封闭经营方式，形成了多种经济成分并存，多层次、多类型的汽车维修市场。汽车维修企业逐步实现由生产型向服务型转变，涌现出一大批集汽车销售、汽车维修、配件供应和信息反馈为一体的品牌特约维修企业，汽车维修环境和服务水平明显改善。

## 五、智能交通技术得到广泛应用

30 年特别是近几年来，北京市按照“一个共享平台、七个应用领域”的智能交通技术应用工作思路，全面推进北京市“十五”智能交通系统示范工程建设。目前，已初步建成了现代化的公交运营组织与调度系统、轨道交通路网指挥中心、出租汽车调度及信息采集系统、省际长途综合客运枢纽信息系统、高速公路电子收费系统和高速公路监控系统、交通综合信息共享平台与综合信息服务系统、交通应急指挥系统等。智能交通技术的全面应用,有效地提高了交通现代化管理水平和交通运营效率。

## 六、赛事交通与社会交通和谐运转

30年的交通发展为奥运交通保障奠定了基础。2008年北京奥运会残奥会期间,赛事交通与社会交通和谐运转,有力地保障了"两个奥运,同样精彩"目标的实现。奥运交通保障受到国际社会、各国运动员和广大市民的高度称赞,做到了让国际社会满意、各国运动员满意、人民群众满意的"三个满意"。奥运交通保障工作不仅促进了城市交通管理理念的转变,也为今后北京交通发展积累了有益的经验。

回顾改革开放30年来的北京交通发展,我们深刻体会到:

**一是党中央国务院的亲切关怀和市委市政府的正确领导,有力地支持了北京交通又好又快发展。**

北京交通的发展,一直受到党中央国务院的高度重视和亲切关怀。早在1975年,国务院就批复了北京市《关于解决北京市交通市政公用设施等问题向国务院的请示报告》。1976—1985年的两个五年计划期间,国家每年给北京市安排专款1.2亿元,用于改善相关设施。大到北京交通发展规划,小到某个行业的管理,党中央国务院领导都非常关心,多次就有关北京交通方面的事项作出明确批示。2005初,国务院正式批复了《北京城市总体规划(2004—2020)》。特别是2008年北京奥运会召开前夕,胡锦涛总书记实地考察北京奥运会配套交通设施,对北京交通建设发展作出明确指示,更是体现了党中央国务院对北京交通发展的关怀和支持。

北京市委市政府十分重视北京交通工作。2005年,市委市政府审时度势,编制并发布了《北京交通发展纲要(2004—2020)》(以下简称《纲要》),作为今后一个时期指导制定全市交通规划、交通政策和实施计划的纲领性文件,提出了建设"新北京交通体系"的目标。近几年来市政府制定了《缓解北京市区交通拥堵工作方案》、《关于优先发展公共交通的意见》、《北京市轨道交通近期建设规划》等一系列文件,为落实《纲要》明确了相应的政策措施。

**二是坚持改革创新，逐步理顺交通管理体制，为交通发展奠定体制基础。**

改革创新是交通发展的不竭动力。1978 年以来尤其是近几年来，北京市积极推进观念创新、体制机制创新、科技创新和管理创新，在交通管理体制上积极进行探索，经历了交通管理体制的多次分合。直到 2003 年 2 月，在 2000 年对公共交通与公路、水路运输实行统一管理的基础上组建了北京市交通委员会，整合了交通资源，实现了对公共交通、公路和水路客货运输、公路和城市道路建设实行统一管理，初步理顺了交通管理体制。坚持贯彻和落实科学发展观，不断解放思想和更新观念，逐步建立政府主导、市场化运作的交通基础设施投融资体制，分别成立专业公司，专门负责道路、公路、地铁等交通基础设施的建设；组建轨道交通指挥中心，对轨道网络实行统一调度指挥；推进乡村公路管理养护体制改革和交通枢纽建管机制改革等，为北京市实现交通事业快速发展奠定了体制基础。

**三是坚持统筹兼顾，努力推进城乡交通一体化发展。**

交通是支撑经济社会发展的基础性、先导性的现代生产服务业，与人民群众生产生活息息相关。要实现交通运输的健康可持续发展，必须全面贯彻落实科学发展观。党的十七大报告指出，科学发展观，第一要义是发展，核心是以人为本，基本要求是全面协调可持续，根本方法是统筹兼顾。改革开放 30 年特别是近几年来，紧紧围绕首都经济社会发展全局，坚持统筹交通与经济社会协调发展，发挥交通基础设施在城市空间布局和产业布局调整中的引导作用；统筹城乡交通、市域与城际交通发展，着力推进“区区通高速”、“村村通油路”，城乡交通一体化进程大大加快。坚持把不断满足人民群众对交通的需求作为交通工作的出发点和落脚点，把以人为本的理念努力贯穿到交通规划、建设、运营、管理、服务等各个环节。优先发展事关民生的公共交通，让市民享受更安全、更快捷、更方便、更实惠的公共交通服务。坚持建养管并举，充分发挥既有交通设施潜力，注重各种运输方式的整合衔接，推进交通领域节能减排降耗，发展集约型环保型的现代交通综合运输体系，走可持续发展之路。坚持文明执法、严格执法，寓管理于服务之中，营造和谐良好的交通环境。

近几年来坚持交通先导和公交优先，让市民共享改革开放成果。坚持城市交通基础设施适度超前、优先发展，充分发挥交通建设对城市空间结构调整的引导和支持作用。交通基础设施建设的快速发展,带动了交通运输业的整体发展。坚持公交优先政策,从城市可持续发展的要求出发,按照公平和效率的原则,合理分配和使用交通设施资源,在规划、投资、建设、运营和服务等各个环节,提出了"两定"、"四优先"政策,为公共交通发展提供条件,有力地促进了首都交通运输业健康稳定发展。

**四是确保行业安全稳定,为交通快速发展营造良好环境。**

安全稳定是首都第一位的政治任务,也是交通行业和谐发展的基本要求。北京市在工作中逐步建立了交通公共安全责任体系,全面落实行业安全监管和企业主体责任。实施了地铁消隐、危病桥改造、公路安保工程、治理超载超限等安全隐患治理,交通基础设施的安全性、可靠性明显提高。不断完善交通应急体系和工作机制,成功组织了多次重大工程改造和抢险抢修,增强了突发事件的快速反应和处置能力。同时,以维护出租汽车行业稳定为重点,不断推进和谐行业建设。为北京市交通快速发展营造了良好的环境。

**五是北京交通系统广大干部职工始终保持良好的精神状态和工作作风,坚持依法行政,努力建设服务型政府部门。**

改革开放30年来,北京交通系统广大干部职工,始终坚持高标准、严要求,脚踏实地、真抓实干,发扬特别能吃苦、特别能战斗、特别能攻关、特别能奉献的精神,始终保持良好的精神状态和作风,战胜了一个又一个困难和挑战,取得了一个又一个成功和胜利。尤其是近年来,牢固树立"以人为本"和"发展为了人民、发展依靠人民、发展成果由人民共享"的施政理念,交通主管部门和各级交通管理机构,努力加快政府职能转变,不断完善交通法规规章,努力提高依法行政水平,改进管理手段和方式,建立健全民主决策机制、政府信息公开机制、群众监督和参与机制,实现由全能型、审批型、管理型政府向有限型、责任型、服务型政府的转变。努力加强队伍建设,着力建设为民、务实、清廉、高效的服务型政府交通部门,通过制定规划、法规、政策、标准和帮助基层、企业解决实际问题来加强行业监管、为市场主体提供服务,赢得了社会各界的理解和支持,进一步增强做好工作的决心和信心,成为促进交通事业又好又快发展的巨大精神动力。

改革开放30年来北京交通发展是跨越的30年,是腾飞的30年。站在改革开放30年发展成就特别是为成功举办2008年北京奥运会残奥会提供最好交通保障的新起点上，北京交通发展任重而道远。

国内外大城市交通发展的经验和我市交通工作的实践都表明，单纯依靠增加交通基础设施供给来提高道路交通承载能力，难以走出“面多了加水，水多了加面”的恶性循环，只有大力发展公共交通特别是轨道交通，同时实施交通需求管理政策，才是解决城市交通问题的根本出路。

北京交通发展，必须始终坚持以科学发展观统领交通工作全局，坚持“人文北京、科技北京、绿色北京”理念，努力建设以现代先进水平的交通设施为基础，构建以公共运输为主导的综合交通运输体系；以信息化与法制化为依托，提供安全、高效、便捷、舒适和环保的交通服务；城市交通建设与历史文化名城风貌和自然生态环境相协调，引导、支持城市空间结构与功能布局优化调整，实现城市可持续发展的“新北京交通体系”。

衷心希望本书的出版，能进一步激励北京交通系统广大干部职工深入贯彻落实科学发展观，继续发扬艰苦奋斗、顽强拼搏的精神，在加快建设“人文北京、科技北京、绿色北京”中实现首都交通发展的新跨越，再铸首都交通发展的新辉煌，为建设繁荣、文明、和谐、宜居的首善之区作贡献！同时也热切希望本书的出版，能对热爱北京交通、关心北京交通、支持北京交通、奉献北京交通的同志们提供帮助和借鉴。

北京市交通委员会党组书记、主任　刘小明

二〇〇八年十一月十八日

# 目　录

MULU

## 上篇　成就与展望

## 下篇 我看交通发展

# 上篇　成就与展望

# 第一章

# 交通管理体制

改革创新是交通发展的不竭动力。改革开放以来,随着首都经济社会各项事业的快速发展,北京市交通管理体制机制不断改革创新,逐步建立起一套符合北京市实际的交通管理体制机制,较好地破解了交通发展的体制机制性障碍,为实现交通全面协调可持续发展奠定了基础。

## 一、交通管理体制改革发展历程

1978 年 8 月 6 日,在党的十一届三中全会召开前不久,根据北京市革委会 310 号通知精神,为加强公共交通和道路运输的管理,将当时的北京市交通局一分为二,分别组建北京市公共交通局和北京市交通运输局。1984 年 4 月,根据市委〔1984〕10 号文件精神,北京市交通运输局改名为北京市交通运输总公司。1988 年 5 月 28 日,为加强对北京地铁建设工作的领导,市政府专门成立了以主管副市长为总指挥的北京市地铁建设指挥部。1991 年 4 月,为加强对公路建设的领导和管理,成立了北京市公路局,同年 9 月,根据市政府京政办发〔1991〕50 号文件精神,撤销北京市交通运输总公司,成立北京市交通局。

2000年1月，市委、市政府决定撤销原北京市交通局、北京市出租汽车管理局、北京市公共交通管理办公室，组建新的北京市交通局，内设北京市交通执法总队，对公共交通与公路、水路运输实行统一管理。这次机构改革，实现了交通管理部门的政企、事企分开，实现了交通管理与交通执法的适度分离，北京城乡公共交通、公路及水路交通行业的集中统一管理程度得到很大提高。但是，多头管理、多头决策等问题在这次机构改革中并没有得到完全解决。

2003年2月，为适应“新北京、新奥运”的要求，进一步发挥交通在首都经济和社会发展中的促进作用，统筹城乡交通设施建设和运营管理，市委、市政府决定在北京市交通局的基础上调整组建了北京市交通委员会（简称市交通委）。市交通委的组建，确立了对全市交通工作负总责的部门，进一步加大了交通基础设施建设统筹协调力度，在研究制定交通政策方面发挥了重要作用，基本理顺了北京市交通管理体制，为交通行业全面健康发展奠定了体制基础。

## 二、现行交通管理体制框架

市交通委是市政府组成部门，负责北京市道路（含公路）和交通运输（含公共交通、轨道交通、长途客运、货运、水路交通等）的综合管理，主要职责包括研究制订北京交通发展战略和具体策略，制订完善有关交通行业管理的法律、法规、条例和办法，统筹管理交通基础设施的建设，协调解决有关交通的综合性问题。

市交通委实行委员会制和行政首长负责制相结合的领导体制，委员由专职委员和兼职委员组成，兼职委员主要由市发展改革委、市规划委、市建委、市市政管委的有关负责同志担任，市公安局公安交通管理局的主要负责同志兼任市交通委副主任。

在机构运行上，市交通委分为决策层和执行层两个层级。市交通委为决策层，市路政局、市运输局（市地方海事局）、市交通执法总队为执行层。其中市路政局、市运输局是市政府部门管理的副局级机构，市路政局负责北京市道路（含公路）、桥梁、轨道等交通基础设施的行政管理工作；市运输局负责北京市交通运输行业的管理和水上安全监督工作。交通执法总队是市交通委下设机构，负责公共交通、公路及水路交通行业的综合执法工作。

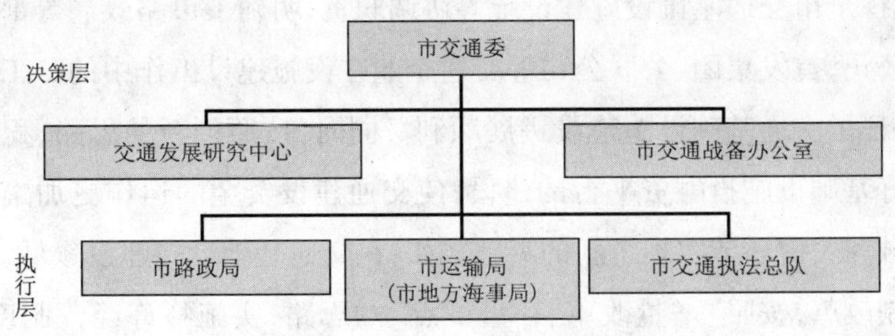


市交通委系统机构设置示意图

在市区两级交通管理体制方面，路政管理实行市区两级管理体制，城市主干路和县级以上公路由市路政局负责统筹建设、维修养护和管理；城市支路、县级以下公路由区县政府指定的部门负责建设、养护和管理。运输管理按照市区与郊区划分，市区由市运输局负责管理；郊区由区县交通局负责。

市国资委管理的首发集团、公联公司、轨道建设管理公司、市政路桥控股集团公司等大型国有企业，主要承担轨道交通、高速公路、城市道路等市级交通基础设施建设和养护项目法人职能，市路政局对建设项目实施组织协调和监管。公交集团、地铁运营公司、祥龙公司下属的祥龙公交公司等，分别负责北京市公共电汽车、轨道交通的运营管理，市运输管理局负责行业管理。

## 三、现行交通管理体制主要优势

新的交通管理体制有力地推动了首都交通事业的发展，为成功举办2008年奥运会、残奥会和服务首都经济社会发展等方面做出了突出贡献。

一是确立了对全市交通工作负总责的部门。市交通委组建以前，北京市交通管理职能分散在多个政府部门。当时这种多头决策、多头管理的格局，使北京交通管理的整体效能得不到充分发挥。市交通委组建以后，从根本上改变了以前政出多门的局面，使各种交通运输方式之间的协调得到很大改善，组织构建城乡综合交通运输体系的目标也更加明确、可行，为首都交通事业的持续、快速、健康发展提供了体制保证。

二是进一步加大了交通基础设施建设的统筹协调力度。市交通委依靠体制优势，充分发挥全市交通基础设施建设统筹协调职责，明确了市路政局等部门和基础设施投资公司、首发集团、公联公司等交通企业在设施建设工作中的分工和协调配合机制，保证了交通基础设施建设进展顺利。同时，按照创新的思路，积极协调有关方面抓好基础设施投融资平台的建设，使交通建设资金的运作更加集中、高效，在重点领域和关键环节实现了新的突破。如：在交通基础设施建设领域，积极推动投融资体制改革，按照“增量改革、存量试点”的思路，实施特许经营制度，在京承高速二期等四个项目成功引入社会资本金；在运输市场领域，坚持政府主导、有序竞争、政策支持的思路，推动地铁 4 号线项目的特许经营，成为全国第一个采用 PPP 模式成功吸引社会投资者的轨道交通项目。

三是在研究制定交通政策方面发挥了重要作用。市交通委组建后，按照构建城乡综合交通运输体系的总体目标，积极开展交通发展宏观政策的研究，2005 年市政府颁布了《北京交通发展纲要（2004—2020）》，从战略层面上提出构建新北京交通体系的目标、基本政策和重大行动，明确了交通先导、公交优先等五大政策。同时，以北京城市总体规划修编为契机，组织建立战略规划、综合规划、区域规划、专项规划四个层级的交通规划体系，为交通发展奠定了坚实基础。围绕宏观政策和有关规划，积极开展出租汽车行业体制、停车管理、公共交通票制票价改革等交通问题的研究，陆续出台了优先发展公共交通等相关政策和措施。

# 第二章

# 交通基础设施建设

## 第一节　道路建设

改革开放30年，北京的城市面貌发生了巨大变化，道路建设实现了跨越式发展，在支持首都经济和社会发展中发挥了重大作用。1978年，北京的城市道路总里程只有1900余公里，道路面积1446万平方米。到2007年底，城市道路总里程已达到4460公里，道路面积6272万平方米，市区基本建成了3条快速环路和17条放射干线构成的中心城区快速路网系统，路网通行能力明显改善。尤其是1998年四环路工程，不论是在设计、施工、工艺、材料方面，还是在管理模式上，都实现了历史性的突破，其在规模、技术等级、复杂程度等方面都创下了当时北京道路建设之最和国内城市道路建设的数个“第一”，成为北京市道路建设创新模式的一座里程碑！

### 一、道路建设发展历程

#### （一）统一规划建设，填补历史“欠账”

“文革”十年，北京的道路建设与其他经济建设一样，基本处于停滞不前的状态。“文革”结束前后，这种“欠账”已经凸显出来。1975 年，邓小平同志主持中央工作，对北京市《关于解决北京市交通市政公用设施等问题向国务院的请示报告》作了批复（国发〔1975〕85 号文件），原则同意北京市的这个报告。粉碎“四人帮”以后，国务院关于解决北京市交通、市政公用设施等问题的批复得以贯彻实施。国家在第五、第六两个五年计划（1976—1985 年）期间，每年给北京市安排专款 1.2 亿元，用于改善相关设施。城市道路按照统一规划、统一计划、统一建设的要求，分轻、重、缓、急有序展开。

这一时期，道路建设的重点放在提高市区干道通行能力，尽力开拓一些城市干道，打通一些卡口、断头路，以及在规划的快速路上有计划地建设立交桥。这十年间按照规划，城区主要建设了二环路的北半环（自复兴门经西直门、东直门至建国门段），在路段上修建了阜成门、西直门、德胜门、安定门、东直门、东四十条、朝阳门、建国门等 8 处立交桥，使二环路北半环与崇文门东大街、前三门大街形成一个道路环；建设了三环路的西南半环（自木樨园经公主坟至白颐路口），使三环路三线贯通；并在三环路段上修建了三元桥、安贞桥、马甸桥、蓟门桥、六里桥等立交桥；打通了马家堡路，将马家堡、夕照寺、东管头路与铁路的平交建成立交。这一期间的主干路、次干路多为隔离带的三幅式道路，较好地解决了机动车与非机动车混行交叉干扰的矛盾。十年间道路桥梁建设投资 47842 万元，占同期基本建设总投资的 1.38%。

这些工程基本解决了一些道路建设多年来存在的欠账问题。1985 年城市道路里程已达 2545 公里，道路面积 2091 万平方米，桥梁 368 座，桥梁面积 26.2 万平方米，道路里程和道路面积比 1978 年分别增长了 645 公里和 591 万平方米。

### （二）打通两厢、缓解中央，建设快速环路

1986 年，北京市人民政府提出了“打通两厢、缓解中央”、“建设二、三环快速路”的战略部署，建设“人车分流、车辆各行其道，路口交通渠化、路段设港湾停车站，主路不设信号灯”的城市快速路。

1987 年，东厢工程开工并于 1989 年完成了自东便门经广渠门、蒲黄榆、刘家窑至木樨园的道路桥梁建设，1990 年 9 月完成刘家窑至分钟寺的道路桥梁建设，东厢工程结束。同期还进行了北辰路、鼓楼外大街、北四环路、安外大街、南三环（木樨

园至洋桥段）等为第十一届亚运会配套的道路工程建设。1990 年 9 月，西厢工程（从复兴门经西便门、广安门、菜户营至右安门）开始施工，并于 1991 年 12 月完工。西厢工程与东厢工程一样都是二环路的组成部分，担负着疏导和缓解市区交通的任务。全线新建、改建道路 50.4 万平方米，修建立交桥 5 座。西厢工程的主要特点是立体交叉设施群体组合，是城市基础设施的一次综合开发，为道路两侧经济的发展奠定了基础。

1991—1998 年，相继开工并建成了西北二环改造工程、南厢工程、广安门外大街道路工程、四元立交工程、东三环改造工程、广安门内大街改造工程、京通快速路工程等主要工程。这些工程对完善路网、改善北京市城区通行能力，促进沿线经济发展起到了进一步的推动作用。

**（三）承载奥运，道路建设实现跨越式发展**

近十年来，随着北京经济实力的大幅提升，特别是伴随着申办奥运和奥运筹备，北京市道路建设进入了飞速发展时期。1998 年四环路的开工建设，使得这一年成为北京市道路建设历史上具有重要意义的一年。在国家全面实行社会主义市场经济的背景下，市委、市政府遵循市场规律，以可持续发展的观念探索出道路建设的一个新模式。市政府批准成立了北京市公联公路联络线有限责任公司（简称公联公司），负责四环路建设。为一条路而组建一个公司是前所未有的事情。四环路的设计由北京市市政工程设计研究总院等三家单位承担。四环路全长 65.3 公里，全线道路面积 412 万平方米，修建大小桥梁 147 座，桥梁总面积 48.5 万平方米，原国家计委批复的工程总投资额为 98 亿元人民币，是北京市城市总体规划中非常重要的一条城市快速环路，也是国家重点工程。四环路主路全封闭、全立交，双向八车道加紧急停车带，设计时速 80 ~ 100 公里，全线设有完善的交通安全设施、照明及绿化系统，主路两侧设有宽 7 ~ 15 米的辅路，供区域交通和非机动车行驶。四环路的建设，等级之高、投资之巨、里程之长、工程之大，在北京乃至全国城市道路建设史上都是空前的。

经过三年的建设施工，2001 年 6 月四环路竣工通车。四环路通车的当月，工程决算亦告完成，投资总额控制在 73 亿元之内，比概算减少 23 亿多元。决算速度之快、节约概算的比例之大均无先例。四环路地处朝阳、海淀、丰台三区，途经东郊电

四环路 （市路政局供图）

子城、亦庄经济开发区、丰台高科技园区、丰台镇、海淀镇、中关村、亚运村，与首都机场、京津塘、京石、八达岭等七条高速公路、12条铁路、数十条城市干线以及河湖渠泊相交。四环路的建成，对完善城市路网、提高城市快速路系统的运行标准和水平，对带动沿线和全市经济发展，对城市环境的改善和提高居民生活的品质发挥了重要作用。

2001年7月13日，随着北京申奥成功，奥运场馆和奥运场馆周边道路建设随之启动。为兑现对国际社会的郑重承诺，为北京奥运会提供良好的交通基础设施和交通服务保障，自2003年5月至2008年6月，共完成32项奥运场馆周边道路工程项目建设，总计67.3公里。其中，为奥运中心区提供服务的道路共29项，包括景观西路、景观路、北一路、中一路、北辰东路西辅路、南一路、北二路、湖边东路、湖边西路、白庙村路、安立路、成府路西延、成府路西段、成府路隧道段、成府路东段、清华东路、和平里北街、北辰东路（南段、中段、北段）、大屯路、北辰西路（一、二期）、辛店村路西延、辛店村路、惠新西街立交、北辰桥改造、中一路东延、北土城东路；其他比赛场馆周边道路3项，包括光彩北路、上庄东路、左安东路。

这些奥运场馆周边道路工程项目多、工期紧、质量要求高、拆迁难度大，但经过有关部门努力，所有项目全部如期、高质量完成。尤为可贵的是，在工程建设过程中，特别注重环保意识和人文关怀。在成府路、大屯路、南一路、北辰东路和北辰桥改造工程中，设置了22部电梯、扶梯，既满足场馆区内紧急情况下人员快速疏散的要求，又方便了行人特别是残疾人换乘。同时，在工程建设中还广泛采用了节能环保的新材料和先进的施工技术，彰显了绿色奥运、人文奥运、科技奥运的理念。

最近10年，快速环路建设主要完成了对二环路进行全线加铺和整治；实现了三环路的全封闭、全立交，并完成了加铺和整治改造工程。东西贯通线完成了平安大街、广安大街工程。联络线方面陆续建成西外大街、学院路、德外大街、南中轴路、马家堡西路、丰北路、莲花池西路、万泉河路、东北城角联络线、展西路等。这些道路工程的建成，使城区的交通出行更加便捷。

## 二、道路建设实现跨越式发展

30年来北京市道路建设发展成就巨大，影响深远，令人振奋。改革开放以来，道路建设投资加速增长。1976—1985年，北京市道路建设总投资仅4.7亿元。而1998—2007年，30年改革开放的后10年，仅快速路、主干路的总投资就达到253亿元，建设项目103项，总里程367公里。特别值得一提的是城市快速路建设取得了突飞猛进的发展。2007年城市快速路由1998年的124公里猛增到236公里，增长幅度高达90%，实现"十一五"规划目标的85%，形成了快速路网骨架，同时，城市主干路也增加了153公里，实现"十一五"规划目标的89%。

目前，北京市中心城区交通基础设施基本形成了以多条全封闭、全立交的环形道路与环路连接线相结合的放射线，并有长安街、平安大街、广安大街作为交通主动脉贯通东西向交通，建立起较完善的城市道路网。截至2007年底，北京市城市道路总里程达到4460公里，道路面积6272万平方米。其中快速路236公里、面积694万平方米；主干路960公里、面积2363万平方米；次干路694公里、面积1205万平方米；桥梁1230座。2007年道路总里程和道路面积比1978年分别增加了2560公里和4826万平方米，增幅分别达1.35倍和3.34倍，实现了跨越式发展，有效地缓解了道路设施总量不足制约城市发展的矛盾。

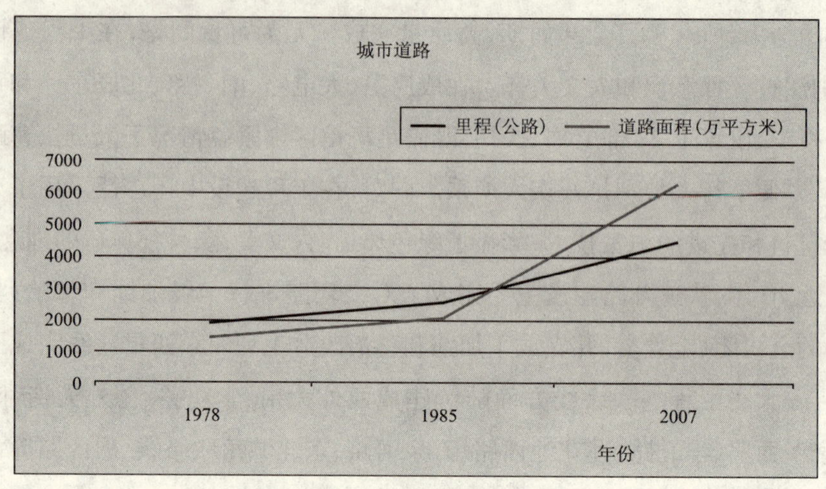


北京市城市道路通车里程增长情况

## 三、道路建设发展展望

改革开放30年,北京市道路建设取得了巨大成就,但也存在着不少问题。如城市建设与城市交通发展不协调,市中心区城市功能过度聚集和土地超强度开发,导致人口与就业岗位高度集中,由此带来交通出行的高度集中,三环以内集中了全市出行量的50%。而目前道路建设的速度跟不上这种需要的发展。再如干路系统空间布局不均衡,特别是南北干道不足,造成中心城南北向道路拥堵的程度明显高于东西方向。此外,中心城道路偏重快速路和主干路建设,对次干路和支路的建设重视不够,次干路和支路比例偏低,城区道路微循环系统还有待进一步完善。

按照国务院批准的《北京城市总体规划(2004—2020)》,北京将全面实施新的城市空间发展战略,优化调整城市功能布局,逐步构建"两轴—两带—多中心"的城市空间结构。城市功能布局及空间结构的优化调整是改善中心城区交通的治本之策,但布局调整是一个长期的渐进过程,道路建设为适应这一布局也将是一个渐进过程。

根据《北京城市总体规划(2004—2020)》、《北京城市近期建设规划(2006—

2010)》和《北京交通发展纲要(2004—2020)》,北京城市近期道路建设将紧紧围绕为发展公共交通创造良好的道路交通支持这一中心任务,到2010年中心城区要建成功能完善的道路交通网络,提高道路交通设施的承载能力,为提高公共交通服务水平,改善城市交通结构创造条件。一方面按照总体规划全面建成快速道路系统对中心城地区的进出交通和跨区域交通提供更为通畅的出行条件;另一方面,大力扩充次干路、支路"微循环"系统。在提高路网集散能力和交通可达性的同时,为提高公共交通网的覆盖创造条件。

到2010年,将新建城市主干路100公里,建设次干路支路180公里,打通一批南北通道,南城骨干路网进一步完善,基本完成14条快速路放射线和3条环路组成的城市快速路网系统,总里程超过280公里,中心城干道网密度提高到2.56公里/平方公里,道路网空间布局更加完善,路网的集散能力和交通的可达性进一步提高,基本建成"北京交通体系框架",并初步形成中心城、新城和城际交通一体化的新格局,道路规划、设计、建设、管理等各个环节更加紧密,中心城交通拥堵状况得到缓解。

## 第二节　公路建设

改革开放前的相当长时期里,北京公路建设一直处在低水平缓慢发展阶段。当时公路部门的主要任务是对公路进行维护、小修。大中修工程已属集中力量的"重点工程",新、改建工程很少,施工组织、施工技术、施工设备都很落后。这一方面是因为受到当时社会经济发展水平不高的因素的制约,另一方面也是因为受到人们对公路建设偏见的影响。

改革开放30年来,北京公路建设事业取得了突飞猛进的发展。全市公路里程、公路密度大幅增加,公路等级全面提升,公路路网系统日趋完善,通行能力大大提高,步入了科学、规范、有序的发展轨道,为百姓提供了通畅、便捷、舒适、安全、愉悦的公路交通环境;对北京的首都地位、建设一流的国际化大都市、推动社会经济发展以及奥运会的成功举办,都有着不可替代的重要作用和意义。

## 一、公路建设发展历程

### （一）一般公路建设全面推进

1. 修更多更好的路，解决“出城难”问题

“这是目前全国最好的一条路。相信你们会继续修出更多更好的路，为人民造福！”这是改革开放初期京密公路建成通车时中央领导在听取有关汇报后作出的表示。改革开放之初，根据交通部关于“全面规划、加强养护、积极改善、重点发展、保障畅通”和“普及与提高相结合，以提高为主”的要求，北京公路部门通过引进先进的技术和理念，在确保养护的前提下，千方百计从公路养路费的收入中安排部分资金，首先以影响公路交通发展，也是制约经济发展的最关键的干线公路为重点，破除各种禁锢，以空前的热情和信心，全面投入建设，并不断取得重要成果。

1977 年底，京密公路动工。这是北京市在全国范围内修建的第一条一级公路。它是 101 国道北京境内平原段，是北京通往东北部地区的主要通道，具有重要的政治、经济意义。它起于北京东直门，经顺义、怀柔、密云，止于沙峪沟铁路平交口，全长 71.3 公里。该工程于 1980 年底竣工通车。京密公路为人们展现了一条壮观、平坦、宽阔的通衢大道。该工程的建成，不仅大大缓解了北京东部“出城难”问题，也极大改善了北京城区通往顺义、怀柔、密云的交通状况，促进了东部地区的经济发展，同时也使公路建设者走出了封闭，开阔了眼界，积累了修建高等级公路的经验，坚定了开拓发展的信心。

1980 年初，国道京银路北京山区段（八达岭过境线）开工建设，1981 年“十一”建成通车，共用了一年零八个月，并荣获国内首届公路工程国家银质奖。八达岭过境线是北京也是全国第一条山区二级公路，是北京通往大同、银川西北方面的重要国道，同时也是通往十三陵、八达岭等著名风景区的旅游公路。八达岭过境线原有公路是日本人修建的战备公路，技术标准低，路窄、弯急、坡陡、视线不良。随着旅游和经济发展，路况与交通流量的矛盾越来越突出，在对旅游大轿车加以限制的情况下，当时每昼夜交通流量仍达 4 千辆次左右，车辆拥挤不堪，交通事故时有发生。周总理生前对八达岭地区的公路建设问题就很关心。1979 年 12 月 6 日和 9 日，邓

小平同志曾两次明确指示：要搞条新线，再改建旧线。1980年市政府根据邓小平同志的指示和中央书记处对北京市工作方针的四项指示精神，确定了先建新线，后改旧线的总体建设方针。新建八达岭过境线起于昌平，经德胜口、果庄、莲花池，止于河桥与京张公路相接，全长38.4公里。全路绝大部分从燕山的崇山峻岭中穿过。全线有弯道62个，平均每公里1.6个，土石方120万立方米，大中桥5座644米，小桥涵171道，隧道两座共274米，挡土墙和防护工程近90万立方米，施工难度非常大，技术比较复杂。其中陡岭一号桥为高架桥，双曲加多跨梁，主孔跨径65米，桥高20米。这种桥梁是公路部门初次修建。黄土咀桥位于半径为160米的曲线上，又有2.5%的纵坡，桥孔与水流方向几近平行，是一座国内公路上少见的弯坡斜连续箱型梁桥。公路建设者克服了诸多困难，按时保质地建成了这一工程。更为可贵的是，有的路段接近十三陵游览区的定陵、昭陵，公路建设者宁可自己克服困难，增加工作量，也要确保文物古迹的安全。另外，在工程建设中，特别注重环保，努力保持公路与周围环境的协调和谐。八达岭过境线的建成通车解决了货运通道与旅游交通混行的矛盾，意义重大。

1983年5月，京开公路动工建设。市领导多次亲临现场视察指示，亲自进行动员。该工程首次实行承包责任制，广大职工争时间、抢速度，艰苦奋斗，克服重重困难，在1984年10月1日前实现快车道通车放行，向国庆35周年献礼。京开公路全部工程于1985年6月完工通车，仅用了两年零一个月的时间。京开公路是北京通往开封的一条重要国道，北起南三环草桥村，经马家楼、潘家庙、西红门至黄村，全长12.8公里，其中西红门村南往北9.8公里为新建路段，往南到黄村3公里为改建加宽段，设计行车时速为80公里，横断面按三块式布置，快慢车分行，快车道宽17.6米，上下行各两个车道，两边隔离带各宽3米，慢车道各宽6米，加路肩全宽38.8米。京开公路修建前去黄村有两条路：一条出永定门，经南苑、西红门去黄村，这条路路窄弯多，快慢车混行，交通非常拥挤，经常发生事故；另一条出右安门，经草桥、西红门到黄村，这条路路况更差，阻车也更为严重，已成为出城难和开发黄村卫星城的一大障碍。为打开首都的南大门，开发黄村卫星城，同时分流京广铁路北京至石家庄、京沪铁路北京至德州客货运输的部分压力，市政府决定把京开公路黄村段建成一条高标准的一级公路。为保证主车道车辆安全顺利通行，京开公路建设时把原有的28个自然平交道口压缩到10个,同时降低慢车道标高,比快车道低37厘米,马家楼立交桥、西红门立交桥采用加筋土挡墙。这种建设标准在北京首次出现,使京开公路成为当时一条高标准的快速公路。丰双铁路立交桥快车道两块板各宽12.5米,慢车道各宽8.75米,全宽55.8米,这在当时是全国最宽的立交桥。

1984年3月底,国道京银路西三旗至昌平段(昌平公路)扩建工程开工,并于当年"十一"建成通车,仅用了6个月的时间,打开了北京的"北大门"。扩建昌平公路,是1983年底市委、市政府作出的决定。这是一次艰难的决策,也是一次明智的抉择。当时由于资金紧张,市政府拿不出足够的拆迁征地资金,决定由公路部门用养路费解决,也是不得已的选择。公路部门能否担此重任,与会大多数人持怀疑态度,更有人坚决反对。当时市交通局主要负责人向市政府领导表态:第一,有能力完成昌平公路建设任务;第二,一定会建成优质工程;第三,保证当年(1984年)"十一"完工。昌平公路是北京通往西北方向的一条重要国道,是城区到八达岭、十三陵的必经之路。每天数以万计的国内外旅游者途经这里,经常有外国政要以及党和国家领导人乘车从这条公路通过。因此,昌平公路可以说是首都的一个窗口,在政治、经济和文化事业的发展中具有重要意义。昌平公路扩建前,路面宽度仅有9至13米,日交通量达14000多辆,快慢车混行,经常发生交通阻塞和行车事故,是北京市"出城难"的突出路段,对国际交往,人民生活和交通运输造成了不利影响。扩建工程全长12.4公里,一级公路标准,设计行车时速80公里。全线均为快慢车道分行的"三块板",路基宽40至60米,设4至6条快车道,每侧有6至7米的慢车道。昌平公路扩建工程施工速度快、质量好,配合工程多,设施齐全,普遍采用了先进技术和材料,不仅在工期上创造了一个奇迹,更在施工地域、雨污水管道施工等许多方面开创了"第一"。通过昌平公路扩建工程,锻炼了一批人才,许多人后来成了公路建设队伍的中坚骨干,他们也把能打硬仗的光荣传统保持至今。

这一时期,北京先后改建、扩建北京城市进出口公路——京密路、京张路、京开路、京塘路、京榆路、昌平路等多条一级公路,修建了八达岭过境公路,尤其是京石高速公路的修建,把北京的东西南北的大门全部打开,让"出城难"成为了历史,对加强与远郊区县和外省市联系,促进经济发展发挥了积极作用。1989年全市公路总里程由1977年底的6695公里发展到9371公里，净增2676公里。

2.公路建设快速发展，技术等级大幅提高

从“八五”到“九五”的十年里，北京市公路发展进入了快速发展时期。1991年4月经市政府批准，北京市公路局成立。公路管理体制的变革和机构级别的提升，不仅是适时、及时的，更极大地振奋了公路战线广大干部职工的精神，对促进当时和后来的公路事业发展都发挥了重要作用。在此期间重点完成了京石高速二期、三期、四期工程以及通黄路扩建工程，机场高速，京哈高速一期、二期工程等。

1998年6月20日，“全国加快公路建设会议”在福州召开。这次会议传达了党中央、国务院关于加快公路建设的有关精神，确定了加速公路建设和深化体制改革的目标和政策措施，动员全国交通系统广大职工为加快公路建设作出贡献。掀起了公路建设新高潮，给全国包括北京公路建设带来了千载难逢的发展机遇。可以说这是全国公路建设“黄金”时期的到来，公路建设达到了前所未有的新高度。到2000年底，北京市公路总里程增至13600公里，其中高速公路268公里，一级公路285公里，二级公路1725公里，公路密度84公里/百平方公里，均居全国之首。基本形成以高速公路为龙头，干线公路为骨架，县乡公路为支脉，纵横交错、四通八达的公路网。

2003年，北京市路政局成立。以此为标志，北京公路无论建、养、管，都进入了新的历史时期。2005年初，交通部和市委、市政府着眼北京公路建设发展大计，提出郊区公路三年提级改造的计划。经过三年的努力，到2007年底圆满完成这项承载着交通部、市委、市政府和全市人民希望的宏大工程，为首都人民提供了一个安全、舒适、愉悦的郊区公路环境。与此同时，2005年又在全国率先实现村村通油路。北京公路面貌焕然一新！截至2007年底，北京市公路总里程已达20754公里（含村道5606公里），其中高速公路628公里，一级公路768公里，二级公路2799公里，三级公路4267公里，四级公路12073公里，公路网密度为126.5公里/百平方公里。

**（二）高速公路实现跨越式发展**

1984年，国家出台“贷款修路、收费还贷”政策后，北京市认真执行收费公路政策，重点建设放射线高速公路。20多年来，北京市高速公路从无到有，从个别区县通高速到区区通高速，从一条高速通车到基本形成高速公路网络，经历了起步、快速发展、规范发展三个阶段。

1. 零的突破

1986年4月，在中国有无必要修建高速公路的争议声中，北京第一条高速公路——京石高速公路(当时称快速路)一期工程开工。京石高速公路北京段是北京最早建设的高速公路，不仅实现了北京高速公路零的突破，也是中国第一条全封闭全立交式高速公路，也是中国大陆第三条开工建设的高速公路，被誉为“中国公路建设的新起点”。该路起点为三环路六里桥，终点房山琉璃河，全长45.602公里，分四期工程建设，全线于1993年11月完工。京石高速公路的建成，促进了区域经济的发展，成为北京西南的重要货运通道，构成北京西南方向一条畅通无阻的放射干线。

1988年1月，京津塘高速公路开工，1990年9月竣工通车。该路是我国第一条利用世界银行贷款并按国际项目管理模式组织建设的跨省、市高速公路，被交通部授予改革开放以来“全国十大公路工程”。经国家验收委员会检查评定，该工程荣获中国建筑质量最高奖——鲁班奖。

通车后的京津塘高速公路

1988年,北京连接东北三省的一条重要干线——京哈高速公路开工建设。京哈高速公路北京段起点通州区城关,终点至河北省燕郊镇西,全长15.5公里,为双向四车道高速公路,于1990年完工。京哈高速公路同时也是北京通往北戴河、秦皇岛及山海关的一条重要旅游路线。该路的建成,成为联系北京与河北三河的快速通道。

1992年,机场高速公路开工建设。该路西起三元桥,东至首都国际机场,全长18.735公里,路面全宽34.5米,双向六车道,全封闭、全立交,两侧设有宽3米的紧急停车带,设计时速120公里/小时,沿线建有立交桥8座(互通式立交6座),1993年9月14日建成通车。

1994年8月,北京市境内最长的一条高速公路,八达岭高速公路开工建设。该路起点三环路马甸立交,终点市界,全长62.564公里,是北京经张家口、大同至银川的110国道的一部分,也是丹东至拉萨国道主干线北京境内的路段之一,是北京最长、最繁忙的旅游线路。1996年11月一期工程(马甸—昌平段)完工,1998年11月二期工程(昌平—八达岭段)完工。三期工程包括主线工程(西拔子—康庄)和联络线工程(营城子—110国道)于2000年10月开工建设,2001年9月建成通车。八达岭高速公路联络线工程,起点八达岭高速公路营城子立交,向北经大浮村、莲花池与110国道及延庆县城相接,全线11.46公里。八达岭高速公路和联络线工程的建成,使延庆地区进出交通条件大大改善,有效地缓解了北京西北方向交通拥挤的状况,带动沿线经济和旅游发展,并为晋煤外运提供了一条安全、快捷的运输线。

1995年6月,北京市重点工程——京通快速路开工建设,同年12月建成通车。京通快速路西起大望桥,通过四惠桥和远通桥分别与东四环路和东五环路相连,东部通过通州区的北关桥和北苑桥联接京哈高速和103国道,全长18.2公里,采用全封闭、全立交,是北京东长安街延长线组成部分和东部地区进出首都中心区的主要交通要道之一,同时也是北京联系我国东北地区和渤海湾地区交通要道之一。京通快速路的开通,极大地改善了北京东部地区交通状况,方便了道路周边地区人们的出行,促进了北京东部地区,特别是通州区的区域经济发展,成为北京东部一条不可或缺的重要交通干道。

1998年7月,京沈高速公路开工。北京至沈阳高速公路是我国公路网规划的国道主干线之一，也是“九五”期间国家重点工程项目。京沈高速公路北京段西起北京市朝阳区东四环路，东接河北省香河县，全长41.091公里，设计标准为三上三下六车道，全封闭、全立交，设计车流量为每天10万辆，时速为每小时100到120公里，于1999年10月通车。它的通车缩短了北京到沈阳之间的距离，对加强北京、天津、河北、辽宁等省市间的相互交流，促进区域经济发展产生积极影响。

2. 快速发展

随着改革的持续深化，北京市高速公路从单一投融资渠道模式逐渐转变为以财政性资金投入为主，银行贷款、社会投资、发行企业债券等多种股权、债权融资手段为辅的多渠道投融资模式，有效地促进了北京市高速公路的快速发展。1998年10月，北京市政府批准成立北京市首都公路发展有限公司（简称首发公司），专门负责北京市高速公路建设。1999年，通过多渠道筹集建设资金，盘活存量国有资产，加快高速公路建设，北京市高速公路建设进入快速发展阶段。

2000年4月，京开高速公路北京段开工建设。该路北起玉泉营立交，南至市界固安大桥，全长42.55公里，其中高速公路37公里，一级公路5.55公里，是国家公路网规划的首都放射线之一，也是北京市总体规划中一条重要的对外放射线。京开高速公路的建成，提高了北京与河北、山东、河南等地的运输能力，大大增强了中心城市向周边地区的辐射功能，为形成北京南部地区干线公路网打下了坚实的基础，同时对促进北京南部地区的经济发展具有重要的意义。2001年6月，京开高速公路北京段建成通车。

2000年8月，五环路开工建设。该路是一条重要的城市环线公路，位于市区与远郊之间的城市边缘地带，距市中心10～15公里，连接着丰台、石景山、清河等10个边缘集团以及主要奥运场馆和科学城等重要地区，并且与八条高速公路相连，具有重要的战略意义。该路设计为全封闭、全立交双向六车道，设计时速100公里/小时，全长98.755公里，于2003年11月全线通车。五环路的建成通车进一步完善了北京城市快速交通干线网，发挥了截流、疏导市区过境交通的功能，有助于加快“分散集团式”布局规划的实现，对引导土地合理开发利用和市中心区人口向城市外围疏散起着非常重要的作用，是实现奥运交通的大型基础设施项目。

2001年，京承高速公路（一期）开工建设。京承高速公路是首都东北方向的一条快速出入通道,在北京市路网中占有突出地位,连接朝阳、顺义、怀柔、密云四区县,对于推进市区与郊区、市域与城际交通一体化建设,促进京、津、冀、环渤海地区经济发展都有十分重要的意义。京承高速公路(一期)起点四环路望和桥,终点六环路高丽营,全长约21公里,于2002年建成通车。2004年,京承高速公路(二期)开工建设,起点六环路高丽营,终点密云县沙峪沟,全长约46.7公里,于2006年9月建成通车。京承高速公路的建成对实现城市总体规划、引导城市空间布局和功能的调整、支持新城建设、促进城乡协调发展起到了积极的作用,同时也改善了北京东北部的交通状况。

2001年,"两环"中的另外一环——六环路开工建设。六环路分别联系着13条主要放射线,具有截流、疏导过境交通,减轻中心城交通压力,均衡各主要放射线交通负荷等作用。该路是一条联系郊区卫星城镇、疏导市际过境交通的高速公路,沿线经大兴、通州、顺义、昌平、海淀、门头沟、丰台及房山等8个区,平均半径为30公里,设计时速80~100公里/小时,双向四车道加连续停车带,全长188.422公里,目前已建成通车150.122公里,西六环(良乡—寨口段)38.3公里正在建设,计划2009年上半年建成通车。六环路作为国道主干线及国家高速公路网大(庆)广(州)线的重要组成部分,具有国家干线功能。同时,作为新城之间的重要联系纽带,为新城发展提供快捷的联系通道。

从1986年北京市第一条高速路开始修建,截至1998年底,北京市建成高速公路仅163公里,年均修建13公里。而1999年到2004年,北京市共建成高速公路362公里,平均每年60公里。

3. 规范发展

2005年以来,北京市重点完善高速公路路网并建设首都机场周边等区域性高速公路网,步入了规范发展阶段,高速公路建设实现了跨越式发展。

2005年5月,机场北线高速公路开工建设。该路西起京承高速公路鲁疃互通式立交,东跨温榆河、经天北路、十三渠至京密路折向南,经顺平路南回民营与规划首都机场北外环相接,全长11.303公里,2006年9月竣工。该路的建成通车极大地缓解了机场高速公路的压力,同时也对公路沿线地区的经济发展,实现"新北京、新奥运"的战略构想起到了积极的作用。2006年8月,机场南线高速公路开工建设。该路起点京承高速公路黄港立交，自西向东跨越京密路、机场高速、机场第二高速、六环路与京平高速相接，途经朝阳区、通州区和顺义区，主路双向六车道、双向八车道加连续停车带两个断面型式，路基宽33.5米和42米，全线共设置互通式立交6座，分离式立交1座，跨河桥2座，通道桥5座，全长20.44公里，设计时速100公里/小时，2008年6月底建成通车。机场南线支线从第三航站楼向南至机场南线，与机场第二高速相接，双向八车道加连续停车带，全长2.5公里，与机场南线同期建设。机场南线高速公路是奥运配套工程，该路的建成有利于缓解机场高速的通行压力，方便车辆快速进出首都机场第三航站楼，在首都机场周边形成高速环线，为首都机场分流过境交通，同时实现京承高速、京密路、机场高速、机场第二高速、六环路和京平高速公路等多条主干道路的快速连接，完善了区域道路路网系统。

2008年建成后的京平高速大岭后隧道 （首发集团供图）

2006年8月，京平高速公路开工建设。该路西起机场南线六环路立交，东经顺义区和平谷区，经大岭后隧道，与津蓟高速公路延长线相接，全长52.83公里，其中顺义区26.28公里，平谷区26.55公里，2008年6月底完工。该路的建成实现了全市十个远郊区县与市区均有高等级公路连接，使北京至天津又增加了一条快速通道，对京、津地区的经济发展起到了促进作用。同时，满足了京津地区与环渤海开发区到达首都国际机场与天津国际港快速通道的需求，对环渤海经济圈的联网具有重大意义。2008 年京平高速公路的竣工通车，标志着北京市全面实现“区区通高速”，从 10 个远郊区县政府所在地到市区出行时间不超过 1 小时。

2006 年 10 月，首发公司更名为北京市首都公路发展集团有限公司（简称首发集团）。同月，京津高速公路开工建设。京津高速公路北京段起点五环路化工桥，沿东南走向，途经朝阳、通州两区，终点通州区半截河村与天津市武清区高村交界处，全长 34.11 公里，设计时速五环路至六环路 100 公里/小时，六环路至市界 120 公里/小时，主路双向八车道，路基宽 41 米，2008 年 6 月底完工。京津高速公路是国家干线高速公路网规划的重要组成部分，同时也是北京市 17 条放射线中的一条，在国家和区域干线公路网中都具有十分重要的地位和作用。该路的建成对于进一步加强京津两市合作，缓解京津塘高速公路交通拥挤状况，举办 2008 年奥运会都具有十分重要的意义。

2007 年，北京市北部重要的货运通道——京包高速公路开工建设。该路是国家高速公路网 7 条放射线之一京乌（北京—乌鲁木齐）高速公路的组成部分，全长 17.66 公里。2008 年 7 月六环路至南涧路段（11 公里）建成通车。京包高速公路（北京段）沿线途经海淀区、昌平区和延庆县，不仅进一步完善了国家高速公路网构架，增加了北京市路网密度，而且，该路与八达岭高速公路进京方向实现客货分流，为治理超载超限、电煤运输提供了保障。同时，该路的建成增加了一条到十三陵、延庆北部山区等景点的旅游线路，也有利于北京与沿线河北、内蒙、山西等省的经济往来。

**（三）农村公路建设飞速发展**

1986 年，北京市在全国率先实现了“村村通公路”；1991 年，北京市又在全国率先实现了“乡乡通油路”，全市农村公路面貌发生了巨大变化。2003 年，北京市开始实施“村村通油路”工程，到 2005 年底，全市农村公路新增 2000 公里，全市 3985 个行政村的道路全部实现油路、水泥路面，总里程已达 1.25 万公里，其中，乡道 7500 公里，村道 5000 多公里，全面实现了“村村通油路”。

2006 年 12 月，北京市发布《北京乡村公路管理养护体制改革实施意见》。

2007年初，正式组建市路政局农村公路办公室，制定完善《乡村公路养护管理办法》等规章制度，落实市、区县、乡镇农村公路管理养护机构和养护管理及作业人员，并开展人员培训，建立农村公路管理养护数据库，实行科学、规范管理。2007年，按照"统筹城乡、服务奥运"的原则，北京市完成了郊区公路3年提级改造工程，共改造郊区公路8771公里，比原计划7700公里超额完成1071公里；2008年，全市重点自然村均实现通油路。"要想富，先修路。"北京市农村公路建设的快速发展，有力地推进了新农村建设的进程。

2005年10月门头沟椴木沟新路 （王书慧摄）

## （四）建立新型公路养护体制

公路养护工作，历来是公路部门十分重要的工作。近年来，公路养护工作不断改善提高，尤其是通过公路养护体制改革，公路养护工作的观念、体制、机制等都发生了很大变化，使养护工作跃上了新水平，公路年均好路率在90%以上，名列全国公路养护工作前列。

1.实现管养分开，建立养护竞争机制

"十五"期间，北京市公路行业认真贯彻交通部江西养护工作会议精神、养护改革工作方针、"十五"养护发展纲要，在全市公路体制改革的基础上，实施养护生产方式和管理方式的改革，落实"管养分离"，制定了《北京市养护工程管理改革实施方案》，颁布了《北京市公路养护招投标工作细则》、《北京市公路养护大中修工程前期管理规程（试行）》等配套制度、办法。全市的公路小修维护工程，实行合同管理和养护监理机制；大中修及新改建工程，实施招投标管理，建立项目法人责任制和施工监理制。市路政局下属10个分局对工程实行管理和监管。各分局相继成立了工程项目管理部，参照新改建项目建设对养护工程建立了"四制"，即项目法人责任制、招标投标制度、工程监理制度和合同管理制度，工程招投标进入了程序化、法制化、制度化的管理轨道。

为了推动养护市场化改革，在以往对计划投资1000万元以上的大修工程实行公开招标，低于1000万元的项目一般实行邀标或议标的基础上，2005年，市路政局决定对200万元以上公路大修工程项目原则上实行公开招标，通过"北京投资平台"和"北京市路政局"网站向社会发出招标公告，并根据交通部《关于贯彻国务院办公厅关于进一步规范招投标活动的若干意见的通知》的要求，改变以往采用的"综合评标法"，实行"合理低价法"。通过公开招标，吸引了大量实力强、信誉好的企业投标，进一步降低了工程成本。

2. 加大养护资金投入，提高路网服务水平

2001年，根据交通部《公路养护与管理发展纲要（2001—2010）》和"九五"期间北京公路建设发展情况，制定了《北京市"十五"公路养护管理发展纲要》。从2003年起提出了"养路费资金优先保证公路养护需要，再考虑公路建设发展"的指导思想，逐年提高公路养护资金的投入。

近几年全市公路交通量迅速增长，超限车辆的增加导致了路面破损率急剧增长。公路部门依靠公路路面管理系统（CPMS），科学制定公路改造计划，加大了养护工程的投入，逐年恢复、提高主要路段的路况水平，提高好路率。"十五"期间，北京市郊区公路养护投入基本呈逐年增长趋势，达到38.5亿元。为了切实把有限的资金用在刀刃上，提高养护资金使用效益和公路养护质量，市路政局坚持树立"以人为本"的服务观念，强化项目前期管理，严格执行开竣工程序，加强质量管理措施；逐步开放养护大修工程市场，着力引导公路养护工作向专业化、机械化、市场化方向发展，使得公路养护工程的进度和质量都上了一个新的台阶，5年中大修工

程合格率为100%,优良率达到85%以上。

3. 实施安保工程

北京市公路安保工程的实施,按照“因地制宜、景观兼顾”的指导思想,上路逐项核对落实,确保设计方案贯彻“主动引导、突出重点、适度防护、全时保障”的思路。在安保工程实施过程中则强化业主管理职能,对投标单位进行严格的资质预审,加强对项目负责人、施工技术人员和工程监理安保工程业务培训,统一作业标准、规范施工行为、制定质量检查验收制度和标准。对重要路段重点部位,派出专业技术人员全时段对施工质量进行检查、指导、监督,保证了安保工程施工质量。到2005年底,G109、S201等34条国市干线实施了公路安保工程,治理里程996公里,治理项目2300项,总投资1.53亿元,安保工程合格率100%,优良率95.2%,全部工程达到部颁要求。2006年实施第三期后,北京市安保工程实施里程达到1741公里。

2005年10月实施钢板护栏安保工程后的108国道 (王书慧摄)

“十五”期间,北京市大力推动危病桥改造工作,在10个郊区县成立了桥梁专养队,其主要职责是对县级以上公路桥梁进行检测。每年定期组织桥梁检测人员进行培训,学习《公路桥梁养护规范》等培训教材。加强对桥梁的检查和巡视,落实责任到岗到人，对重点桥梁要求指派专人负责。根据桥梁抢险预案，在危桥两侧设置警告、限载标志，在桥面铺设钢板、实行交通区划或桥下支撑等安全防护措施，确保桥梁安全。加强对桥梁产权单位的安全监督管理工作，加快实施危病桥维修改造工程，2003 年改造完成 9 座公路危桥，2004 年完成 60 座公路病桥改造工程。

4. 建立农村公路管理养护体制

2005 年，北京市全面实现了“村村通油路”的目标，全市农村公路新增 2000 公里，总里程达到 1.25 万公里。其中，乡道 7500 公里，村道 5000 公里。随着北京市农村公路的快速发展，管理养护滞后问题日渐突出，主要表现在：管理养护主体不明确，责任不落实，缺少稳定的资金渠道，投入严重不足；管理养护水平与新农村建设要求存在较大差距，直接影响农村公路的正常使用、行车安全和长远发展。2005 年 9 月，国务院办公厅下发了《关于印发农村公路管理养护体制改革方案的通知》。2006 年 7 月，交通部、国家发改委、财政部联合下发了《关于进一步做好农村公路管理养护体制改革的通知》。2006 年 12 月，市政府针对北京市农村公路的具体情况，下发了《北京乡村公路管理养护体制改革实施意见》。2007 年初，市路政局抽调精干人员组建了管理农村公路的机构——农村公路办公室，并开展了以下工作：一是全部落实市、区县、乡镇农村公路管理养护机构，养护机构框架成型，全面落实乡镇养护管理人员，养护作业人员到岗。二是制定了《乡村公路养护管理办法》、《北京市乡村公路养护技术指南》、《北京市路政局乡村公路建养资金监督管理办法》、《北京市乡村公路建养管理考评办法(试行)》等规定，建立起了基本的管理制度，做到有法可依，有章可循。三是对相关人员包括各区县乡镇主管镇长、管理养护的工作管理人员和技术骨干进行有关公路法规、养护、管理的基本知识培训，并对全市 4277 名日常养护作业人员进行了相关培训。四是建立起农村公路管理养护数据库，开始科学有序、规范的管理。目前，通过以上措施，北京市农村公路管理养护体制的变革已经初步成型，这一新体制的建立，对于提高农村公路管理养护水平和推动新农村建设起到了至关重要的作用。

## 二、公路建设主要成就

公路技术等级大幅提高。经过改革开放 30 年的发展，北京市公路建设突飞猛进，公路建设资金投入持续增长，公路管理和公路设施供给水平不断提高，公路交通环境明显改善。1991 年，北京市公路总里程突破了一万公里大关，达到 10259 公里。“十五”期间，在全市公路体制改革的基础上，顺利实施养护生产方式和管理方式的改革，落实“管养分离”。截至 2007 年底，北京市公路总里程达到 20754 公里(含村道 5606 公里)，其中三级以上公路达到 8462 公里，公路网密度达到 126.5 公里/百平方公里。

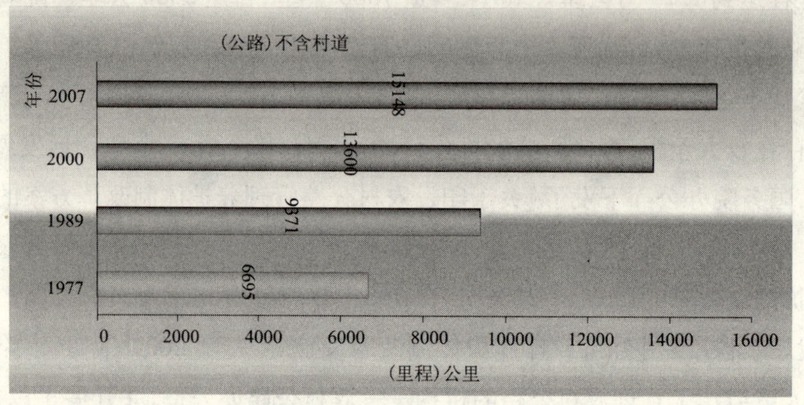


北京市公路通车里程增长情况

高速公路网络基本形成。随着改革的持续深化，北京市高速公路从单一投融资渠道模式逐渐转变为以财政性资金投入为主，银行贷款、社会投资、发行企业债券等多种股权、债权融资手段为辅的多渠道投融资模式，有效促进了北京市高速公路的快速发展。京石高速公路是北京最早建设的高速公路，也是中国大陆第三条开工建设的高速公路，被誉为“中国公路建设的新起点”，是北京西南方向的重要货运通道和一条畅通无阻的放射干线。八达岭高速公路是北京最长、最繁忙的旅游线路，不仅缓解了北京西北方向交通拥挤的状况，还为晋煤外运提供了一条安全、快捷的运输线。五环路连接丰台、石景山、清河等 10 个边缘集团以及主要奥运场馆和科学城等重要地区，并与八条高速公路相连，对引导土地合理开发利用和市中心区人口向城市外围疏散起着非常重要的作用。2008 年京平高速公路的竣工通车，标志着北京市全面实现“区区通高速”，从 10 个远郊区县政府所在地到市区出行时间不超过 1 小时。从 1986 年北京市高速公路实现了零的突破，到2008年9月通车总里程达到762公里，初步建成“两环、八放射”（“两环”即五环路、六环路两条环线高速公路，“八放射”即京石、京开、京津塘、京沈、京哈、机场、京承、八达岭8条放射线高速公路）的高速公路网。

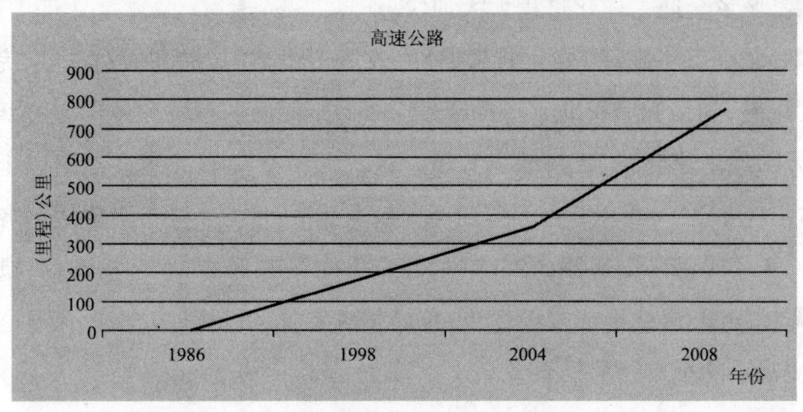


北京市高速公路通车里程增长情况

农村公路实现跨越式发展，有力地支持新农村建设。1986年，北京市在全国率先实现了“村村通公路”；1991年，北京市又在全国率先实现了“乡乡通油路”，2005年，北京市在全国率先实现了行政村“村村通油路”，全市3985个行政村的道路全部实现油路、水泥路面，农村公路面貌发生了巨大的变化。2007年，按照“统筹城乡、服务奥运”的原则，北京市完成了郊区公路3年提级改造工程，共改造郊区公路8771公里，比原计划7700公里超额完成1071公里。2008年，全市重点自然村均实现通油路。“要想富，先修路。”北京市农村公路建设的快速发展，有力地推进了新农村建设的进程。

## 三、公路建设展望

党的十七大报告指出，科学发展观，第一要义是发展，核心是以人为本，基本要求是全面协调可持续，根本方法是统筹兼顾。改革开放30年来，特别是近年来，我们紧紧围绕首都经济社会发展全局，坚持统筹交通与经济社会协调发展，发挥交通基础设施在城市空间布局和产业布局调整中的引导作用，坚持把不断满足人民群众对交通的需求作为交通工作的出发点和落脚点，把以人为本的理念贯穿到交通规划、建设、运营、管理、服务等各个环节，统筹城乡交通、市域与城际交通发展，着力推进“区区通高速”、“村村通油路”，高速公路、一般公路、农村公路都实现了跨越式发展，城乡交通一体化进程大大加快。

近期，北京市将围绕“强化骨架路网，改造干线路网，提高通达深度，完善配套设施”的思路，加强和完善北京市的干线公路网，实现中心城和各新城之间基本连通一级公路或高速公路，各新城与其所在区县城镇之间有二级或二级以上公路连通，基本实现“三个一”和“三三零”工程，基本建立北京市与京津冀地区各主要城市之间的3小时都市交通圈，在北京的8个方向最终形成16个出入口，满足出入境交通衔接问题，最终形成规模适当、布局相对完善、级配基本合理、区县之间形成比较便捷联系的全市公路网系统。

农村公路网建设，将进一步抓好各区县农村公路“出口路”建设改造，加强通往经济中心、交通中心以及连接国市道干线公路等对外出口路的建设改造力度；进一步抓好各区县农村公路“经济路”的建设改造，加强资源开发公路、旅游公路和经济薄弱地区联片开发公路等经济效益好、交通量相对较大的重要公路的建设改造力度；全面实施农村公路“通畅工程”，完善农村公路系统，提高农村公路网等级水平和路面铺装水平，改造山区路面，提高农村公路网的抗灾能力。

到2010年，北京市将建立较为完善的公路基础设施，公路网总里程将达到22000公里（含村级道路）以上，公路网密度达到130公里/百平方公里以上，国市干线规模达到3300公里。围绕强化骨架路网，进一步提高通达深度。优化公路网功能结构，加强既有公路技术改造和养护工作，提高既有公路网整体运输能力和效率。改进公路设计标准和设计方法，节约使用土地，降低工程造价。注重环境保护，使公路与周边环境形成和谐、优美、宜人的整体。

到2020年，北京市将形成以国市道等干线公路组成的环路和放射线相结合的公路网主骨架，以县乡公路为支脉，功能完善、布局合理的公路网系统。公路通车里程将达到26000公里（含村级道路）以上，其中高速公路将达到1534公里，公路网密度将达到160公里/百平方公里以上。在国道和市道组成的公路网主骨架中，主要包括3条环线（市道），8条主要放射线（国道），11条次要放射线（市道）及9

条联络线（市道）。

## 第三节　城市轨道交通建设

城市轨道交通具有便捷、环保、节能、安全和运量大等特点，对缓解城市交通拥堵、改善城市交通结构、促进经济社会可持续发展有着十分重要的作用。北京是中国第一个拥有地铁的城市，北京地铁一期工程于 1965 年开始修建，1969 年建成通车。在改革开放以来 30 年的时间内，北京陆续开展了多条轨道交通线路的建设工作，在奥运会申办成功之后，轨道交通建设更是进入了快速发展的时期。截至 2007 年底，北京地铁已开通的线路包括 1 号线、2 号线、5 号线、13 号线和八通线，运营线路总里程 142 公里。2008 年北京又新开通 8 号线一期、10 号线一期和机场线，轨道交通运营线路总里程达到 200 公里，共有 106 座运营车站，其中换乘车站 16 座。北京市轨道交通建设的发展对北京交通发展作出了重要的贡献。

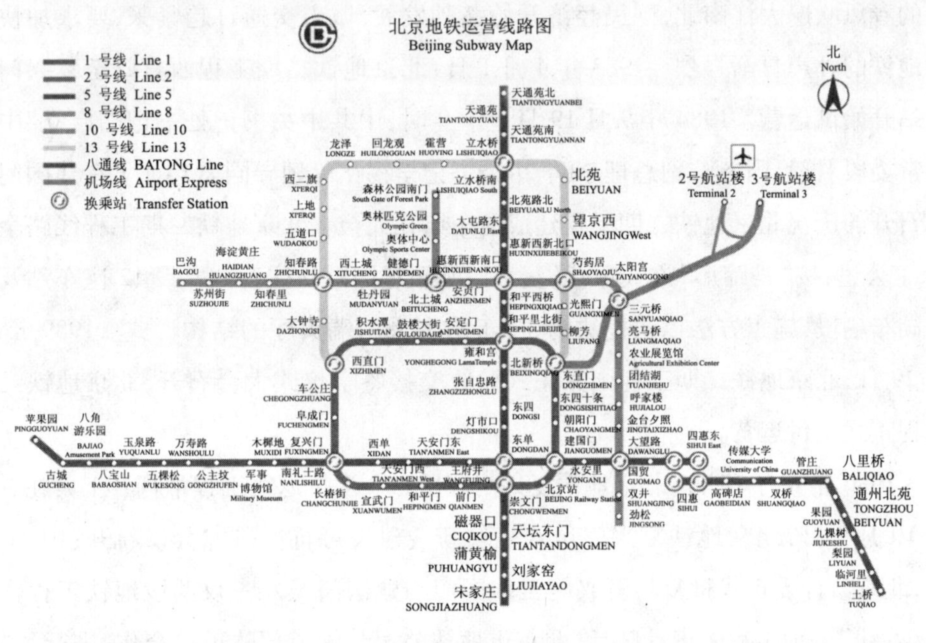


北京地铁运营线路图

# 一、轨道交通建设发展历程

北京市城市轨道交通工程建设从1958年开始筹建到2008年，整整经历了50年的历程。改革开放以前，仅有北京地铁一期工程建成通车。作为战备工程，地铁一期工程于1969年10月完工并试运营。1978年9月20日，经北京地铁管理处党的核心小组决定，北京地铁实施"5、2、3、5"的奋斗目标，即行车最小间隔由9分钟缩小为5分钟，每天开行列车由154列增加到200列、运营时间延长3小时，从早上5:00至23:00，实现自动停车、调度集中、自动闭塞行车、双边联跳、自动扶梯等5个自动化项目，并提出"安全、准确、高效、服务"的运营宗旨，由以战备为主转为以运营为主。但直到1981年9月15日，北京地铁一期工程才正式通车运营。地铁一期工程线路全长23.6公里，共设17个车站。

## （一）稳步发展

北京地铁二期工程在改革开放以前已经开始建设。1978年以后，随着改革开放的春风吹遍大江南北，国民经济开始蓬勃发展，城市交通日趋紧张，要求加快建设地铁的呼声日渐强烈。1983年4月1日，北京地铁二期工程西直门至复兴门四个站开始试运营。1984年9月19日上午9时，中共中央书记处书记胡启立、中顾委常委段君毅、国务院副总理李鹏、市委书记李锡铭等领导同志参加了在建国门车站召开的庆祝北京地铁二期工程建成通车典礼大会。北京地铁二期工程线路全长16.1公里，按"马蹄形"方式运营（复兴门站至建国门站往返），共设12座车站及太平湖车辆段，施工方法以明挖法为主，车站多采用端头厅的结构形式。1989年12月29日，北京地铁二期工程国家正式验收交接签字仪式大会召开，北京地铁二期工程正式交付运营。

1986年8月15日，北京地铁复兴门底层350米折返线工程举行开工典礼。同年10月9日，北京地铁复兴门至八王坟新线建设可行性研究会议召开；10月20日，北京市计委正式批复将复兴门至建国门与建国门至八王坟两段地铁工程作为"复八线"一项工程考虑。随后，北京市地铁公司与铁道部隧道局合作，进行了"北京地铁浅埋暗挖法施工技术"的试验研究，该成果后来获得了1989年度北京市科

1986 年 8 月 15 日复兴门折返线开工典礼　(轨道建设公司供图)

技进步一等奖。1987 年 12 月 24 日,北京地铁复兴门折返线建成通车,实现了 1 号线和 2 号线独立运行,1 号线列车从苹果园站开到复兴门站后折返运行,线路全长 16.9 公里,共有 12 座车站;2 号线列车实现环绕运行,线路全长 23.03 公里,共有 18 座车站;地铁通车运营总里程达到40 公里。胡启立、李鹏、李锡铭等领导同志参加了大会,会后各位领导同志还乘坐地铁列车视察了复兴门折返线工程。

1988 年 5 月 28 日,市政府为加速北京地铁建设工作的领导,决定成立北京市地铁建设指挥部,并由主管副市长张百发兼任总指挥。1989 年 7 月 15 日,北京市地下铁道公司更名为北京市地下铁道总公司。1989 年 10 月 9 日,北京市地下铁道建设公司成立,并隶属地下铁道总公司,负责北京地铁建设的各项工作。1990 年西单车站和复兴门至西单区间开始施工,这两个工程在国内地铁工程首次采用了浅埋暗挖法施工,开创了不开挖马路修建地铁的先例,成为北京城市轨道交通建设的一个里程碑,为今后轨道交通工程暗挖施工奠定了良好的基础。1992 年 10 月 10 日,北京地铁复兴门站至西单站通车剪彩,国务院副总理邹家华及国家有关部委与市委、市政府领导参加了剪彩仪式,并乘坐了北京地铁西单站至复兴门站的第一趟列车。剪彩仪式后,邹家华同志为北京地铁题词“发展经济,繁荣地铁”。1992

年6月24日，北京地铁复兴门至八王坟新线建设，在永安里召开开工典礼大会。同年12月28日，北京地铁“复八线”天安门东站、天安门西站、王府井站、东单站、建国门站工程开工建设，标志着“复八线”12公里新线建设全线开工。

1999年9月28日，复八线通车试运营，温家宝、贾庆林、俞正声、刘淇等领导同志出席了开通仪式，并乘坐首次列车。至此，北京轨道交通运营总里程达到54公里。同年11月12日，地铁“复八线”工程荣获北京市迎接建国五十周年重大工程荣誉奖。2000年6月28日“复八线”与原1号线相连并贯通试运营，地铁1号线的运营区段由原来的苹果园站直通四惠东站，线路全长31公里，车站23座，其中，复兴门站、建国门站为1号线和2号线的换乘站。与地铁一期、二期工程不同，复八线车站多为双层车站，分别为站厅层和站台层，适合大客流集散。

复八线通车试运营仪式 （轨道建设公司供图）

1999年12月11日，13号线破土动工。市委书记贾庆林、市长刘淇、建设部副部长赵宝江、铁道部副部长蔡庆华、市委副书记张福森等领导同志出席了“上地站”开工仪式，并为城市铁路挥锹奠基。2000年9月26日，13号线全线开工建设。2002年9月28日，北京市第一条以地面线和高架线为主的快速轨道交通线路——北京13号线（西线）竣工通车试运营。2001年7月26日，北京市地下铁道总公司改制为市政府作为出资人的北京地铁集团有限责任公司。该公司以独立的法人资格，承担地铁建设的融资和还贷责任。同时，以投资的形式设立具有法人资格的北京地铁建设管理有限责任公司（轨道建设公司）和北京地铁运营有限责任公司（地铁运营公司）。2003 年 1 月 28 日，地铁 13 号线全线通车试运营。13 号线全长 40.85 公里，设 16 座车站，其中地下车站 1 个，地面及高架车站 15 个。至此，北京地铁运营线路达到 94 公里。

**（二）加快建设**

2001 年 12 月 28 日，八通线开工建设。八通线由四惠站至土桥站，与地铁 1 号线衔接，全长 18.96 公里，共设 13 个车站，其中高架车站 9 个，地面车站 4 个。2002 年 12 月 28 日地铁 5 号线开工建设。5 号线南起宋家庄，北至天通苑北站，全长 27.6 公里，共设 23 座车站，其中 16 座地下车站，其他为地面或高架车站，设车辆段、停车场各一座。2003 年 11 月 17 日，为适应北京市轨道交通快速发展的需要，降低投融资成本，减轻财政负担，北京市再次改革地铁管理体制，将北京地铁集团有限责任公司变更为北京市基础设施投资有限公司，将地铁建设公司和地铁运营公司从原地铁集团公司中分离出来，成立北京市轨道建设管理有限公司和北京市地铁运营有限公司，北京市基础设施投资有限公司作为北京市轨道交通项目的业主，承担轨道交通项目的投融资和线网规划管理工作；轨道建设公司成为北京市轨道交通建设管理的专业公司，根据业主的委托承担轨道交通工程的建设管理；地铁运营公司成为承担北京市轨道交通经营管理的专业公司，根据业主委托承担轨道交通线路的运营管理；政府通过职能部门对轨道交通的规划、建设、运营实施管理。2003 年 12 月 27 日，地铁八通线试运营。它是继 1、2、13 号线之后，北京市开通运营的第四条线路，它与正在运营的 1 号线一同成为一条贯通东西交通的巨龙。市委书记刘淇，市委副书记、代市长王岐山出席了在八通线通州北苑站举行的通车仪式并慰问了地铁工程建设者。至此北京的地铁运营公里数增至 114 公里。同日，4 号线、10 号线一期工程、8 号线一期工程（即奥运支线）、机场线同时开工建设。10 号线一期工程线路全长 24.55 公里，全部为地下线，共设车站 22 座，车辆段 1 座，并实现 6 座车站换乘。奥运支线位于北京市南北中轴线，直接进入奥林匹克中心区，全长约 4.5 公里，全部为地下线。共设 4 座车站。机场线起点为东直门站，沿途设三元桥站、T2 航站楼站和 T3 航站楼站，全程 28.5 公里，其中东直门至三元桥为地下轨道,三元桥至首都机场为地上轨道。2007年10月7日,5号线开通试运营。2008年7月19日,地铁10号线一期工程、奥运支线、机场线同时开通试运营,北京地铁运营里程增至200公里。

截至2008年11月,北京市共有7条地铁线在建,分别是4号线、6号线一期工程、8号线二期工程、9号线、10号线二期工程、大兴线和亦庄线。4号线南起丰台区马家堡,途经宣武区、西城区,终至海淀区龙背村,全长28.16公里,其中地下线27.9公里,共设24座车站,包括23座地下车站、1座地面站,计划在2009年9月底通车试运营。9号线南起丰台区郭公庄站,沿规划万寿路南延线、广安路、羊坊店路、首都体育馆南路敷设,向北至4号线国家图书馆站,全长16.5公里,均为地下线,共设车站13座,2007年4月28日开工建设。6号线一期工程、8号线二期工程、10号线二期工程、大兴线和亦庄线均为2007年12月8日开工建设。6号线一期西起海淀区的五路站,东至朝阳草房,全长29.18公里,均为地下线,共设19座车站,其中换乘站11座。8号线二期分为南北两段,北段线路北起回龙观小区东侧的黄平西侧路,顺黄平西侧路西侧绿化带南行,之后转向西南沿黄平东路行进,穿13号线沿西三旗东路向东南过清河、穿五环路、林萃路进入森林公园,与奥运支线森林公园站相接;南段从8号线一期熊猫环岛站,沿北辰路、鼓楼外大街、旧鼓楼大街、地安门外大街,在地安门东大街折向东,在美术馆后街折向南至终点;全长15.8公里,均是地下线路,车站12座。10号线二期全长24.92公里,均是地下线路,车站17座。大兴线北起马家楼,南至大兴南兆路,全长21.8公里,其中地下线7.4公里,高架线3.7公里,过渡段0.7公里,新建车站11座。亦庄线北起丰台区宋家庄站,经丰台、朝阳、大兴、亦庄开发区、通州,南至亦庄火车站,全长23.2公里,共设车站14座。

## 二、轨道交通主要成就

轨道交通建设速度、力度空前。全面编制城市轨道交通线网规划、建设规划和实施计划;在设计、施工、设备、车辆制造等方面探索实行招、投标制度和竞争机制,促使设计、施工、设备制造水平大为提高;土建工程、设备制造引进了大量国外先进技术和设备；设计领域突出以人为本的设计理念，处处体现人性化的设计目标，站厅宽敞、明亮，气势雄伟，站台安装屏蔽门或安全门，设置自动扶梯、电梯、自动售检票机、残疾人设施及防灾报警系统，行车自动化系统，通风空调系统等，为乘客提供了一个安全、快捷、舒适的乘车环境；施工领域创造和完善了浅埋暗挖法，大量引进盾构机及大型施工机械，既保证了施工安全、质量和进度，又避免了对城市居民正常生活和城市交通的干扰。1978 年以后尤其是最近 15 年，北京新建轨道交通线路达到 176. 4 公里，全市轨道交通总里程达到 200 公里，初步显现网络化效应。

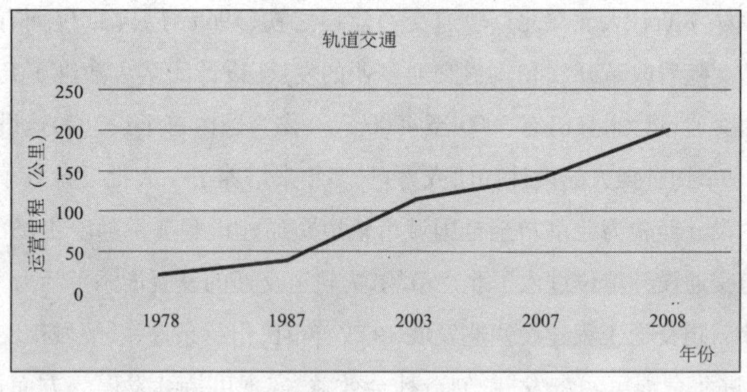


轨道交通通车里程增长情况

另外，在北京轨道交通建设发展过程中，通过编制《地铁设计规范》、《地下铁道轻轨工程测量规范》、《地下铁道、轻轨交通岩土工程勘察规范》、《地铁车辆通用技术条件》等十多项规定、规范，不仅统一了设计技术标准，还形成了较完整的北京市轨道交通工程线网规划体系和具有北京市特点的客流预测方法，为北京轨道交通建设奠定了基础。设计基础项目研究取得了突破。主要成果有地铁运营模式研究、项目投资风险研究、轨道交通综合技术标准研究、车辆段功能模式研究以及配套设备相关接口研究等，为确定合理的建设规模和技术标准提供了依据。基本形成了成套的设计理论、设计方法，实现了设计手段的现代化，结合工程实际编制了大量的计算软件、绘图软件、设计工具软件等，提高了设计水平、设计质量和设计速度。目前，在城市轨道交通线路成网络运营基础上，开拓了在线网层面的各种资源共享问题的研究。

在工程实践中对关键技术进行攻关研究，取得了多项独立自主创新成果。主要有浅埋暗挖 PBA 工法、平顶直墙工法、超深基坑支护技术（含降水技术）、盾构设计施工综合技术、直线电机系统、集成通风空调系统及屏蔽门安全门、钢铝复合轨、轨道减振降噪技术、防灾报警技术的研究，地铁一、二期工程既有线不停运改造等设计技术，为提高城市轨道交通建设速度、安全施工与运营创造了条件。“十一五”国家科技支撑计划重点项目——新型轨道交通技术的成果，为国家新型轨道交通发展提供了依据。初步形成了建设、运营风险评估体系、方法、对策，基本解决了隧道近距离施工、穿越地下管线及建（构）筑物设计、施工风险的疑难关键问题，为安全施工，确保地面建筑物、道路交通安全提供了依据。

设计团队不断壮大。在北京轨道交通建设之初（1965 年）北京仅拥有约 340 人的设计团队。随着改革开放和轨道交通事业的发展，设计团队人数翻了几番。仅北京市的轨道交通设计人员已有 3000 至 4000 人。作为国内首个设计和建设轨道交通的城市，北京市拥有强大的设计和研究力量，多年来培养了一大批设计骨干、专家，他们用丰富的设计经验为北京乃至全国城市轨道交通建设服务。随着市场的开放，国内多家轨道交通设计单位进入了北京市场，为轨道交通的发展增添了活力。

北京市轨道交通工程建设快速发展，在改善市民出行条件，缓解城市交通压力的同时，对促进北京国民经济发展、创造社会效益、实现可持续发展等方面贡献巨大。轨道交通线路的建设将加快城市格局的改变，方便更多的市民到郊区和新区生活，促进郊区和近郊的经济发展。同时根据工程需要，结合旧城改造，在沿线周边进行危旧房屋拆迁，在改善旧城区环境的同时，也改善了市民居住条件，加快了城市总体规划的实现。8 条轨道交通线的建成，使北京市轨道交通运能从 180 万人次/日提高到 380 万人次/日，运输能力提高了一倍。2008 年 8 月 22 日在第 29 届奥运会期间，全线日客流量达到了 492 万人次，创下北京轨道交通日客运量的历史最高纪录。

## 三、轨道交通发展展望

全面实现城市轨道交通网络化，发挥轨道交通在公共交通中的骨干作用。根据《北京市城市快速轨道交通建设规划（2007－2015 年）》，到 2010 年，北京市将再新增轨道交通 100 公里的运营里程，全网达到 300 公里；到 2012 年，北京市轨道交通将再新增 120 公里，全网达到 420 公里；从 2009 年起到 2015 年，北京市将争取每年新开通一条地铁线路。到2015年,北京市将实现"三环、四横、五纵、七放射"的轨道交通网络,总里程达到561公里,四环内市民出行平均步行不超过1公里,即可到达轨道交通车站。

同时,轨道交通将实现与城市重点功能街区及交通枢纽的便捷联系,中关村、金融街、西客站、北京南站、奥林匹克公园和CBD等,都将有多条地铁轨道相连。昌平、顺义、门头沟、房山、通州、亦庄和大兴等7个周边新城,将均有轨道交通通行,进一步促进城市空间结构和功能布局调整,有效地缓解交通拥堵状况。

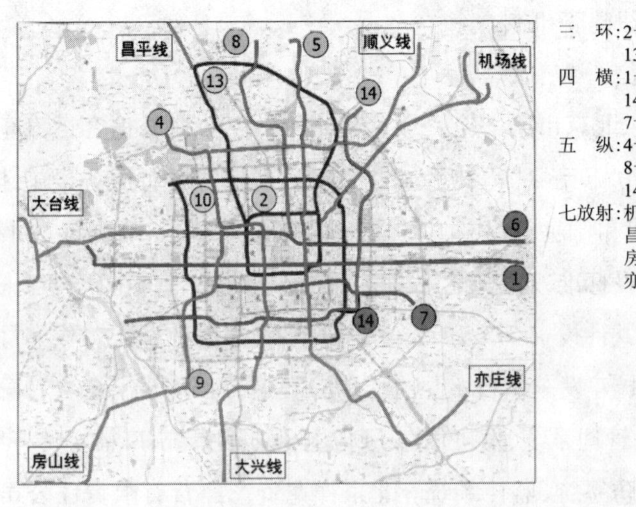


北京市城市快速轨道交通建设规划示意图

到2020年,北京还将建成由16条地铁线路和7条轻轨线路组成、总长度为763.4公里的中心城轨道交通网络,轨道交通将真正成为公共交通系统的骨干。

## 第四节　交通枢纽建设

### 一、交通枢纽发展历程

交通枢纽是交通网络的重要节点,对于全面发挥各种交通基础设施的功能、方便群众出行具有重要的作用。1992 年 6 月，北京市建成了第一个一级公路客运站——赵公口长途客运汽车站。2004 年，动物园公交客运枢纽建成投入使用。2005 年初，以长途客运为主，集公交、出租、社会车辆、地铁（规划 2010 年建成）等多种换乘方式于一体的大型综合客运枢纽站——六里桥客运站建成并投入使用。2007 年 10 月，地铁 5 号线天通苑北站驻车换乘停车场（P + R）与地铁 5 号线同期开通试运营，标志着交通枢纽理念进入了一个崭新的阶段。为加快枢纽建设，2007 年，成立了北京公联交通枢纽建设管理有限公司，建立"政府主导、建管合一、管用分离"的新型交通枢纽建管机制。

**（一）积极探索**

1992 年 6 月 1 日，北京市第一个一级客运站——赵公口长途客运汽车站创立。1994—1996 年投资 770 万元，对候车厅、旅馆、商店、餐馆等各种服务设施，陆续进行了小规模的改造、扩建和新建，基本适应旅客运输的基本要求。1997 年 4 月根据交通部对一级客运站的建设标准，对赵公口长途客运汽车站进行了"站运分离、人车分流"的"两分工程"改建，共计投资 575 万元，主要包括：大车间改造成为候车厅，总改造面积 3240 平方米；改扩建发车站台，建立循环车道实行人车分流；建立计算机售票、检票、调度、结算网络管理系统、发班信息 LED 电子显示系统、广播宣传音频播放系统、安全检查系统、消防系统、监控系统。北京祥龙资产经营有限责任公司（祥龙公司）成立后，为加快赵公口长途客运汽车站硬件设施及客运服务标准的完善与提高，于 2002 年批准客运站以翻建候车厅为主的大规模整改工程，工程于 2002 年 5 月正式启动，至 2003 年 12 月完工。整改工程分为两期建设实施，工程总计投资约 1277 万元。在改造过程中提升了信息化建设，完成了广播服务系统、旅客导乘系统、运营调度系统、网络信息管理系统、行包受理系统、行包落货系统、小件寄存系统、电话订票系统、监控指挥系统的升级改造。并在北京市长途客运站中率先引进电脑自动广播系统。2003 年 12 月，祥龙公司将三星庄的土地及地上物划转到北京祥龙客运场站经营公司后，公司 2004 年 4 月报经北京祥龙资产经营有限责任公司批准，将三星庄场地调整为赵公口长途客运汽车站附属停车场，并投资 443 万元进行住宿、餐饮、行包托运、仓储等附属停车场必备设施改造，2004 年 12 月竣工，投入使用。2005 年 4 月，赵公口长途客运汽车站的计算机售票系统与全市并网运行。

1997年，六里桥客运站项目建设用地达到“三通一平”。1998年8月，该项目经市规划局下达了《审定设计方案通知书》，按照建设程序规定完成了交管、园林、供电、人防等建设审批手续，由北京市建设研究院进行工程设计。1999年，市计委下达《1999年市属重点项目建设计划的通知》，将该项目列入北京市年度重点工程。2000年12月4日，汪光焘副市长在听取六里桥项目汇报后提出，六里桥客运站功能应定位为综合客运枢纽，并要求根据此功能重新进行规划设计。2002年，市计委下达了《关于调整六里桥枢纽项目可行性研究报告批复》，市规委重新下达了《规划意见书》。2003年8月20日，六里桥客运站项目工程全面开工，2005年“春运”前投入使用。六里桥客运站规划总建筑面积11.38万平方米，其中主站房建筑面积25700平方米，规划设计日发班为1500班次，旅客日登降量27.53万人次，其中省际长途5.88万人次/日，是北京唯一以长途客运为主，集公交、出租、社会车辆、地铁（规划2010年建成）等多种换乘方式于一体的大型综合客运枢纽站。建设注重发挥场站绿化在改善城市生态环境和丰富城市景观中的作用，把环境建设与现代生活相融合，强调人与环境的完美协调，为旅客营造优美、舒适的出行环境。7000余平方米的候车大厅，通过自然通风及采光技术的应用，最大限度地实现了生态、节能、环保的目的。中英文双语导向标识简洁、清晰，在站内为旅客构建了一条快捷、安全、流畅的绿色通道。截至主站房竣工投入使用，建设总投资26000万元，全部由企业自筹，首次打破了城市公建设施全部由政府投资的传统模式。根据北京地下公共交通建设总体规划，地铁9号线、10号线换乘通道将于2010年与主站房地下二层预留接口贯通，直达候车大厅。通过主站房分层设置换乘平台，不断优化换乘关系，率先实现了旅客在同一建筑内的立体换乘，极大地缩短了旅客的换乘距离和换乘时间。

**（二）建设公交枢纽**

动物园公交枢纽。动物园公交枢纽位于西直门外大街南侧，京鼎大厦西侧，占地1.4公顷，建筑面积10万平方米，建设内容包括地下公交换乘大厅、疏导通道、人防、社会停车场和地上公交车辆到发站台、车队管理用房、智能化运营指挥系统、抢修中心、公交派出所、部分经营用房，总投资约8亿元，可解决12～15条公交线路的到发功能。该项目于2001年12月开工建设，2004年7月建成投入使用。动物园公交枢纽首次实现了对多条公交运营线路的实时监控和智能调度，提升了公交调度管理水平，提高了运营管理效率，为进一步实现较大范围内的公交智能调度提供了数据支持。该枢纽建成后，彻底改变了过去动物园地区换乘无秩序状况，极大地改善了动物园地区外部交通混乱情况，整合了周边部分服装批发零售市场，整顿了该地区的市容市貌，也创出了一条以开发带动枢纽站建设的市场化融资新路，取得了良好的社会效益和经济效益，得到了市委、市政府的高度评价。

西客站南广场公交枢纽。西客站南广场公交枢纽位于北京西客站南广场东侧，占地1.02公顷，建筑面积3060平方米，建设内容包括调度业务用房、乘客换乘站台、停车场及配套设施等，总投资约1亿元，可解决12条公交线路的到发功能。该项目于2006年12月开工建设，2008年7月投入使用。北京西客站是全国各地旅客通往北京的窗口，其建筑规模属全国之最，每日运送旅客达十几万人，区域内的公交场站和线路承担着重要的运输任务，南广场公交枢纽建成使用后可快速高效地集散西客站旅客客流，为西客站进出站旅客提供了更好的公交换乘服务设施，节约了换乘时间；与北广场形成地区性运营调度管理体系，改善了北广场的交通状况，大大提高了莲花池东路的通行能力；改善了乘客换乘环境，改变了南广场零散杂乱的状况，创造了优美的整体环境；提高了公交车辆和相关设施设备的管理水平和落后的公交调度管理方式，为公交车辆安全运营提供了可靠的保障；为2008年奥运会举办期间提供优良的公交运输服务创造了条件。

新建及改造二级换乘中心、三级换乘站。结合迎奥运重点地区改造，优先考虑乘客换乘量大、占用社会车道和严重干扰交通秩序的地区，北京市从2005年起结合规划用地新建一批换乘中心站和换乘站。2005年改造了阜成门、木樨园等5处公交场站；2006年改造了安定门、北官厅、四惠等13处公交场站；2007年落实"北京市直接关系群众生活方面拟办的58件实事"，新建、改造大屯中心站、积水潭中心站等12处公交换乘场站；2008继续完成市政府"59件实事"工程，完成西客站北广场、崇文门、白石桥等10处公交换乘场站建设。同时将现有公交首末站驻车和管理设施外移，改造后用于换乘，逐步完善市区换乘微循环系统，将其作为综合换乘枢纽的有益补充。

### （三）发展驻车换乘（P+R）停车场

随着城市机动化进程的加快，2008年北京市的机动车保有量已经超过340万辆。为引导小汽车合理使用,沿中心城周边轨道交通和大容量快速公交车站规划建设小汽车驻车换乘系统,实行低价位或免费停车换乘的收费政策,引导小汽车换乘公共交通,减少市区小汽车交通量,缓解市区交通拥堵。北京市在地铁5号线天通苑北站、地铁八通线北苑站已经相继建成停车换乘停车场,并投入使用。

作为试点驻车换乘停车场之一,天通苑北站驻车换乘停车场一期工程于2007年10月7日与地铁5号线同时投入使用,并于2007年底完成二期扩建工程,2008年初完成整体功能完善工作。通州北苑驻车换乘停车场于2008年5月23日建成并投入试运营。以上两个驻车换乘停车场由公联公司负责建设。天通苑北站、通州北苑站驻车换乘停车场的投入运营,产生了巨大的社会效益。两个换乘停车场自投入运营以来,市民对驻车换乘停车场这种全新的交通换乘理念由陌生到了解并接受。天通苑北站驻车换乘停车场在经过二期扩建后,总占地面积达到15755平方米,车位436个,现在每个工作日泊位使用率均达到100%,2008年上半年,使用IC卡累计停车68742车次。这些充分说明了驻车换乘这种理念和方式的正确性。这两个驻车换乘站为北京开展驻车换乘停车场的建设和管理积累了宝贵的经验。

天通苑北站驻车换乘停车场

### (四)货运枢纽建设

1996年3月12日,北京市西南公路货运主枢纽筹建处在北京市联运公司成立。该枢纽是根据北京市总体规划和交通部长远发展设想,由市交通局申请立项、市计委批复筹建的。

1997年7月，北京市汉龙公路货物运输服务中心在丰台区新发地成立。占地5万平方米，建有商住用房、仓储库房和停车场，为汽车运输配载、货物包装、仓储和信息咨询服务。汉龙公路货物运输服务中心的成立，实现了北京市货运交易场所和场站建设"零的突破"，货运配载业务迅速发展，对提高运输效率，满足客户要求起到重要作用。

1998年，马驹桥一级公路货运主枢纽(现名北京祥龙物流园)一期工程开始建设。该枢纽是交通部、北京市政府批准的《北京公路主枢纽总体布局规划》中确立的公路货运一级枢纽，位于通州区马驹桥镇，主要承担东南部货物集散及集装箱转运的功能。2002年11月建成了1号中转仓库，2005年1月建成了2号中转仓库，2007年11月3号中转仓库建成。

1998年12月8日，交通部、北京市政府批准《北京公路主枢纽布局规划》，加快了北京市道路货运场站建设的进程。

纵观"九五"期间，北京市道路货物运输场站建设实现了"零的突破"，先后建成两个二级货运枢纽站，总占地面积4.56万平方米，建筑面积2.6万平方米，年吞吐能力7.8万吨；又先后建成5个货运交易场所，总占地面积19.7万平方米，共有营业用房9810平方米，仓库2.7万平方米，停车场地6.7万平方米，年吞吐能力24万吨，取得一定的社会效益和经济效益。

到2005年，北京市又建成百子湾、吴家村、西三旗公路货运主枢纽、京西物流中心、汉龙货运服务中心、顺福海货运服务中心、宛平货运服务中心和京东货运服务中心等八家货运枢纽，总仓储面积达到68550平方米，入驻业户361户，货运吞吐量为520.88万吨/年。货运枢纽的飞速发展大大提高了北京货运市场的交易能力，有利于货运需求的有效、合理供给。

截至2007年，北京市共建成12家货运站场，其中一级货运站1家，二级货运站2家，三级货运站9家。

## 二、交通枢纽发展展望

交通枢纽是全市交通网络的重要节点。加强枢纽建设，不仅实现航空、铁路、公路等对外交通与城市交通之间的顺畅衔接，也将改善城市各种交通运输方式之间的接驳换乘条件。在新规划枢纽的建设过程中，要考虑到交通枢纽是整个交通系统与人员流动系统的节点，充分考虑其重要作用；要考虑到北京市作为一个还在发展的国际化大都市，科学地考虑远期规划，使得枢纽的建设布局合理、换乘高效便捷，并能够为可持续发展作好准备。

### （一）加快公共交通枢纽建设

按照客流规模不同，公共交通换乘场站可分为三级体系，其中：一级换乘枢纽为日换乘量8万人次以上的综合换乘枢纽，二级换乘中心日换乘量为5～8万人次，三级换乘站换乘量为2～5万人次。北京市改善公共交通换乘条件工作的思路是：加快换乘场站规划、建设、改造，为公共交通实现"零换乘"创造较好的硬件支撑平台。

一级枢纽主要分为两类：一是对外综合换乘枢纽，如首都国际机场、北京站、北京铁路南站、北京铁路西站及六里桥公路客运站等大型对外综合客运枢纽，此类枢纽建立城市客运与城际（内外）客运一体化综合枢纽体系，改善城市内外客运交通衔接与换乘条件；二是市区与市域客运网络换乘枢纽，如西直门、四惠、东直门、一亩园、北苑及宋家庄枢纽等，此类枢纽可改善市区轨道交通、公共电汽车、出租车及自行车等不同客运网络的衔接换乘条件。《北京市城市总体规划（2004—2015）》中提出，在中心城客流集中的区域规划建设33处公共交通枢纽，其中大型综合枢纽13处，分别为西客站南广场、西客站北广场、北京南站、动物园、六里桥、东直门、西直门、一亩园、四惠、宋家庄、北苑北、苹果园、望京。

目前西客站北广场、动物园、六里桥3个枢纽已分别由公交集团、祥龙公司建成并投入使用；东直门、西直门、北京南站、西客站南广场在建并部分投入使用；一亩园枢纽正在由公联公司建设，其主体结构已完成三分之二，其他配套工程已完成50%；四惠、苹果园、宋家庄、北苑北、望京西5个枢纽正在进行前期研究。

2010年，北京市将初步建成城市客运与城际客运一体化综合枢纽体系。为改善城市与城际客运衔接与换乘条件，将建成首都国际机场、北京铁路南站、北京铁路西站及六里桥客运站等大型综合客运枢纽。为改善市域范围内客运网络的衔接关系，将建成西直门、东直门、四惠、一亩园、北苑及宋家庄等一批为中心城与郊区线路衔接换乘服务的公共客运枢纽站。为改善市区公共汽车、电车、轨道交通及出租车等不同客运网络的衔接换乘条件，将建设一批公交中心站。

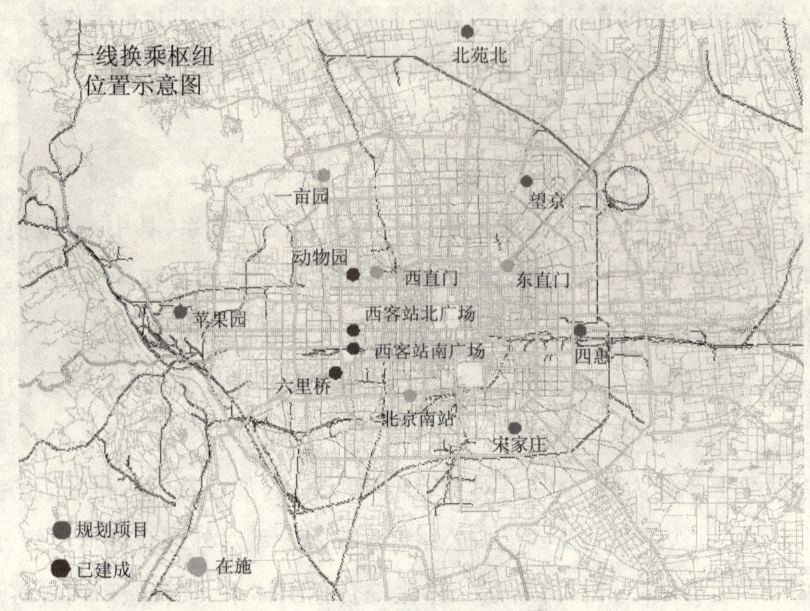


交通枢纽规划布局示意图

东直门交通枢纽外观

## （二）建设驻车换乘站

2010年，结合轨道交通和大容量快速公共交通新线建设，将逐步在五环路周边地区统一规划建设 26 处小汽车驻车换乘站。

**（三）加快货运枢纽发展**

公路货运枢纽体系采用分级结构布局，共规划建设 6 个一级货运枢纽和 6 个二级货运枢纽。2010 年，将重点建成马驹桥、阎村、天竺等货运枢纽。

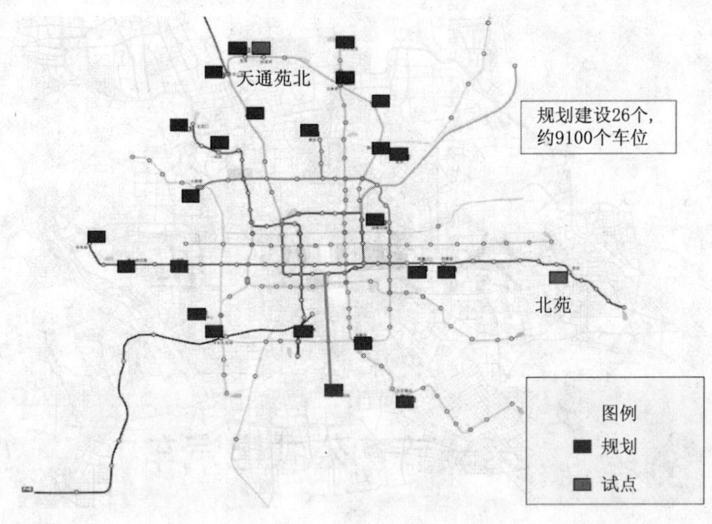


规划的 26 个停车换乘（P + R）站位置图

预计到 2020 年，全市民用机动车保有量将达到 500 万辆左右，全市出行总量将达到 5200 ~ 5500 万人次/日。中心城公共交通出行分担率将由目前的 34.5% 提高到 50% 以上，其中轨道交通及地面快速公交承担的比重占公共交通的 50% 以上。作为衔接各种交通方式的交通枢纽，对于实现以上指标至关重要。

到 2020 年，北京市将基本实现交通枢纽布局规划，基本建成布局合理、设施完善、功能齐全、环境优美、管理先进，基本适应交通发展需要的现代化交通枢纽系统，为北京交通健康有序发展提供有力支撑。

# 第三章

# 公共交通

## 第一节 公共电汽车

### 一、公共电汽车发展历程

伴随首都30年来改革开放的进程，北京公交发生了翻天覆地的变化。市委、市政府大力优先发展公共交通，确立了公共交通在城市交通中的主体地位，公交车辆档次的提升带来舒适的乘车环境，公交线网结构的优化方便了市民出行，票制票价的改革优惠了市民百姓，北京公交正在以崭新的面貌向世界人民展示“科技公交、绿色公交、人文公交”的风采。

**（一）公共电汽车企业**

1. 公交集团公司

1978年8月6日，根据北京市革委会310号通知精神，将北京市交通局一分为二，组成北京市公共交通局和北京市交通运输局。北京市公共交通局直接管辖公共汽车各保养场、修理厂、电车公司、地铁管理处、第二汽车公司、客车装配公司、交通研究所和技工学校。1980年7月1日，北京市公共交通局改为北京市公共交通总公司（公交总公司），为局一级机构，实行企业化经营。1983年，经市政府批准，同意公交总公司按分级管理的原则调整原有体制，将原直属总公司领导的六个公共汽车场按区域划分，分别组建两个公共汽车公司，即北京市第一公共汽车公司，管理原公共汽车一、四、五场；北京市第二公共汽车公司，管理原公共汽车二、三、六场。

1984年4月，根据市政管理委员会通知，北京市交通运输局所属的长途汽车公司整建制划归公交总公司领导（后于2003年改制为北京市长途汽车有限公司）。1992年，公交总公司按照运营、保修分工、专业化管理的原则，将原公共电汽车8个综合性运营场组建为22个专业运营场，8个专业保修厂。体制调整后，实行管理集中到场，服务到队，缩小了管理跨度，实现了专业化管理。

1995年，公交总公司制定了《关于进一步加快发展多种经营若干问题的决定》，理顺公交多种经营企业的管理体制，实现多种经营与主业“分离”的目标，将公汽一公司、公汽二公司、电车公司、长途公司的多种经营由主业中“分离”出来，消化主业富余人员1508人。多种经营与主业的“分离”，明确了投资与被投资的关系，适应了市场经济的需求。

1998年，公交总公司按照专业和区域的不同，将原公汽一公司、公汽二公司、电车公司管辖的22个运营分公司重组为8个客运分公司；将保修系统的8个保修分公司和两个修造分公司重组为3个保修分公司；按照专业化和市场化的原则，新组建了巴士公司（旅游、小公共、空调等经营性线路）、多种经营、物资、物业、房地产开发共5个经营性公司，加快了公交向集团化、专业化、区域化和市场化、多元化发展的步伐。这次管理体制改革，将公共电汽车系统分公司级以上单位由原来的47个减为16个，精简了31个；减少两级机关工作人员2500多人，其中管理人员1500余人，占两级机关管理人员的50%。这次变革标志着北京公交沿袭多年的四级管理三级核算体制的结束，新的三级管理二级核算体制的确立，实现了公交历史上具有深远意义的重大变革。

2003年，公交总公司对客运分公司的多种经营实体进行全面清理注销。以“调、改、剥、退”为主要手段，对一些规模较小、布局分散、主业不突出、管理层级太多、资产链条过长的企业进行清退。5 年来共注销企业 132 家，其中二级企业 13 家，三级企业 82 家，四级企业 37 家。2004—2007 年来共改制企业 26 家，其中二级企业 9 家，三级企业 16 家，四级企业 1 家。

2004 年 9 月，经市国资委批复（京国资改发字［2004］24 号文件），公交总公司改制为北京公共交通控股（集团）有限公司。2006 年 6 月，经市政府和市国资委批准，北京巴士股份公司进行第一次资产置换，将双层客运分公司、新奥客运分公司、专线客运分公司置出，回归公交客运主业；将公交广告公司、公交驾校、天翔国际旅行社、公交捷安汽车租赁有限公司等市场化业务的资产置入北京巴士公司。2007 年 9 月，公交集团公司按照公交功能定位，突出公益性主业和市场化辅业的板块，进行了一次重大的资产重组和业务整合。按照“术业要专攻”的原则，剥离与主业有关的投资企业，将与市场经营有关的企业和资产整合到以公交广安商贸为龙头的辅业板块中，明确界定各个主辅板块之间的经营管理职能。2008 年，公交集团公司对巴士公司实施第二次重大资产重组，将北京公交海依捷汽车服务有限责任公司等企业股权置入巴士公司，使之形成广告传媒、汽车服务和旅游服务三个主营板块；巴士公司的八方达公司置换到公交集团公司，为八方达公司票价调整奠定了基础，北京巴士股份有限公司更名为北京巴士传媒股份有限公司。

公交集团公司通过不断的改革、改组、改造，削减管理层次，合并管理机构，优化资源配置，理顺投资关系，建立起产权关系清晰，管理责权明确，法人制度健全的现代企业制度。

2. 祥龙公交公司

祥龙公交为货运转型企业。20 世纪 90 年代中期，原有专业货运企业仍未走出困境，职工大量下岗。企业如何生存？企业如何发展？职工如何安置？这些都是当时极为关键的问题。市交通局下属企业借着改革的春风，经过大量调研论证，决定搞社会办公交，进军公交市场，并加快了线路勘察、立项申报、新公司筹组的步伐。1999 年 4 月，经市政府批准，市交通局下属的北京大型物资运输公司、北京市通达汽车公司、北京第二运输公司共同投资创办了北京市第一家由社会兴办的股份制城市公交客运企业——北京运通客运有限责任公司（祥龙公交公司前身），注册资本金 400 万，弥补了当时北京公交市场运力不足。

为完善法人治理结构,做到统一经营管理,2001年1月,经市交通局批准,北京大型物资运输公司、北京市通达汽车公司、北京市运输公司、北京第二运输公司合资合股,对企业进行重组,重组后的祥龙公交公司股权由上述4家公司构成。

2002年7月,祥龙公司进行企业间资产整合重组,构建客运、物流、汽车工贸三大经营格局。伴随着祥龙公司以资产为纽带的整合重组,祥龙公司所属部分企业和人员并入祥龙公交公司,企业实力得到壮大,运营车辆、运营线路、运营收入、经营场地、职工人数等生产能力迅速增加,经营规模迅速扩大,注册资金增加到4720万元,当年就增车200多部,开、调、延线路7条。

2003年,一场突如其来的"非典"疫情,使祥龙公交公司票款收入顿减,效益下滑。在没有补贴的困难情况下,公司顶住"非典"带来的巨大影响,自行消化成本支出。2004年,公司面临的形势依然严峻,油价多次上调,直接成本增加400多万元,且新增线路大多在四环以外,客源不足。公司通过增收节支,加强司机节油培训,大力治理费油车,压缩成本开支积极应对,全年营业收入达到1.8亿多元,超过计划3%,取得了较大发展。

截止到2004年年底,祥龙公交公司共有职工3600余人,是1999年成立时的150倍;运营车辆730辆,是1999年106辆的6.9倍;运营线路19条,是1999年5条的3.8倍;运营线路总长度632.58公里,是1999年121.24公里的5.2倍;年客运量12390万人次,是1999年639万人次的19.4倍;固定资产增值一个多亿。

2005年以来,祥龙公交公司抓住优先发展公交和召开奥运的契机,对经营管理机制进行改革,成立了6个分公司,建立二级单位负责具体经营,将管理重心下移,线路合并归属管理,公司更多的是从宏观上进行总体控制协调,形成了规范高效的管理架构;对维修体制进行调整,整合技术资源,把一、二车间合并,成立维修中心,实现规模管理,集中了技术力量,资源进一步优化;成立枢纽站、稽查队,实施定编定岗,精简优化经营组织机构,精简下来的管理人员充实到二级单位,为保持企业进一步发展奠定了基础。

**(二)票制票价改革**

1979年1月,经北京市革命委员会批准,市区职工月票票价由3.5元调为6元,郊区专线职工月票由4元调为9元,通用月票由5元调为12元,并取消郊区学生月票。该方案实行后,因各方面意见很大,4月份便全部恢复了原价。

1991年1月,经国务院和市政府批准,市区电、汽车职工月票由3.5元调整为7元,郊区电、汽车专线职工月票由4元调为8元,市郊通用职工月票由5元调为10元,电、汽车、地铁联合职工月票由10元调为18元,学生月票不做调整;普票票制仍维持市区6、6、9、9……制,郊区2、2、3、3……制,票价由0.05元起价0.05元进制调整为0.10元起价0.10元进制。这次调价是自1965年以来第一次全面调整票价,使公共电汽车票制票价逐步走上改革之路,但因政治因素影响,学生月票价格仍维持在1965年的水平(市学2元低于1965年学生月票价格)。

1996年,为抑制北京市公共交通企业的政策性亏损,减少财政补贴,缩小与外省市票价差距,解决价值与价格严重背离的问题,北京市公共电汽车线路进行第二次票制票价调整。月票价格市工由7元调为15元,市郊通工由10元调为25元,市学由2元调整为5元,市郊通学由4元调整为10元,取消职工和学生的郊区专线票,地铁联合月票由18元调为40元;普票票制市区调整为单一票制,票价0.50元,郊区调整为3、5、5……制,票价调整为0.50元起价0.30元进制(即:第一计价段为3公里起价0.50元,每增加5公里加价0.30元)。此次调整幅度较大,简化了票种。

1999年12月,为实现社会平均成本、发展公交事业的需要,公交总公司进行第三次票制票价调整。自2000年1月起,月票价格市工由15元调为30元,市郊通工由25元调为40元,市学由5元调整为10元,市郊通学由10元调整为20元,地铁联合月票由40元调为80元;自1999年12月10日起,普票票制市区实行单一票制,票价由0.50元调整为1.00元,郊区票制由3、5、5……制调整为12、5、5……制,票价调整为1.00元起价0.50元进制(即:第一计价段为12公里起价1.00元,每增加5公里加价0.50元)。

以上两次价格调整,初步达到了公交企业能够维持简单再生产的目的。但是燃油价格的上涨、车辆更新、环保车辆购置、车辆保险及职工工资增长等因素,仍使企业运营成本大幅度增加。

2006年5月1日,经市政府批准,采用市政交通一卡通IC卡替代公交、地铁纸质月票。从同年5月10日起,发行学生月票卡、成人月票卡、地铁专用月票卡、公交地铁联合月票卡、普通卡,原市学、通学月票合并为学生月票卡,20 元/卡·月;原市工、通工月票合并为成人月票卡,45 元/卡·月;原地铁专用月票替换为地铁专用月票卡,60 元/卡·月;原公交地铁联合月票替换为公交地铁联合月票卡,90 元/卡·月。月票卡具有月票计次和普通卡储值两种功能。月票计次限为本月 1 日至当月最后一天,限 140 乘次。使用普通卡或月票卡储值区乘坐地面公交月票无效线路给予 8 折优惠,乘坐地面公交月票有效线路无折扣优惠。

2007 年 1 月 1 日,经市政府批准,取消了学生月票卡、成人月票卡和公交地铁联合月票卡,保留地铁专用月票卡,发行普通卡、学生卡。原学生月票卡可作为学生卡继续使用,原成人月票卡可作为普通卡继续使用,原公交地铁联合月票卡可作为地铁专用月票卡继续使用。市区公交线路普票票制就低统一为单一票制线路每乘次 1 元,分段计价线路 12 公里内 1 元起价,每增加 5 公里加价 0.5 元。现金购票无折扣优惠。刷卡乘坐市区公交线路享受普通卡 4 折、学生卡 2 折优惠;刷卡乘坐原月票有效分段计价线路"打折封顶",即普通卡每乘次 0.4 元、学生卡每乘次 0.2 元。同年 2 月 1 日,为方便短期乘坐公交乘客使用,又发行三种时间票(卡):3 日卡票价 10 元,限 3 日内使用 18 次;7 日卡票价 20 元,限 7 日内使用 42 次;15 日卡票价 40 元,限 15 日内使用 90 次。可乘坐除"9"字头线路以外的市区公交线路。时间卡不贴照片、不限本人使用、不可充值。办卡时每卡须交纳 20 元的卡押金(退卡时退换押金)及时间卡票款。

2008 年 1 月 15 日,为统筹城乡交通发展,推进城乡公共交通一体化,经市政府批准,北京市郊区公共客运线路(含"9 字头"公交线路和远郊区县境内客运线路)票价实行折扣优惠。持市政交通一卡通 IC 卡乘坐"9 字头"公交线路在现行票制票价基础上实行成人 4 折、学生 2 折优惠;市域外路段维持 8 折优惠政策不变。现金购票乘车不优惠。

**(三)线网优化及车辆更新**

1978 年,全市拥有公共电汽车 2627 辆,包括北京在内的国内城市公交客车,仍使用国产载重汽车底盘改装、以汽油发动机驱动的高地板公共汽车,排放污染严重、容量小、动力性差、舒适性差。

1993 年 1 月 22 日,第二公共汽车公司第四运营场经营的公主坟至八王坟特 1

路双层公共汽车正式投入运营。这是北京第一次利用外资合作经营的第一条双层公共汽车线路。同年9月30日,长途汽车公司开通了第一条长远距公共汽车线路,东直门至顺义的915路,全长37.5公里。915路的开通拉近了城乡的往来,方便了郊区群众的出行。至此,八方达公司开通郊区运营线路141条,长途公司开通省际运营线路196条。

1999年开始,成功地引进了美国单一燃料天然气发动机,成功开发出压缩天然气(CNG)公交车,并逐年发展。

2001年,公交总公司在市科委的支持下,实施压缩天然气(CNG)在公交车辆应用的示范项目,组建了国内第一支拥有50辆CNG公交车、两条运营线路的车队,并建设了CNG加气站。

2003年以来,公交总公司在国家科技部的支持下与清华大学合作,对联合国资助的3辆进口燃料电池公共汽车、科技部组织研制的3辆国产燃料电池公共汽车进行了示范运行。

北京第一条大容量快速公交系统——南中轴路快速公交

2005年,北京借鉴国外公共交通经验,配套与专用行车道路和停靠站台相适应的车辆,开通了国内第一条大容量快速公交线路(BRT)——南中轴路快速公交线路。公交集团还组织客车行业,首次在国内成功开发了长13.7米的三轴超长大型公交汽车,并批量应用在高速公路运营的线路上。

从2006年8月起,共分6批优化调整线路276条,逐步建立起了以快线网为骨架、普线网为基础、支线网为补充的相匹配的三级公共交通网络。其中:围绕中心城撤销线路71条,调整线路81条,削减市区重复设站3009个,长安街、三环路、北京站、西客站等地区重复线路多的状况得到了明显改善;扩大边缘覆盖,新开小区支线124条,增加线网覆盖103公里,改善了回龙观、天通苑、望京科技园、昌平新城、百子湾、万泉寺等430余个小区居民的出行;依托高速公路开通4条远郊快速公交线路,使顺义区、怀柔区、平谷区、密云县群众乘坐公交到市区的平均出行时间缩短20~50分钟,为远郊区县群众的交通出行提供了极大的便利;相继开通了朝阳路和安立路两条快速公交线路。

## 二、公共电汽车发展成就

地面公交有序发展,运营线网逐步优化。改革开放以来,经过不断探索,找到

施划公交专用道的道路

了优先发展公共交通的道路，制定了公共交通“两定四优先”政策（“两定”即确定发展公共交通在城市可持续发展中的重要战略地位，确定公共交通的社会公益性定位；“四优先”即公共交通设施用地优先、投资安排优先、路权分配优先、财税扶持优先）和三步走策略（第一步，就低统一票制票价，优化提升市区地面公交系统；第二步，加快轨道交通建设，实行轨道交通全网低票价政策；第三步，改革郊区公共客运，加快构建农村公共交通系统）。

在地面公交方面，就低统一市区地面公交票价，普惠于民。针对市区地面公交月票普票并存、月票无效线路与月票有效线路车辆满载率不均衡，月票有效线路乘车拥挤等问题，在综合考虑乘客利益的基础上，自2007年1月1日起，北京市就低统一市区地面公交票制票价，发行市政交通一卡通普通卡和学生卡，实行持卡成人4折、学生2折优惠。低票价政策实施后，原月票有效线路和无效线路车辆高峰平均满载率趋于均衡，市民公交出行费用大幅降低。优化公交线网，减少重复线路，扩大覆盖范围。从2006年8月起，分六批优化调整线路276条，逐步建立起了以快线网为骨架、普线网为基础、支线网为补充的相匹配的三级公共交通网络。加大施划公交专用道的力度。截至2007年底，在80条道路施划217公里公交专用道，逐步建立公共交通信号优先系统，对大容量快速公交实行公交优先信号。建成动物园、六里桥、西客站北广场等公交枢纽和安定门、北官厅换乘站等一批公交换乘设施，方便乘客换乘，减少公共交通与其他交通的相互干扰。

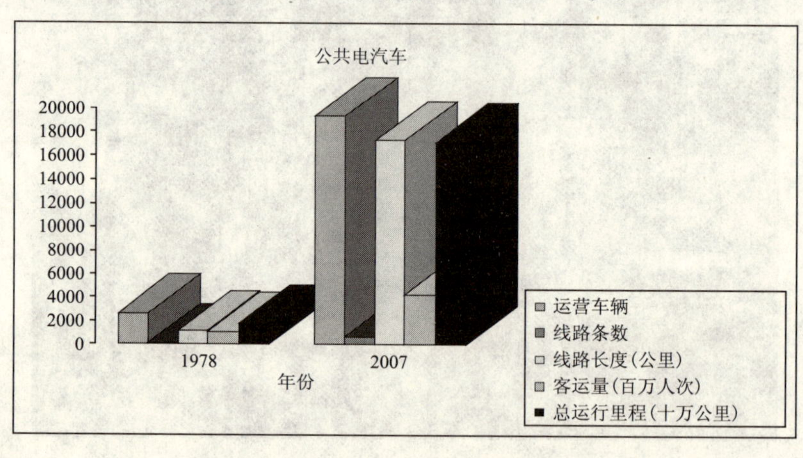


2007年与1978年北京公共电汽车数据对比表

2007年,公交集团拥有公共电汽车18567辆,祥龙公交公司拥有公共电汽车828辆,全市公共交通运营车辆总数达到19395辆,比1978年增长了6倍多;运营线路总里程达到17353公里,比1978年的1217公里增长了16136公里,增加了13倍多。近三年来,在外省市一些城市取消无轨电车的情况下,北京公交集团坚持对无轨电车适度发展,从500辆左右发展到现在的800辆左右,是国内拥有无轨电车数量最多的城市。

## 三、公共电汽车发展展望

从现在到2020年是建设新北京,实施现代化建设"新三步走"战略的重要时期,北京将基本建成现代化国际大都市。随着北京市空间结构战略性调整,城市化的发展和环渤海经济圈的崛起,北京市社会经济将继续保持较快的发展速度,城市的聚集效应将更加显著,交通需求将稳步增长。到2020年,北京人均GDP将达到10000美元以上,机动车保有量达到500万辆,居民出行总量达到5000万人次/日。为了保证城市交通的可持续发展,公交优先战略仍将是必然的选择,公交优先的各项政策将得到全面落实,为公共交通的发展提供有力的保障,北京公共电汽车交通将跃上一个新的台阶。

近一段时期,北京市公共电汽车发展将坚持减少城市中心区重复,扩大城市边缘地区覆盖,建立快线网,优化普线网,完善支线网的线网优化工作思路,以缓解道路拥堵严重的上下班通勤交通为重点,以吸引小汽车交通向公共交通转移,依托轨道交通网和大容量快速公交,通过优化线路,增加公交专用道,改造换乘站,方便公交与公交、公交与地铁,特别是小汽车与公交、地铁的衔接换乘等措施,构建公共交通快速通勤网。

2015年以前,公共电汽车的发展主要是:

一是围绕新建轨道交通,调整现有线网,开辟衔接支线,拓展轨道交通服务范围。到2015年,北京市将建成轨道交通线路19条、线路总长将达561公里。一方面,地面公交部分长乘距客流必然转换成短乘距客流。另一方面,新建轨道交通吸引的新客流群体也将带来新的地面公交衔接换乘需求,运营结构要适时转变。

二是结合城市功能外移，建设发展新城、边缘集团、开发区，完善区内公交出行，根据客流情况适时开通直接衔接各区域的快线、普线，利用城区外围路网形成横向接驳走廊，缩短乘客出行距离，缓解进入城区的放射型线网压力。

三是结合道路建设延伸公交线网。随着城区道路微循环系统不断完善合理调整线路走向，方便小区居民出行，实现客运量增长，适当调整现有线路，重点开辟短途支线，方便与轨道交通的衔接换乘。

到2020年，北京公共电汽车交通将初步实现现代化，呈现“人性化”、“一体化”、“集约化”、“信息化”和“法制化”的基本特征，即：人性化的服务宗旨；一体化协调运行的体系构架；集约化的发展模式；信息化和法制化的建设、运行支持和保障。

人性化。充分体现以人为本的服务宗旨，注重环境保护和社会和谐发展，提供与城市风貌相协调的设施环境，合理分配与使用资源，满足社会多样性服务需求。

一体化。以一体化为基本构架，在规划、建设、运营、管理和服务全面整合的基础上，实现市区公共电汽车交通与市郊公共电汽车交通、公共电汽车交通与其他交通运输方式，以及与城际客运交通的一体化协调运行。

集约化。实施以内涵发展为主的集约化发展模式，从城市环境与资源条件出发，北京公共电汽车交通发展必须采取以内涵型增长为主的集约化发展模式，充分发挥既有交通设施的潜在效能，以系统结构优化和先进的运行管理为战略手段，最大限度地提高公共电汽车交通运行效率和服务水平，减少资源消耗，降低运行成本。

信息化。以信息化为依托，公共电汽车交通系统发展的各个环节和服务领域全面实现信息化，运营与设施运行管理全面实现智能化。乘客随时随地都能够获得及时、准确、全面的信息服务，规划、建设、运营管理者能够依据对系统运行信息的分析进行有效管理和决策。

法制化。以法制化为保障，公共电汽车交通规划、建设、运行管理与社会服务全面纳入法制化轨道，通过健全法律、规章和完善规范、标准体系，有效地约束决策、管理、服务等所有交通参与者的行为，保证公共电汽车交通系统的有序发展和高效运行。

# 第二节　城市轨道交通

## 一、地铁运营发展历程

北京市地铁运营有限公司(地铁运营公司)前身为北京市地下铁道总公司,是负责经营城市轨道交通运营线网的专业运营商,拥有职工一万余名。截至2008年,地铁运营公司经营的线路包括1号线、2号线、5号线、10号线一期、13号线、八通线、奥运支线和机场专线,运营线路总里程200公里,共有123座运营车站。

北京地铁的体制变革大致可分为三个阶段。第一阶段即地下铁道总公司体制(1978—2001年),1984年市委、市政府决定将北京地下铁道公司升格为局级单位。第二阶段即地铁集团体制(2001—2003年),2001年市委、市政府决定组建北京地铁集团公司。北京地铁集团公司为国有独资公司,以投资形式设立北京地铁建设管理有限责任公司和北京地铁运营有限责任公司。第三阶段即地铁运营有限公司体制(2003年至今),2003年市委、市政府决定成立北京市基础设施投资有限公司、北京市地铁运营有限公司、北京市轨道交通建设管理有限公司,北京地铁投资、建设、运营三分开体制开始实行,北京地铁运营公司成为北京市轨道交通的专业运营商。

### (一)建立健全安全管理组织体系

确保地铁运行安全,在地铁运行工作中起着至关重要的作用。改革开放30年来,地铁安全管理组织体系经历了从无到有,从小到大,从一级到多级,从附属管理到专业管理,从行车安全到综合安全的快速发展,形成了完善的管理组织架构和责任体系。1978年,地铁运营管理处安全科主管行车、设备安全管理。此后,从健全安全管理组织入手,依据国家安全生产法律法规,结合安全运营生产工作实际,逐步建立健全了地铁公司、二级单位和车间班组三级安全管理体系。

截止到2007年底,地铁运营公司共有640个班组配备专兼职安全员717人;

公司、分公司、车间(队)专职安全管理人员132人,公司安全生产委员会成员22人,处级以上主管安全生产干部20人,各级安全管理人员占职工总数的7.43%,安全管理人员数量比2000年增长了42%。

1978—2007年,地铁运营公司4次修订《北京地铁运营事故处理规则》,不断细化事故控制指标,从最初的4类事故等级到目前执行的7类事故等级,并且创新性地制定了各类事故换算为一般事故进行统计的计算方法,是量化事故指标管理的重大突破。同时,地铁运营公司合理安排年度安全工作计划,严格安全运营生产目标和事故控制指标,在坚持落实"五消灭"的基础上,克服线路增长、技术更新、缩小间隔、车辆设备系统扩容等多种不利因素,事故控制指标逐年下降10%。

### (二)改革票制票价

城市轨道交通的票制票价不仅事关运营服务商的企业效益,更是政府关爱民生的重要举措。北京地铁票制经历了纸票、纸票和月票、纸票和储值卡(月票)、储值卡和单程票阶段;北京地铁票价经历了1角、2角、5角、2元、3~7元、2元(全网一票通)阶段。2008年6月9日,北京地铁自动售检票(AFC)系统正式投入使用,宣告纸质车票从此退出了历史舞台。

2007年10月7日,北京地铁5号线开通并实行地铁全网每人次2元的单一票制。新票制票价实施后,地铁日均客运量增长了56%。

2007年10月7日实行单一票制后客流大增　(地铁运营公司供图)

面对客流大幅增长，地铁运营公司采取了超常规措施，全网各线同时缩小行车间隔，增加容量，提高运输能力。为确保运营安全，公司进一步加强车辆和设备检修，确保运行的可靠性，以应对大客流的冲击；完善司机、综控员和调度员联合确认方式，确保行车秩序。与此同时，地铁运营公司还组织大量人力在车站引导乘客按线候车、先下后上，并在各站安装车门关闭提示铃，力保列车停靠不超时，确保了新票制票价的顺利实施。

新票制票价的实施不仅标志着北京地铁迎来了网络化运营时代，更是市委、市政府贯彻落实科学发展观、构建和谐社会的重大举措。从新票制票价决策之日到实施之时，仅有一个月的准备时间，新票制票价和地铁网络效应进一步加剧了地铁运力和运量之间的矛盾，地铁运营公司发扬敢打硬仗的优良传统，采取超常规措施，通过全体员工的共同努力，出色地完成了市委、市政府交给的任务。

**（三）调度指挥实现现代化**

早期的调度所都设在相应的运营线中。2006 年，地铁运营公司与北京城建设计研究总院启动了北京地铁既有线路控制中心改移工程的可行性研究。工程实施后，既有的四条线路——1、2、13 号线和八通线将和2007 年建成通车的5 号线、2008 年建成通车的 10 号线、机场线及奥运支线集中到小营指挥中心综合调度指挥。综合调度指挥达到了进一步减员增效的目的，特别是有利于各线调度的交流，为培养一专多能的专业调度员创造了有利条件，同时加强了各线的协调与配合。针对运营线路网络化的特点，强调整个路网的联动和快速反应，为乘客提供了更高水平的服务。

改革开放初期，地铁行车调度技术设备非常简单，列车按照移频自动闭塞的方式运行，调度指挥仅有的设备就是表示盘，而当时的表示盘只能显示列车位置信息，车次、车号均无法显示。调度员要根据显示光带的位置结合车站值班员通报列车到发信息手绘运行图。一旦出现运行秩序混乱，再调整列车十分困难。行车调度员艰苦奋斗的精神，精心工作的态度，创造了良好的运营成绩。1984 年2 号线开通后，指挥设备实现了 CTC 控制方式，实现了第一次技术飞跃。调度的表示盘实现了车次跟踪和信号设备遥控，极大地方便了调度员的工作，但是操作仍十分原始，调度员仍需要逐个按钮的办理进路，作业量非常大。目前，通过技术改造，北京地铁的 8 条线全部实现了行车调度指挥设备 ATS 控制。与 CTC 设备相比，ATS 设备根据计算机系统赋予列车的车次信息自动办理列车进路，控制信号显示，把行车调度员从大量简单重复的劳动中解放出来，更多地去关注服务质量、路网的协调，实现了行车指挥设备技术的第二次飞跃。

电力调度技术设备也经历了同样的变迁，北京地铁电力系统自正式投入运行到1993年，一直沿袭着传统人工的调度指挥方式，调度人员每天都要填写各类控制操作命令票，并通过调度电话下达操作命令，变电站值班员接受指令后，重复命令，同时记录下控制操作命令票内容，再执行对现场设备的操作，最后完成从调度电话发令、变电所值班员接令到值班员现场执行操作、操作完毕后电话通知电调等，要经过一系列繁琐复杂的人工调度过程才能实现，自动化程度和效率非常低。1993年，地铁1号线从英国引进了电力监控系统，以及新建地铁线路及环线设备，改造后的调度指挥系统，均采用了自动化监控系统实现了电力系统设备运行、环控系统设备运行、防灾系统设备运行的调度全自动化监控管理与指挥，使调度指挥工作更安全、可靠、快捷、有效。特别是自动化监控系统将电力系统早晚停送电的过程，由原来的复杂操作转变为一键顺序控制方式，防灾环控调度专业也将机电系统各类设备季节性运行启动过程，由原来的单体设备启动转变为模式化控制、时间表程序执行方式，很好地利用了人工智能实现了调度管理的可视化、高效化、准确化以及调度作业的简易化，大大缓解了调度运行人员的工作强度，使调度人员有更多的精力专注于系统的调度运行，有效地提高了调度运行的管理水平。

## 二、主 要 成 就

经济稳定增长为地铁发展提供了支撑。北京市经济近年来一直保持了稳定增长，地方财政收入由2001年的454.2亿元增加到2007年的1492亿元，增长近3倍。我国正处于改革发展的关键阶段，也处于工业化、现代化的重要时期，北京出台了许多支持公交优先发展的新举措，加大了对地铁产业建设的支持力度。

1978年，北京只有一条地铁线路，长度仅有23.6公里，全年开行列车数只有5.7万列，日均开行列车只有155列。2007年，地铁5条线路全长达142公里，全年共开行列车57.2万列，比1978年增长了9倍。到2008年奥运开幕时，北京地铁已经拥有了 8 条线路达 200 公里。为保障奥运的运输工作缩短各线的列车运行间隔,并根据奥运赛事延长了运营时间,奥运期间各线每天开行的列车总数达到了 4300 列以上,比 1978 年上升了近 27 倍。

列车运行图兑现率和列车正点率进一步提高。1978 年,北京地铁年度列车运行图兑现率为 99.79%,到 2007 年,在地铁客运量增长了 20 倍的情况下,年度列车运行图兑现率上升到 99.94%,提高了 0.15 个百分点。1978 年,地铁全年的列车正点率为 97.80%。列车正点率稳步提高,特别是在 2003 年北京地铁实施消隐改造的困难时间里,地铁运营始终保持着较高的运营水平,列车正点率始终保持在 99.3% 以上,达到了地铁公司的服务标准。到 2007 年,地铁年度列车正点率达到 99.94%,比 1978 年提高了 2.14 个百分点。

2004 年 12 月地铁运营公司率先在 13 号线倡导
“按线候车排队上车”,至今已蔚然成风　(孙立杰摄)

特别是 2007 年 10 月 7 日地铁 5 号线高水平开通,完成土建、供电、消防等全部 8 项验收,保证了列车超速自动防护系统(ATP)、安全门等稳定运行,创造了地铁开通试运营发车间隔 4 分钟的国内最高水平,目前最小发车间隔已缩短到 3 分钟。这些间隔的缩短是经过大量科学严谨的车辆设备测试、高效灵活的运营管理机制运行，不断总结，不断创新的过程中逐步实现的，各项指标都达到国内领先、国际一流的水准。随着地铁5号线的开通试运营，轨道交通实施全路网单一票制、每人次2元的低票价政策，同步实现了进站换乘不再两次购票验票，提高了换乘效率和服务水平，做到了全网无障碍换乘和“一票通”、“一卡通”。地铁1号线、2号线、13号线、八通线等4条线先后7次缩短高峰时段发车间隔，最小间隔分别由先前的3分、3分30秒、4分、5分缩短到2分30秒、2分30秒、3分、3分30秒，同时13号线、八通线列车编组由3节调整为6节。

1978年客运量为3093万人次，2007年为65493万人次，客运量增长了21.2倍。

## 三、发展展望

未来几年是实现“新北京”战略构想的关键期，地铁作为节约型和环保型快速公共交通，成为实现“新北京”的重要组成部分，北京地铁加快了进入网络化运营时代的步伐，也促进了地铁运营过程的管理和技术创新，推动着运营水平向高层次、高标准迈进。“绿色奥运、科技奥运、人文奥运”也促进了运营服务与国际的接轨。“新北京交通体系”为地铁发展拓展了空间。

2008年以后，将以改善中心城交通和引导郊区新城发展并举，全面改善城市客运交通结构，提高城市居民出行质量。到2010年，地铁线网通车里程将达到300公里，初步形成中心城、市域和城际交通一体化新格局，轨道交通将承担500~600万人次/日。

到2015年，北京地铁运营将迎来广阔的发展空间，全市轨道交通运营线路将达561公里，日客运量由目前的260万人次，提高到900万人次，达到公共交通出行量的50%。地铁在公共交通中将起骨干作用。

虽然北京市的轨道交通事业迎来了前所未有的发展机遇，但是应该看到，伴随着机遇我们也将面临巨大的挑战。

首先，线路设计能力与日益增长的客流的矛盾更加突出。首都中心城区域内人员流动高度集中，5号线的开通使地铁运营的网络化格局初步形成，拉升了线网客流，同时伴随新票制票价的执行，客运量在原有基础上增加了50%左右，而车站空间较小使得处于北京中心城内的现有线路难以满足实际运量的需要。如何在安全运营的前提下满足乘客“走得了”的基本需求，成为当前北京地铁运营面临的主要挑战。

其次，网络化运营的新挑战。“十一五”期间，北京地铁的线路和网络节点增多，地铁运营将会突出表现为网络化的新型格局。地铁的网络化加大了运营过程局部问题对整体网络的影响，安全问题的波及效应和联动性更突出，整个地铁安全运营的风险加大，一条线路的短时间中断可能会导致整个城市交通大面积受到影响。因此，北京地铁需要建立一套符合网络化运营特点的新运营模式以应对网络化带来的挑战。

第三，轨道交通行业的快速发展，带来了提升管理的挑战。近年来，上海、广州等城市的地铁建设规模、投资强度、推进力度和发展速度，给北京地铁运营公司处于国内行业领先的地位带来了挑战，增加了发展的紧迫感。国内地铁公司国际性指标的引入，行业可比性的加强都要求地铁运营公司必须与国际接轨，持续改进和提高管理水平。

## 第三节 郊区境内客运

### 一、郊区客运快速发展，方便郊区群众出行

1984—1999年，为解决郊区县群众出行，全市按照《道路运输管理条例》，共审批境内客运企业432家，营运车辆1622辆（以中巴车为主，大客车为辅，有固定的营运线路），营运线路253条（包括跨省市长途线路），安置从业人员4085人。其中，属于各远郊区县交通局自行审批的区县境内客运企业279家，占企业总数的65%；营运车辆650辆，占营运车辆总数的40%；营运线路99条，占营运线路总数的39%。

1999年起,原市交通局客管处根据北京市客运市场的需要,为远郊地区共审批境内客运企业158户,营运车辆967辆,营运线路154条。按注册区域划分:在城八区注册的企业有3户,营运车辆159辆,营运线路18条;在远郊区县注册的企业有155户,营运车辆808辆,营运线路136条。按企业性质划分:属于全民或集体性质的企业10户,有限公司性质的6户,个体性质的142户。

2002年,行业管理水平跃上新台阶。在市委、市政府总体部署下,新的市交通局先后出台了《北京市人民政府办公厅转发市交通局关于进一步整顿本市境内长途旅客运输经营和营运秩序意见的通知》、《关于对本市境内长途旅客运输经营者进行资质复审的通知》、《关于北京市境内长途旅客运输驾驶员乘务员从业资格的规定的通知》及《关于做好境内长途旅客运输线路招投标工作的通知》等文件。对境内长途客运行业进行了为期两年的治理整顿,郊区客运行业得到了初步规范。截至2008年,郊区客运拥有企业21家,个体户11家。21家企业中,国有企业1家,股份制企业20家。共有线路247条,运营车数2555辆,驾驶员3047人,乘务员2524人。

2005年,市运输局组织编写了《郊区公共客运发展规划大纲》,为区县编制规划提供了指导意见。同时,市运输局组织区县运输管理部门进行集中培训,个别指导,提高工作人员编制规划的水平。另外,市运输局组织开展了行政村通达客运线路情况调查,掌握了一手资料,为制定规划打实基础。经过两年多的努力,2007年,完成了全市郊区公共客运发展规划和10个区县子规划,为合理布设线路和站点,有效利用资源,推动郊区客运健康有序发展奠定了基础。

2007年,根据北京市委十届二次全会"解决好郊区公交问题,坚持实行公交公益性低票价政策"要求,按照"整体推进、分级负责、分步实施"的原则,推进城乡公共交通一体化,对郊区公共客运进行改革。改革的主要思路是:在行业管理方面,明确责任主体;在线网布局方面,明确各公共客运网络的服务范围;在票制票价优惠政策方面,按照城乡公共交通一体化原则,在现行票制票价的基础上,实行同折扣优惠;在扶持政策方面,根据事权与财权相统一的原则,给予市区、市郊和区县境内客运线路相应的财政扶持。

2008年1月15日起,市郊9字头公交线路在现行票制票价的基础上,实行持卡乘车与市区公交线路同折扣优惠，即持卡乘车成人4折、学生2折。各远郊区县政府根据实际情况，对远郊区县境内客运也实行了票价折扣优惠政策。同时，人力推进农村“村村通公交”工作，加大对郊区公共客运的投入，极大地方便了郊区群众的出行。

## 二、初步实现城乡公共交通一体化

郊区客运行业的运力由1999年的967辆增至2007年的2555辆，增加了165%；线路由154条增加到247条，增加了53.24%；企业户由158家下降到32家，下降了80%。通过几年的努力，实施企业重组、规模经营、统一标准、分级管理等措施，并初显成效。客运量从2004年的8138.05万人增加到2007年的1.7亿人次，增加了108.9%。

在基础设施建设方面，各级政府加大投资力度，发展郊区客运场站和候车亭。2004—2007年共投入资金8631万元建设和改造郊区客运场站138个、候车亭1630个，2007年与2004年相比分别增长了20%和100%，基础设施建设为发展郊区客运线路提供了保障，推动了农村城镇化建设的进程，郊区群众的乘车、候车环境得到了明显改善。截止到2007年底，全市“村村通”通达率达到95.3%，房山、昌平、顺义、通州、大兴、平谷、怀柔7个区已实现全部行政村通公交，“村村通”工程取得阶段成果。

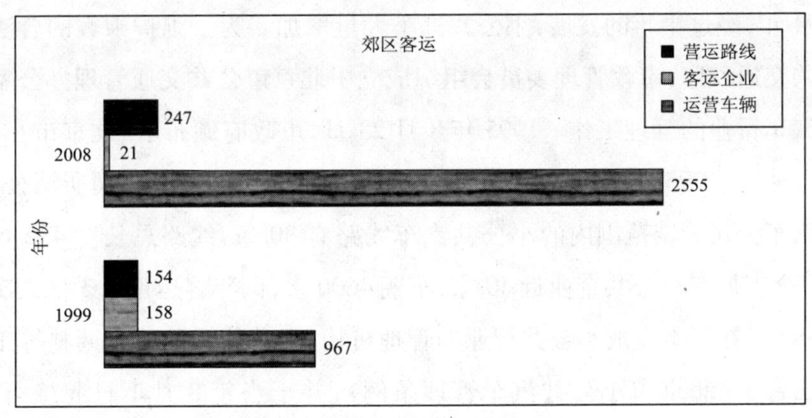


北京市郊区客运发展情况对比

### 三、郊区客运发展展望

郊区客运的发展，事关郊区群众出行问题，事关北京城乡一体化发展问题，事关全面贯彻落实科学发展观问题。到2010年，郊区客运行业将进入逐步完善的高水平发展阶段，线路将再增加48%，运力将再增加40%左右，全市居民不仅可以享受到低票价的公交出行，而且可以在步行15分钟内均可乘坐到公共交通。

未来10年，郊区客运交通空间发展布局将纳入全市交通整体规划，与轨道交通及其它运输方式有机衔接，郊区客运行业的总客运量还将保持持续增长。

## 第四节 小公共汽车

### 一、从发展到壮大

1984年，北京市出现了第一辆"招手即停、就近下车"的小公共汽车。同年4月，开辟了第一条小公共汽车线路——北京站至动物园，线路全长12.89公里。截至1985年，北京市小公共线路共有28条，线路总长度272公里。

1994年，经过十年的发展，小公共汽车大量增加。为了维护乘客的合法权益、保障公共交通秩序，市政管理委员会组织成立了北京市公共交通管理办公室，负责小公共汽车行业的管理工作。1995年8月23日，市政府颁布了《北京市小公共汽车管理办法》。1995年全市拥有小公共汽车4300多部，公交总公司所属公共电车公司和汽车公司管辖范围内的小公共汽车线路有30条，线路总长度432.6公里。1997年，全市拥有小公共企业近40家，车辆4600多部，年客运量2.3亿人次。

1998年，在基本完成小公共行业的管理机构、经营体系的建立调整等工作后，市政府出台了《北京市小公共汽车管理条例》，并于当年8月1日起施行。1999年，小公共汽车企业33家，车辆3664辆，营运线路499条，司乘人员7328人，年客运量1.9亿人次。

## 二、规 范 整 顿

2000年,市政府成立了“北京市整顿出租汽车行业和企业、小公共汽车经营和营运秩序工作领导小组”,并下发了《关于整顿北京市小公共汽车经营和营运秩序意见的通知》(京政发[2000]26号),拟开展为期两年的小公共汽车行业整顿工作。2000年9月小公共汽车撤出三环,同期,公交总公司开通通县东关-老古城728路公共汽车,替代了小公共汽车在长安街的线路。仅一年时间,小公共行业车辆和运营线路的规模大幅缩减,截止到2000年底,小公共汽车减少至2687辆,营运线路减少至183条,司乘人员减少至6459人。

2001年5月18日,《北京市小公共汽车管理条例修正案》正式实施。依据《修正案》,市交通局继续加大了对小公共行业的整顿工作。截止到2001年底,小公共汽车企业减少至24家,车辆减少至2115辆,营运线路减少至59条,司乘人员减少至4820人。

2002年,小公共行业开始走入了有序的发展阶段。随着小公共行业规划线路招投标工作的全面落实,企业管理和行业管理的初步到位。截至年底,小公共行业拥有企业18家,车辆2176辆,营运线路还剩73条。

## 三、完成使命退出运营

2004年,随着公共交通的快速发展,小公共汽车已基本失去对公共汽车的补充作用。市交通委决定对小公共行业政策进行调整,计划于2007年底前引导小公共行业退出客运市场。截至2004年底,小公共行业拥有企业13家,实际运营车辆1652辆,营运线路63条,司乘人员3800人。2005年,小公共行业调整政策正式出台,对已快完成历史使命的小公共汽车采取了停止更新、置换车辆等一系列措施。截至2005年年底,北京市小公共汽车企业还有10家,运营线路29条,实际运营车辆596部,从业人员934人,年客运量6700万人次。2006年,小公共汽车企业还有

10家，运营线路28条，实际运营车辆560部，从业人员902人。

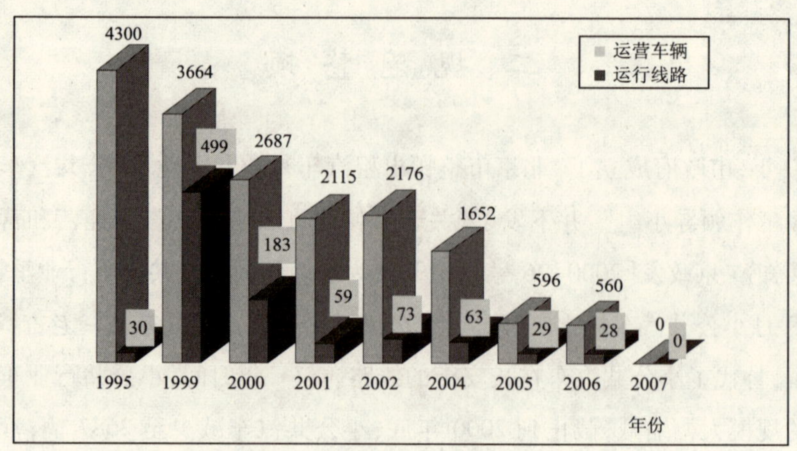


北京小公共汽车数量变化情况

2007年，小公共行业完成了历史使命，所有小公共汽车退出运营。对于郊区、山区，以及道路条件不完善的地区，由统一管理、规范经营的小型公共汽车承担运输任务。

# 第四章

# 出租汽车

## 一、出租汽车发展历程

### (一)初期发展(1990年以前)

1978年以来,北京市出租汽车行业经历了初期发展(1990年以前)、快速发展(1991~1995年)、整顿规范(1996~2002年)和健康发展(2003年以来)四个发展阶段。1984年,市政府根据城市乘客出行需要,放宽对出租汽车行业的审批政策,合资的出租汽车企业出现。1985年,国务院批转《城乡建设环境保护部关于改革城市公共交通工作的报告》,改革城市公共交通独家经营的体制,实行多家经营,统一管理,以国营为主,发展集体和个体经营。从此,出租汽车行业形成国营、集体、合资、个体共存的局面,行业规模扩大,北京市出租汽车行业开始步入发展轨道。

1982年5月,首都汽车公司允许驾驶员在车辆供不应求、乘客自愿、按标准收费的原则下组织合乘。合乘的计费标准为每人每公里收费0.2元。1985年,北京市出租汽车管理处成立时,大部分出租汽车安装了计价器,并按计价器显示金额收费。1986年1月1日,颁布实施了关于部分修改出租汽车收费标准的通知,规定了车公里租价标准:排气量2800CC(含)以上,具有空调、高级音响设备的进口小轿车,每车公里租价0.7元;排气量2000CC(含)至2800CC,具有空调、高级音响设备的进口小轿车，每车公里租价0.6元；排气量小于2000CC，具有空调、音响设备的进口小轿车，有空调设备的国产和东欧进口的各种标准型小轿车，每车公里租价0.5元；不具备空调设备的各类型小轿车、从国外进口的各种旧小轿车租价一律划为两档，有空调设备的每车公里租价0.6元，无空调设备的每公里租价0.5元。小轿车基价公里为4公里，微型旅行车基价公里为10公里。还规定了空驶费、夜间收费、等候费、包车、合乘、结婚用车等六项收费标准。

1984年4月1日，首都汽车公司实行招手即停即上的服务方式。1985年，随着行业的快速发展和乘客的增多，招手要车方式逐渐普及，1990年后，招手要车已成为普遍采用的租车方式。

1985年7月1日，北京市市政管理委员会发布《北京市出租汽车管理暂行办法》，是北京市出租汽车行业第一个具有法规性质的统一的管理规章，同年9月1日正式实施。北京市出租汽车行业逐步走向依法管理的轨道。

1988年6月20日，北京市市政管理委员会、北京市物价局、北京市财政局联合发出关于调整北京市出租汽车收费标准的通知，从1988年7月10日开始实行以下收费标准：排气量2000CC（含）以上的标准型和豪华型进口小轿车，每车公里租价1.20元；排气量2000CC以下至1600CC（含）有原装空调、音响的进口小轿车，每车公里租价1.00元；从苏联、东欧进口及排气量在1600CC以下的其他牌号小轿车，每车公里0.80元。通知中规定了起租费、基价公里、空驶费、调空费、夜间收费、等候费、包车、合乘、购车基金等9项收费办法。

**（二）快速发展**（1991～1995年）

90年代初期，为解决乘车难，政府鼓励各种经济形式自筹资金开办出租企业，出租行业进入迅猛发展阶段，形成了工农商全民办出租的热潮，车辆由1000多辆发展到6万余辆，从业人员由2000余人发展到9万余人；经营方式也由定额经营管理逐步转变为单车承包式经营方式，同时行业也出现了小、散、乱，经营管理不规范、驾驶员合法权益落实不到位等问题。1995年11月，北京市物价局发布《关于增加微型旅行车低速行驶费和夜间费的通知》，规定微型旅行车的基本租价不变，时速低于12公里时，每累计5分钟收1公里租价的费用；晚23时（含23时）至次日5时（不含5时）租用微型旅行车时，每车公里加收公里租价20%的费用。

**(三)整顿规范**(1996~2002年)

1996—1999年,针对出租汽车行业存在的突出问题,开展第一次行业整顿,重点纠正企业变相卖车行为,扩大企业规模,减少企业数量,规范企业财务管理和用工制度等,纠正变相卖车1万多辆,通过重组兼并,企业由1498家减至1008家。

1998年11月,为减少大气污染,改善首都环境质量,经市政府批准,调整了北京市出租汽车收费标准和收费办法:2.5元/公里以上的小轿车租价调整为2.0元/公里;2.0元/公里、1.8元/公里的小轿车租价调整为1.6元/公里,但同时保留部分高档车型的2.0元/公里,如桑塔纳2000等;1.6元/公里和1.4元/公里的小轿车租价调整为1.2元/公里;暂未达到报废期限的"面的",仍执行1.0元/公里租价标准,2000年"面的"全部淘汰。2000年7月,鉴于成品油价格连续调整,已对出租汽车运营产生一定影响,经市政府研究决定,适当调整出租小轿车基价公里:租价为1.2元/公里的出租小轿车基价公里由5公里调为4公里,租价为1.6元/公里和2.0元/公里的出租小轿车基价公里由4公里调为3公里。并要求车辆更新时必须更换成具备双燃料或电子喷射加三元催化装置等符合环保部门对尾气排放要求的车型。

2000—2002年,开展第二次行业整顿,重点健全管理体制,完善企业经营机制,规范企业经营行为,明确特许运营权归市政府所有。整顿后,企业由1008家减至277家,理顺了车辆产权关系,纠正变相卖车3万余辆。通过清理整顿,企业与所有驾驶员签订了劳动合同,为4.5万名驾驶员补交了"三险",将出租汽车驾驶员纳入了社会保障体系,形成了以公司制经营为主体的企业经营体制。

**(四)健康发展**(2003年以来)

2003年,市交通委、市运输局成立以来,把规范企业经营行为、保护驾驶员合法权益、为乘客提供优质服务作为工作重点,通过明确承包金限额、发放燃油补助、调整出租汽车租价、大规模更新车辆、建立协调劳动关系三方会议制度、实行企务公开、开展社会信誉评价、评选"北京的士之星"等一系列政策措施和精神文明创建活动,行业整体精神风貌、服务水平和文明程度不断跃上新台阶,出租汽车行业进入了稳步健康发展的新阶段。

2004年12月,颁布《更新出租小轿车技术要求》(北京地方标准),对安全装置、污染物排放、行李厢容积、车身颜色、发动机、车内装置等指标作出了明确规定，北京市出租汽车行业第一次有了统一规范的车辆技术要求。伊兰特、捷达、索纳塔、红旗明仕、爱丽舍、中华轿车、东方之子共7种车型符合《更新出租小轿车技术要求》，进入了北京市出租汽车市场。2005年1月6日，北京市出租汽车行业按此标准开展了大规模车辆更新。截止到2007年年底，共更新出租车5.7万辆，占行业总车数的85.6%。

2005年1月，结合车辆更新，北京市开始大力推动电话要车。现已有银建、奇华两家集调度、安防、信息采集和传递、行业和企业管理"四位一体"的出租汽车GPS调度中心。截止到2007年底，已有3万余辆出租车具备调车功能，电话要车每日在1000余车次。奥运会期间累计27.6万车次，日均达到7455车次。

2006年5月，为应对燃油价格的不断上涨，经价格听证等法定程序，北京市对出租汽车租价进行了调整，由每公里1.6元调整为2.0元，并明确规定租价调整后收入增加部分全部用于驾驶员，同时出台了承包金不得上涨，严格控制双班车比例，约定工资照常发放，社会保险按规定缴纳，租价调整过渡期延长油补发放等配套政策，有效地保护了驾驶员的合法权益。

## 二、主要成就和经验

改革开放以来，尤其是20世纪90年代以来，北京市出租汽车企业一度发展到1498家，行业经营秩序曾一度混乱，成为影响交通行业乃至社会稳定的不利因素。通过两次集中整顿，尤其是2004年以后陆续出台相关标准、规范，实行企务公开、开展社会信誉评价、评选"北京的士之星"等活动，不断加强对出租汽车行业的管理，北京市出租汽车行业整体精神风貌、服务水平和文明程度不断跃上新台阶，出租汽车行业逐步走上了稳定发展的道路，出租汽车行业服务水平逐年提高。同时，为应对燃油价格上涨，北京市按国家规定多次对出租汽车增发燃油补贴，维护了出租汽车行业稳定。2007年，北京市出租汽车企业数量下降到252家，目前，出租汽车行业规范的服务，整洁的车身，已经成为北京窗口行业一道靓丽的风景线。

出租汽车行业近年来所取得的发展成就，主要有以下四点经验：

### (一)坚持总量调控的原则

根据国务院“合理确定本地区出租汽车发展的速度和规模,加强对出租汽车市场需求与运力供给的监测监控,严禁盲目投入运力,防止过度增加出租汽车数量而导致供求关系失衡”(国办发[2004]81 号)和建设部“出租汽车有效里程利用率低于 70% 的城市和地区原则上不宜以审批、拍卖等形式向市场投放或变相投放新的运力”(建城[2002]43 号)以及《北京市出租汽车管理条例》、《北京交通发展纲要(2004~2020)》等要求,坚持以里程利用率、乘客候车时间、运营环境等作为确定北京市出租汽车总量的主要参数,出租汽车平均有效里程利用率高于 70% 时实施增加总量政策,平均有效里程利用率为 50~70% 时实施维持总量政策,平均有效里程利用率低于 50% 时,实施削减总量政策。近 10 年来,北京市出租汽车里程利用率始终保持在 55% 左右,一直未向市场投放新的运力。通过坚持总量调控原则,既保证了有需求的乘客能够及时打到出租车,也维护了驾驶员的经济利益,同时实现了运力、运量基本平衡,乘客和驾驶员利益基本平衡,这是北京市出租行业健康发展的前提和保证。

### (二)坚持公司化为主的经营模式

北京市出租汽车经营管理模式以公司制为主体,出租企业拥有营运车辆 65483 辆,占总量的 98.3%;个体拥有出租汽车 1163 辆,占总量的 1.68%。北京作为特大型城市和中国的政治、文化中心,城区面积广,人口流动大,政治活动多,各种经济、文化交流频繁,旅客流量高,客运压力重,运力保障和运输组织任务繁重,对出租行业的队伍素质和管理提出了很高的要求,对出租行业的管理必须坚持既要管得住又要管得好。由于现有出租汽车存量已达控制规模,无论是公司制还是个体制,都不能再增加新的运力。出租汽车行业经营模式改革首先需要做好存量的处理工作,综合考虑行业稳定、政府监管、持续发展等因素。北京市出租汽车行业经营模式应在坚持公司制为主、其他方式为辅的前提下,完善现有企业“承包制”经营模式。

### (三)处理好企业、驾驶员和乘客的关系

出租汽车企业是教育、培训和管理考核驾驶员的直接承担者,是贯彻行业政策法规、履行行业职责的第一责任人;出租汽车驾驶员是出租汽车行业营运服务的直

接提供者，是遵守行业服务规范、提高行业服务水平的最终执行人；乘客是出租汽车行业服务的终极对象，是对行业整体服务水平和文明程度的最终检验者。只有正确处理三者的利益关系，合理确定出租汽车租价和驾驶员上缴企业的承包金数额，确保出租企业有资金实力严格企业管理，全面开展对驾驶员的素质培训，强化动态考核，通过严格的学习、培训和管理考核，辅之以驾驶员个人月收入水平的提高，能够极大地增强驾驶员工作稳定性，调动驾驶员劳动积极性和创造性，激发驾驶员提高服务水平的主观能动性，主动承担急、难、险、重任务，乘客才能够得到更优质的运营服务，行业管理才能取得事半功倍的效果，这也是实现出租行业健康发展的光明前景的必要条件。

**（四）努力提高行业服务质量和文明程度**

北京市共有出租汽车驾驶员 9.5 万人，其中农民工驾驶员近 6 万人，占出租汽车驾驶员总数的 61%。文化程度低，个人卫生习惯差，对城市道路不熟悉，人员流动大等因素，造成北京市出租汽车驾驶员整体素质不高，车辆异味、服务态度生硬、不认路等让乘客不满意的服务质量问题较多。针对这一情况，结合 2008 年奥运会和残奥会在北京召开的契机，2005 年 3 月，出租汽车行业管理部门在全市范围内启动了迎奥运素质工程建设。通过重新修订考试大纲和培训教材，规范培训学校，调整、充实、完善考试题库，强化实际操作考核，严格驾驶员入门考试，强化在岗驾驶员和企业管理人员培训考核等，加强安全服务监管和行业文明建设。用 3 年多的时间，使全市出租汽车行业在车容车貌、仪容仪表、安全运营、服务质量、文明程度和企业管理等方面达到了全国同行业一流水平，为奥运会提供了优质服务。

## 三、发展展望

北京市道路资源有限，人车争路矛盾突出，解决的根本思路是发展大容量公共交通，随着地铁、城铁等轨道交通和大容量公共电汽车等公共交通的发展，以及政府通过降低票价、开辟公交专用道等方式对社会公众选择出行方式的引导，出租汽车在社会公众出行方式中所占比例将保持历史水平或略有下降。出租汽车行业管理部门将坚持“出租汽车是满足有一定支付能力的群体和一般群众特殊需求的运输方式，同时为重大国务活动和外事活动提供运输服务保障”的定位标准，坚持总量调控，继续规范企业经营行为和加强驾驶员素质教育，出租汽车行业的整体服务水平和文明程度将会进一步提高，适合北京建设国际化大都市的要求。

# 第五章

# 道路客货运输

## 第一节 省际长途客运

### 一、省际客运发展历程

1976年1月，北京市长途汽车公司成立，并隶属原北京市交通局。北京市长途汽车公司是当时唯一经营长途客运的企业，拥有130条线路、364辆车、2615名职工。1978—1985年，北京市长途汽车公司相继新建、改建了7个长途汽车站，其中莲花池客运站占地1.3万平方米，建筑面积7219平方米，成为当时规模最大、设施比较完备的客运站。1979年以后，北京市开始重点发展跨省市互通的长途客运线路，主要为河北廊坊、唐山、承德、保定、沧州、衡水、张家口等7个地区的26条线路。从1980年起，北京市长途汽车公司购置大型通道式客车和“黄海”牌大客车投入运营。1984年6月，大兴第一户由农民兴办的集体所有制出租汽车公司在黄村成立，打破了北京市长途客运多年来由国营企业独家经营的局面。同月，河北文安县第一辆个体客车进京营运，在永定门火车站路边设摊经营。同年7月16日，京郊第一户由农民张晓东经营的密云县华美客运公司在密云至东直门路线行驶。

随着多种经济成分和外省市进京长途客运汽车的增长,使北京多年来存在的"乘车难"问题得到了缓解,但同时也带来了盲目竞争,运营秩序混乱等问题。为此,1985 年 11 月,市政府颁布了《北京市公路长途客运管理暂行办法》,规定长途客运线路、站点由北京市运管部门统一规划设置,客运经营者必须在批准的线路、站点内经营,做到定路线、定站点、定班次、定时间的"四定"运输。1987 年,丰台区南苑乡农工商联合总公司经批准,在永定门外木樨园建立了长途客运停车场(即木樨园客运站前身),成为北京市第一家乡办客运站。同年,北京市联运公司与南磨坊乡在建国门外建立了九龙山客运站。省际客运站点的建设得到快速发展。

1994 年 12 月,市政府发布了《北京市道路长途旅客运输管理规定》,进一步规定长途客运必须遵循安全、正点、方便、舒适的经营原则和实行定路线、定站点、定班次、定发车时间的方式运输。1997 年 7 月 18 日,市人大常委会审议通过了《北京市道路运输管理条例》,标志着省际客运法律规范体系的建立。截至 1998 年底,省际客运行业经营者(含境内客运)共有 1661 户(北京市 606 户,外埠 1055 户),其中:国有企业 31 户(占 5.1%),集体企业 35 户(占 5.8%),个体和其他经济形式 540 户(占 89.1%);运营车辆 6478 辆,其中北京市 2180 辆(含境内客运),外埠 4298 辆;运营线路 1094 条(其中北京市境内客运线路 247 条,省际客运线路 847 条),形成了以北京为中心辐射全国 19 个省、市、自治区的道路旅客运输网络。

2001 年,北京市针对省际客运行业"小、散、乱"现象,开展了省际客运行业整顿工作。一方面按照交通部《道路旅客运输企业经营资质管理办法》的要求,全面推动企业经营资质管理,一大批不符合资质要求的企业被重组兼并。另一方面,市交通局会同公安、交管等部门对省际客运市场秩序进行全面整顿,有力地打击了违法运营行为。通过整顿,北京市省际客运行业得到有效规范。2002 年,为适应北京市公交一体化发展的要求,市交通局将境内客运划入公共交通管理,跨省市旅客运输纳入省际客运的管理范围。

2005 年 1 月 23 日,六里桥客运站建成并投入使用,该枢纽达到了集省际班车、公共电汽车、出租车和社会车辆等多种交通功能为一体的综合客运交通枢纽,实现了旅客在枢纽内的无缝接驳。另外,先后撤并了永定门东、九龙山、马圈、东直门、西直门客运站，合理调整了运营线路，缓解了市内交通压力，改善了运营秩序；依托首都机场T2、T3航站楼的建设，市运输局批准北京民航通力公司建成了北京民航空港客运站，并先后开通了首都机场至天津、秦皇岛班线，实现了公航衔接。同年，作为市政府折子工程之一的北京市省际客运联网售票系统建设完成并投入试运行，经过努力，2008年该系统已实现了全市10个省际客运站、社会代理点的互联，以及网上查询、订票等功能，方便了旅客购票。截至2008年，在全市已开设83个社会联网售票代理点，极大地方便了旅客购票出行。

自2005年开始，北京市1017辆省际客运客车全部安装使用了符合国家标准的行驶记录仪，提高了省际客车安全运行系数，规范了司乘人员的经营行为。在此基础上，北京市各省际客运企业共有881辆客车安装使用GPS系统，占运营车辆的87%，有效地提高了客运企业对客车在运行中管理，使省际客运行业安全管理得到了进一步提高。在一级客运站安装使用行李安检设备的基础上，积极引导北京市各省际客运站全部安装使用了行李安检设备，实现了对进站乘车旅客所携带物品、行李的安全检查。2007年，为保障客运站内有效监控，北京市在所有省际客运站旅客售票区、候车区、检票口、发车位、停车场、进出站口等重要部位安装了306个摄像头，提高了客运站的安保能力。为保障省际客运行业在奥运期间的安全，在开展旅客进站安检的基础上，积极推进落客安检工作。

## 二、主要成就

改革开放30年，尤其是近几年，北京市省际客运行业在基本满足旅客的出行需求的基础上，在服务质量、车站设施、运输能力、车辆档次和新度系数方面都不断地提高，并处在逐步实现由“量”向“质”的转变过程中。目前，行业已成为北京市综合交通运输体系中的一种重要的运输方式，在综合运输体系中的地位和竞争力不断提升，规模不断扩大，场站服务功能不断增强。行业服务的人群主要为商贸人群、务工人群、探亲旅游人群和公务人群四类。

### （一）线路及运营情况

截止到2007年年底，北京市省际客运班线共计790条，日均发班2200余班次，年客运量 2571 万人次，线路总里程 437000 公里，最远线路里程达到 2600 多公里。而 1978 年，省际客运线路仅为 182 条，总里程为 8917 公里，最远的也仅为北京至河北遵化线路，运距为 305 公里。经过 30 年的发展，省际客运线路在数量、总里程、最长线路里程分别是 1978 年的 4.34 倍、49 倍和 8.52 倍。同时，省际客运线路已通达 3 个直辖市，15 个省会城市，19 个省、市、自治区的 400 多个地、市、县，形成了以首都为中心，南到重庆、福建，北到黑龙江，西到甘肃，东到山东、浙江等地区，向各省市放射的公路省际客运线路网络。与 1978 年时仅为短途班线、且主要是通往河北周边地区相比，省际客运行业已成为北京市公路、铁路、航空三种交通方式中的重要组成部分。

**（二）企业、车辆情况**

截至 2007 年底，北京市共有省际客运企业 264 家（其中北京市 11 家，外埠 253 家），省际客运车辆 4089 辆（其中北京市 1102 辆，外埠 2987 辆），北京市车辆中高级车比例到达 82.85%，2008 年 6 月，北京市车辆中高级车比例上升到 90.12%。而 1978 年，北京市省际客运行业仅由北京市长途汽车公司一家经营，车辆均为普通级车辆。

**（三）客运站情况**

目前，北京市共有省际客运站 11 个，在运营方式上均为社会站，其中赵公口站、六里桥客运主枢纽隶属于祥龙公司；四惠站、永定门站、莲花池站、北郊站隶属于北京市长途汽车有限公司；八王坟站为中国与西班牙企业共同投资成立的客运站；木樨园站、丽泽站、新发地站均为乡镇企业，分别隶属于丰台区南苑乡、卢沟桥乡和花乡；首都机场站则由北京民航通力公司经营。六里桥客运主枢纽已成为北京市第一个综合换乘枢纽。全市各客运站不仅具有完整的规模，而且具备完善的咨询、购票、候车、检票、停车等设施。其中：停车场面积达到 15.85 万平方米，候车室 3.52 万平方米，发车位 195 个，停车位 1597 个，售票窗口 101 个，检票口 85 个。而 1978 年时，市区仅有北京市长途汽车公司所属的马圈、天桥、永定门、北郊等 4 个客运站，且各客运站规模松散，大部分停车、候车等设施非常简陋，在运营方式上均为自用站，不对外开放。当时的永外桥头站点，仅由一幢木板房和三辆破道奇汽车外壳组成，作为车站调度、售票和办公、车辆检修及职工休息用房。经过 30 年的发展,省际客运站的规模和基础设施实现了从无到有,设施服务逐步改善,为旅客提供了良好的出行环境。

**(四)行业监管情况**

目前省际客运行业监管法律法规体系全面建立,行业监管内容已涵盖资质、运营、服务、安全以及行业发展规划等各方面。《中华人民共和国道路运输条例》以及交通部《道路旅客运输及客运站管理规定》等法律法规为省际客运行业宏观发展提供了法律依据。同时,结合北京市实际,《北京市道路运输管理条例》(目前又为适应行业发展正在进行修编)、《北京市省际客运行业监管办法》、《北京市省际客运线路发展指导意见》等一系列行业管理规范性文件以及地方标准《道路旅客运输站服务规范》等构建起从行业许可准入、退出机制到行业安全、运营、服务、科技等各方面多方面的、符合北京实际和行业发展需求的监管体系。而1978年,当时由于行业规模小,且仅由北京市长途汽车公司独家经营,企业的运营、服务、安全标准就是当时的行业要求,根本不存在行业监管,行业整体服务水平低。

总之,经过30年的发展,北京市省际客运行业从无到有、由低到高、自简入繁,行业在运营、服务、安全等各方面得到了质的飞跃,特别是自2005年以来,围绕服务奥运需求出发,北京市省际客运行业的综合服务水平得到更快速、更规范地提高和发展。

## 三、发展展望

目前,北京市正处于经济高速发展时期,人民生活水平不断提高,个性化需求日益突出,运输结构与形态也将随之发生变化。随着公路里程的增长、公路等级的提高、全国公路网络的不断完善、客运场站规模的扩大、服务功能的逐步增强以及运力资源配置的深入优化,北京市省际客运行业将不断发展,在综合运输体系中的作用也将越来越重要。

到2015年,省际客运行业将以适应经济结构战略性调整的要求为目标,在车辆结构、线路资源配置上适应旅客出行需求选择。从保证旅客生命财产安全出发,对新增客车要求一律符合环保标准要求,对已有车辆更新鼓励投放高级车辆,引入高科技手段，适时在运营车辆上安装 GPS 等系统，提高车辆安全运营系数，提高车辆调度能力；在线路发展上，结合高速公路建设情况，适时发展连接大中城市的快速客运和铁路提速甩站等市场需求的线路。结合市场发展情况，巩固调整周边省市客运网络。中长线路发展，以未开通地（市）的新辟线路为主。从节能减排出发，试点线路配载和节点运输，进一步优化运输组织。在站场建设方面，按照规划要求，配合推动宋家庄、四惠、十里河、北苑、首都机场等客运枢纽的建设。进一步完善联网售票系统，强化企业经营管理，鼓励企业引入科学的现代化管理手段，促进经营主体集约化、经营规模化、服务规范化。加强从业人员资质管理，提高从业人员业务素质和职业道德。

## 第二节　旅游客运

### 一、旅游客运发展历程

北京旅游客运行业从无到有，经历了一个漫长的演变过程。从 1951 年首都汽车公司成立，到 1978 年改革开放前，大客车主要是为党中央、在京政府机关和重要外事活动提供交通服务。

真正的旅游客运业务产生于 20 世纪 80 年代初，随着改革开放的逐步深化，政府批准组建了"国旅"、"中旅"、"青旅"三大旅行社。当时主要是为国外旅游者、港澳台同胞和侨胞服务，客运量较小。直到 20 世纪 90 年代，伴随着国内旅游的兴起，北京成为国内旅游的热点地区和中心城市，随着承揽国内旅游的旅行社大量涌现，承担旅游客运任务的专业公司纷纷成立，旅游客运逐步走向了市场化经营的道路，进入旅游客运行业发展最快的时期。

21 世纪初期，旅游客运行业逐渐形成了以首汽、北汽为代表的历史悠久的骨干企业和以巴士、新月、银建为代表的新兴企业为主导的经营格局。行业的集中度逐渐增加，大型骨干企业成为旅游客运行业的主力军。近些年来，各企业在市场竞争压力的作用下，积极探索各自的创新发展模式，在经营体制与管理理念等方面采取了重大变革，形成了各具特色的企业文化和经营模式。

北京作为全国旅游的中心地和旅游集散的中转城市，其城市的旅游功能定位在不断变化，因此承担旅游客运任务的企业业务结构也相应经历了逐步演变的过程。早期业务相对固定，局限于承担国家重要会议和重大外事活动，随着旅游市场迅速发展，旅游客运业务的结构逐渐转向旅游包车客运服务为主，其他包车客运为辅，其市场规模逐渐扩大。

1992—2000 年，北京市出租汽车管理局承担对市内旅游客运汽车业户、车辆及从业人员的管理职能。2000 年，新的市交通局组建后，承担旅游客运管理工作。2003 年，市运输局成立后，由该局负责对市内、省际旅游客运实行统一管理。

2006 年底，北京市发布了《旅游客运行业经营技术条件》（试行）和《旅游客运行业安全服务管理基本规范》（试行），分别从车辆、设施、人员和经营管理及企业管理、安全生产、运营服务、公共卫生、运营人员管理等方面予以规范。近年来，班车、重大活动、会展等市场需求的兴起，旅游客运市场的外延又有了新的拓展，基本形成了以旅游团队客运（接待国内外旅游团队为主）、旅游班线客运（定点定线，以中低端散客为服务对象）、其他包车客运（临时包车、会议包车和企事业班校车）为主线的北京旅游客运市场格局。

截至 2008 年，全市旅游客运行业共有企业 85 户，其中道路运输一级企业 5 家、二级企业 4 家；车辆规模 100 辆以上的企业 14 家，占全市车辆的 70%。其中 200 辆以上的企业 10 家，1000 辆以上的企业 2 家。

## 二、主要成就

圆满完成各项运输服务保障工作。旅游客运行业在完成各项重大活动的运输服务保障工作中，一直发挥着举足轻重的作用。从顺利完成 2003 年“非典”期间小汤山、中日、宣武、回民、长辛店等定点医院医护人员通勤班车和下线医护人员到休养地的运输任务，到圆满完成全国“两会”、财富论坛、诺贝尔奖、中非论坛、世青赛、好运北京测试赛、奥运会、残奥会等重大政治、文化、体育活动的交通运输服务保障工作，北京市旅游客运行业一直以优异的表现，不断赢得社会各界的称赞。

北京旅游集散中心成立。2005 年 9 月，北京旅游集散中心正式投入运营。北京旅游集散中心是北京唯一经营旅游班线业务的道路运输企业，共经营 17 条旅游线路。它的建立对完善北京城市功能，打造世界旅游强市具有重要意义。通过对现有旅游资源、交通资源的合理配置，以运送散客开展旅游观光活动为目的，将旅游班线的客运方式与旅游咨询、预订、游览、讲解、餐饮等综合性旅游服务融为一体，集中体现了新型特色旅游服务方式。

行驶记录仪全面推广。2006 年 11 月，北京市旅游客运企业开始自主选购、安装符合《汽车行驶记录仪》（GB/T19056—2003）的行车记录仪。截至 2008 年 6 月底，全市 6117 辆旅游客车全部安装了行车记录仪，3472 辆还安装了 GPS 设备，为旅游客运行业提升安全管理水平创造了条件。

全面贯彻《旅游客运行业经营技术条件》（试行）和《旅游客运行业安全服务管理基本规范》（试行）。《道路运输条例》、《道路旅客运输及客运站管理规定》的颁布实施，为形成旅游客运行业的统一规范标准创造了条件。2006 年底，北京市制定了《旅游客运行业经营技术条件》（试行）和《旅游客运行业安全服务管理基本规范》（试行），《旅游客运行业经营技术条件》（试行）从车辆、设施、人员和经营管理等方面规定旅游客运经营者应具备的基本条件；《旅游客运行业安全服务管理基本规范》（试行）在企业管理、安全生产、运营服务、公共卫生、运营人员管理（包括运营安全、运营服务）几方面更加明确了企业和驾驶员经营中应遵守的行为标准。在广泛宣传和贯彻过程中，企业和驾驶员依据行业规范自查自检，完善自身，行业安全管理、运营服务管理的基础逐步加强。

## 三、发 展 展 望

旅游客运行业作为既有一定历史传统，又较为年轻的新行业，在行业不断发展壮大的新时期，各旅游客运企业不断调整业务结构，开发了除旅游团队包车业务之外的许多新型业务，如跨国大企业在京生产、办公基地的班车业务，国际学校、私立学校的校车业务，零散包车客运业务和会展包车客运业务。这些新型业务与旅游团队包车业务组合在一起,使行业的业务结构出现了多元化趋势。

在激烈的市场竞争过程中,通过优胜劣汰,已经形成了以历史悠久的骨干企业和新兴企业为主导的经营格局,行业的集中度逐渐增加。与此同时,企业在制度化、标准化、规范化建设上也得到了不断完善,形成了以首汽集团、北汽集团等为主力军的十几家骨干企业。正是这些骨干企业,在发扬优良传统、拓展业务渠道、加强企业内部建设的同时,完成了抗击非典、全国"两会"、中非论坛、奥运会等重大运输服务保障任务,获得了极高的评价。今后骨干企业的领军作用还将继续保持和发扬。

随着奥运经济的拉动和商务旅游的兴起,旅游客运市场在未来具有较大的增长空间和发展潜力。旅游客运行业以圆满完成奥运服务保障任务为契机,一是将继续加强业务创新,不断开拓业务新领域;二是节能减排,继续坚持可持续发展;三是继续推行行业经营技术条件和安全服务基本规范,逐步规范企业和驾驶员的经营行为。建立以企业信用管理为主线、以企业信用信息系统为依托、以政府行业监管力量为主体、以安全服务规范为标准、以考核评价为手段的行业监管体系,完善优胜劣汰的竞争机制和市场退出机制,引导和促进企业加强管理、保障安全、诚信经营、优质服务。

## 第三节　汽车租赁

### 一、发展历程

1989年8月1日,北京市出租汽车公司租赁分公司开始正式营业,标志着北京,也标志着中国第一家汽车租赁公司的正式诞生。1992年,首汽租赁分公司(首汽租赁公司前身)和北京东方汽车租赁公司相继成立。当时的汽车租赁业务主要由出租汽车公司兼营,车型主要是中高档车,车辆总数不足200辆,服务对象全部是长租客户(租期一年以上),车辆出租率90%以上,年营业收入总计不足100万元，利润在15%左右。

1992年以后，由于市场参与者的增加，带来了较为激烈的市场竞争，最直接的表现就是市场价格开始逐步下降，市场供需矛盾大幅缓解。由于不同规模企业各自的经营情况不同，企业在车辆规模、市场份额、服务内容、服务水平、管理水平等各方面发生了较大分化，各自形成了自己的服务特点与相应的客户群体。但是，这一阶段由于整个行业规模处于自然放大状态，企业规模都不大，经营手段单一，加上没有相关法律法规，市场环境趋于恶化。而汽车租赁行业无主管部门，使得企业因外部环境造成的许多问题长期得不到有效解决，企业的生存及发展开始接受来自各方的考验。1995年6月，根据市领导指示，汽车租赁归口原市出租汽车管理局备案管理，截至1999年登记户数213户，车辆5645辆。

2000年，新的市交通局成立后负责汽车租赁行业的管理工作。同年12月19日，根据国务院整顿市场经济秩序精神和市政府领导指示及规范北京市汽车租赁市场经营秩序的需要，市交通局成立了汽车租赁整顿办公室并召开汽车租赁行业整顿大会。截至2000年底，登记的汽车租赁企业共223户，租赁车辆共20165辆。2001年，北汽租赁公司、首汽租赁公司、今日新概念、北京通利达、银建租赁公司、东方汽车租赁公司等6家企业获得第一批资质认证资格。2002年8月13日，《北京市汽车租赁管理办法》颁布。该办法是国内第一部省级政府制定的专门管理汽车租赁的规章，明确了行政主管部门的职责，对加强行业监管提供了法律依据，对规范汽车租赁市场秩序和经营行为起到了重要的促进作用。

2003年12月，市运输局制定的《北京市汽车租赁合同》示范文本在全市范围开始推广试行。汽车租赁行业实施统一的合同文本，作为依法管理、规范企业经营行为的重要举措，对维护承、租双方的合法权益、提高企业服务水平、加强承租方对企业经营行为和服务规范的监督和促进北京市汽车租赁业的健康有序发展起到了积极作用。这一时期，陆续出台的一系列管理政策主要集中在三个方面，一是各项管理办法，二是对市场准入的资质进行审查，三是对行业规模进行总量控制。一系列管理政策的出台，使得行业经营有法可依，行业、企业的管理得以规范，同时使承租与出租双方权利义务更加对等，这在很大程度上促进了北京市汽车租赁行业的发展。在资质审查方面，设立了“汽车租赁企业经营资质审核项目及标准”，开始对企业进行认证。经过几年的整顿，促使租赁企业经营规范化，获资质认证企业全部使用了汽车租赁计算机管理软件，初步实现了企业自营站点之间联网经营。各租赁企业加强了信用管理，建立了会员制，并开展了对承租人信誉度的评价，对信用不好的个人建立了不良记录等管理制度。逐步改善了企业的弱、小状况，汽车租赁企业逐渐形成规模，行业的经营管理水平、规范服务水平得到了质的提高，行业步入了健康、有序的发展轨道。到2004年，登记的223企业家通过重组、兼并，减少到110家，租赁车辆18708辆，经营站点223个，从业人员2200人，行业年营运收入8.8亿元，车辆平均出租率80%，户均车数由84辆增加到170辆，有67家企业经过了资质认证。

2004年7月1日《行政许可法》正式实施，《北京市汽车租赁管理办法》中的汽车租赁开业许可事项和运力许可事项被取消。2006年，在广泛调研和摸底调查的基础上，市运输局确定了两套管理模式，先后制定了《汽车租赁备案管理办法》、《汽车租赁特许经营管理办法》和以加强监管为核心内容的监管考核、企业等级评定、信息服务、经营服务与安全管理规定等项制度。2007年6月1日，北京市地方标准《汽车租赁经营服务规范》颁布，并于9月1日起施行。作为我国首个关于汽车租赁行业经营服务行为的地方标准，它的实施将有利于规范汽车租赁企业的经营服务行为，促进行业公平竞争和健康发展；同时，该《规范》的颁布实施，也将在强化行业管理手段，加强行业监管方面起到有益的补充作用。

2007年8月和9月，市运输局制定并发布了《汽车租赁经营备案管理办法》和《汽车租赁行业监管考评办法》。备案管理办法对汽车租赁经营者开业、变更、停歇业的备案程序、备案监管、备案公示等作了明确规定；监管考评办法对考核范围、考核主体、考核内容、考核标准和考核方式作了明确的规定。两个“办法”及相关配套文件的贯彻实施，有效地加强了汽车租赁行业的监管工作。

## 二、发展成就

北京市汽车租赁行业起步于1989年。十几年间，在社会主义市场经济体制不断完善和首都经济社会快速发展的大环境下，汽车租赁业走过了自身创业与发展的不平凡历程,取得了较好的经营业绩和社会效益。2007 年,全市在册登记的汽车租赁企业法人有 223 户,其中外资成分企业 8 户。市域内 18 个区县开设有租赁营业门店 277 个,并延伸到上海、天津、青岛、深圳、昆明等中心城市。全市租赁经营车辆 1.76 万余辆(主要车型种类 17 种),其中小轿车占 97%,行业从业职工 2300 人,其中大专以上学历者占 40%。汽车租赁行业年营业收入近 10 亿元。从 1989 年 8 月 1 日北京市出租汽车公司租赁分公司开始正式营业的 70 辆车(两种车型)、14 人、25 万元的营业收入到 2007 年的行业规模,19 年的历程,验证了租赁行业作为一个朝阳产业强大的生命力,证明了中国租赁市场巨大的发展潜力,也是交通行业改革开放的一颗硕果。

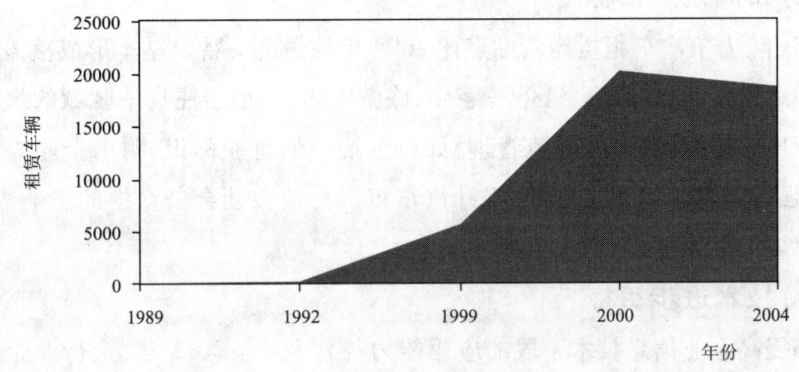


北京汽车租赁车辆增长情况

## 三、发展展望

汽车租赁行业将以北京市国民经济和社会发展战略蓝图为背景,以科学发展观为指导,服从于首都交通运输现代化建设需要,以满足社会经济和城市发展与人民生活需要为宗旨,明确发展目标,优化调整产业结构,切实解决行业存在的问题,创造良好的制度环境与市场环境,提高汽车租赁业规模化、集约化和网络化程度,继续保持北京市在国内的领先地位,促进全行业健康、有序、协调发展。

### (一)能力发展目标

2015 年,可供租赁汽车需求规模总辆预计将超过 5 万辆,其中,争取提升小轿车以外的其他车辆租赁的比例,达到 10% 左右。实现租赁总产值在北京客运总产值中所占的比例提升到 20% 左右,增强汽车租赁业对交通 GDP 的贡献,基本满足北京区域内的市场需求。

**(二)结构调整目标**

2015年,建成多种成份组成的市场经营主体格局,提升厂商背景或与厂商合作背景的租赁企业及金融类背景或与金融机构合作背景的租赁企业比例,争取培育形成2~3家具有一定竞争力且车辆规模达到5000辆以上的汽车租赁企业,及一批中等规模、专业特色服务能力强的租赁企业,使这两部分企业的市场占有率大幅提高,网点占有率达到60%以上,收入占总收入的份额达到50%以上,其中,前三位企业的网点占有率达到25%,基本建成稳定的市场组织基础架构。

**(三)布局规划目标**

2015年,力争汽车租赁经营站点比2007年数量翻一番。基本形成覆盖北京市主要交通运输枢纽、核心商务区、写字楼、旅游饭店、大型居住集中区域的汽车租赁经营站点网络体系,并形成规范管理,如设置统一的行业标识、明示企业等级标识等,以增强行业整体的宣传力度,提升汽车租赁行业在社会公众中的影响力,并提高租赁车辆的方便性。

**(四)技术进步目标**

大幅提高企业信息技术手段的应用能力与普及率。2015年,全行业企业计算机网络化管理普及率达到95%,车辆GPS应用率达到30%,并引导企业积极开展电子商务。通过车辆技术的动态管理与监督,引导企业加快车辆更新速度,到2015年,车辆平均更新速度提高到2~3年,车辆技术达到一级标准状况的达标率为90%,使车辆安全性能明显提高。

## 第四节 道路货物运输

### 一、发展历程

**(一)企业发展**

道路货物运输是北京市货物运输的主要方式。改革开放以后,北京市的货运市场打破了国营企业一统天下的局面，出现了国营、集体、个体经济一齐上的活跃局面，货运行业进入了市场化时期。1979 年后，北京的汽车货运呈现全民、集体、个体共同发展的局面。1990 年，市属公路运输部门运输企业发展到 7 户，除北京市运输公司外，还有主要承运特种货物运输的大型物资运输公司、化工物品汽车运输公司，组织公路、铁路、水运、航空各种联合运输的联运公司和由集体运输企业归并的东城地区运输公司、西城地区运输公司，以及交通部中国汽车运输总公司下属的第一公司，远郊 10 个县(区)也建立了各自的公路运输企业。这些运输企业在北京公路运输事业中发挥着骨干作用。

在改革开放政策的推动下，在“有路大家行车，有钱大家赚”思想的指导下，城近郊区和远郊区县部分机关、企事业单位和个人，也纷纷购置车辆，或将多余运力组成营业性货物运输公司、汽车场和汽车运输队。各种经济成分和经济形式的运输户迅猛发展，全市营业性货运车辆由 20 世纪 70 年代末的 4000 多辆，到 1998 年的 11.8 万辆，形成一个庞大的公路运输市场。

1999 年北京市道路货运业户总量出现下降，为 48111 户，比 1998 年减少 7109 户，减户幅度大于往年，波及了除西城、顺义、怀柔、延庆和燕山以外的 14 个区(县)，以城区最为显著。随着北京市经济和货运市场的不断发展，一些货运企业也在逐步向现代物流企业转变。2002 年，北京市行业内物流企业总户数达到 79 户，比 2001 年度增加了 30 户，增长率达 37.9%。而且物流企业不单在数量上、在质量上也呈现出增长趋势。80% 左右的企业不同程度应用网络技术实现用户管理、定单管理、仓储管理、运输和配送管理、货物查询等功能。但是，在物流信息化的整体发展上，还存在缺乏系统集成、运营成本较高等问题。

2005 年底，北京道路货运行业拥有经营业户 77597 户，营运车辆 142550 辆，当年完成货运量 30050 万吨、货物周转量 854944 万吨公里，在综合货运体系中所占的比例分别达到了 92.44% 和 17.50%。站场设施明显改观，北京市已建成 2 个二级货运枢纽站、5 个货运交易场所和一个集装箱口岸，年货物吞吐能力达到 398.8 万吨，7 万 TEU；一个沟通城乡、干支相连的道路货物运输网络基本形成；道路货物运输管理法规体系基本建立；以信息化、智能化为核心的新型运输系统开始启动；企业有序竞争、行业有效监管的管理模式基本形成；服务质量明显提高；货运企业规模化、网络化经营初见端倪,专业运输企业的经营效益和管理水平开始回升。

北京市道路货运业户数量一直处于不稳定的阶段。2006年,道路货物运输营业户数量上升到78484户。2007年,道路货物运输营业户数量又出现了大幅下降,只有51553户,比2006年降低了34.3%。

**(二)货运趋于专业化**

近年来,北京市道路货物运输运力结构趋向合理,缺重少轻的构成发生了根本性的变化,呈现"两头大、中间小"的格局,与发达国家大城市货运车辆技术构成相近。同时,北京市巨大的市场需求使第三方物流企业应运而生,形成了国有、民营、外资等多种所有制企业共存的局面。这些企业通过学习国际先进经验和技术,管理严格、勤恳务实,为用户提供周到、快捷的服务。

1. 长途货物运输

1979年后,随着商品经济和城乡物资交流的快速发展,长途货物运输量逐渐增多。面对快速发展的运输形势,北京市运输系统进行了调整,公路运输部门所属的专业运输企业进一步开拓长途货运业务。同时,打破了北京市长途汽车公司独家经营的局面,各种经济形式的社会运输单位的相当一些车辆也加入了长途货运业务。1985年11月,北京市公路运输管理处成立,负责北京货运汽车到外省市长途运输货物的审批发证工作。1986年,共签发出市车辆路单53.9万张,流向主要是华北、东北和内蒙古的一些省市。与此同时,外省市进京的货运车辆也有所增加。1989年,北京市交通运输总公司成立公路货运配载信息服务处,全市建立23个配载站,相互沟通协调,形成货运配载信息网络。实施配载的车辆,里程利用率明显提高。到1990年,共签发出市长途货运汽车路单47.8万张,共运输各种物资255万吨。进入21世纪,随着高等级公路的不断涌现,道路货物运输的合理运距将有延长的趋势。高档货物和零担运输,合理运距可达200~400公里;鲜活易腐货物,由于公路运输"门到门"、不换装的特点,经济运距可达1000公里。

2. 化学危险品运输

改革开放后,北京化工物品运输多是化工企业自产自运,为加强化工危险品的运输管理,保证运输安全,1988年11月,北京市交通运输总公司组建了北京市化工物品汽车运输公司,承担北京市大部分化工危险品的运输任务。1992年3月,市交通局、市消防局、市公安交通管理局和市劳动局联合发布《关于整顿化学危险货物运输秩序加强安全管理的意见》，对运送危险货物的车辆实行"准运证"制度。1993 年 10 月，市政府下发《北京市化学危险物品道路运输管理办法》。化学危险品运输企业管理逐步走向规范，营运车辆技术性能显著提高，从业人员应对突发事件能力明显增强。2003 年，北京市深入贯彻《危险化学品安全管理条例》，道路危险货物运输押运员配备率和持证上岗率均达到 100%，成品油、液化石油气和搬家运输企业的经营资质均达到了 4 级以上，大大提高了北京市道路专业化运输服务水平。截至 2005 年底，北京市营业性道路危险货物运输业户 178 家，营运车辆 3279 辆。危险货物品种涉及液化石油气、压缩天然气、成品油等。2006 年 2 月 15 日，北京市要求所有危险货物运输企业的自有专用车辆安装 GPS 定位监控系统，实现对所有危险货物运输车辆的实时监控。2007 年，市运输局印发了《关于进一步加强道路危险货物运输安全监管的通知》（京运管货发〔2007〕54 号），进一步加强了对危险货物运输企业和单位、运输车辆资质等的监管。

3. 大件运输和集装箱运输

大件运输是指超长、超宽、超高、超重特殊货物运输。1965 年，北京市运输公司在西郊半壁店成立特种运输汽车场，专门从事大型物资的起重运输任务。1978 年 10 月，组建了国营的北京市大型物资运输公司，主要负担北京和跨省市大型物资、集装箱的运输任务，运输全国范围的大型设备和飞机、坦克、登陆艇、大型游船、

2006 年采用 500 吨桥式承载梁运输超大型化工设备　（祥龙物流公司供图）

卫星底座等特型物资。

1980年,北京市建立国际集装箱中转站,开展上海、广州等十几个省市的邮政运输。1983年,国际集装箱中转站发展为国际集装箱汽车运输联营公司。1987—1990年,北京国际集装箱年平均运输量为1.9万箱。进入21世纪,随着社会对专业化运输的需求的增长,北京市集装箱运输进入了飞快发展的时期。2006年,北京市公路标准集装箱(TEU)合计货运量达到了83万吨,箱运量达到了49504个。

4. 零担运输

1978年,市交通局制定《零担货物运输试行办法》,开辟了北京城区至昌平南口和房山周口店两条汽车零担货运线路。1982年,北京市开始与邻近的省市协商联合开办零担货运班车运输业务,到1983年底,共与5个省市联合开辟32个城市的零担货运班车,并以32个城市为中心,将业务延伸到了123个县城,营业路线达到了1.5万多公里,运输量也急剧增多。1985年3月,在北京至武汉零担班车线路的基础上开展了中转运输,设中转站73个,并发展为两次以上中转。到1990年底,北京市运输公司和联运公司开通公路汽车零担货物运输直达线路达63条,中转联运站点达1500多个。1997年底,全市零担货物运输形成以商品集散地为依托,国有运输企业为主体,货运站、配载站和受理站为网点,辐射城乡,干支相连的道路零担货运网络。全市零担货运车共200辆,形成以北京为中心,四通八达的零担运输网,基本实现了零担运输快捷化,一次托运送到家的发展目标。1997年,北京市零担运输公司零担总站被交通部评为文明货运站。"九五"时期,行业内还出现了国际零担运输等新的特种专项运输项目。有国际零担运输线路2条,专用车15辆;省际零担运输线路82条,通达国内25个省区市。

5. 联合运输

1996年,北京市联运公司发展联网、联运业务。完成联运组货量307万吨,在丰台新发地新建了仓储中心,承担北京市与河北省地区销售产品的仓储、管理、出入库和运输装卸业务。同年底,与全国各大中城市300多个联运企业联网,签订了货物运输互接对发合同、对口联运合同及配载、快件合同等627件,并开通了北京至上海的公路货物直达专线。

6. 搬家运输

自1988年北京市成立第一家运输公司到1995年期间，搬家运输行业发展较快。到2005年末，北京市共有搬家运输企业17家，搬家专用运输车辆196辆。搬家运输行业的发展对解决市民搬家运输难的问题起到了积极的作用。一些搬家运输企业在逐步提高服务质量的基础上，向城市配送方面渗透、延伸，开始为电器商店、连锁超市、大型物流、批发市场等进行城市配送。

**（三）货运通道初步形成**

北京市的公路货运通道主要有东北、东南、西南、西北四个方向。东北通道主要由京沈高速公路、京承路、京哈线、京加线等组成，运输货类以建材、钢材为主，主要是服务北京，同时是东北出关的通道。东南通道主要由京津塘高速公路、京津路、京福路和京珠路等组成，主要作为西北煤炭出海过境运输通道。西南通道主要由京石高速公路、京开高速公路、京深线、京良路、京周路等组成，主要以日用消费品为主，进京方向主要是服务北京，出京方向兼有服务北京和东北货物出关过境的功能。西北通道主要由八达岭高速公路、京昆线、京拉线、京银线、昌赤路等组成，主要以煤炭为主，兼有过境和服务北京的功能，过境比重占75%。这些放射线通道与五环路、六环路等共同构成北京市货运通道。

这些通道上的货物运输，到达货运量大于发送货运量，即到达的货物主要用于满足人们消费需求；过境运量大于进出京运量，这是由北京的地理区位和交通区位决定的；东南、西北方向运量较大，且过境交通所占比例较高；货运总量中以煤炭运输为主，且主要为过境运输。

## 二、基本解决“运货难”

改革开放以来，北京市货运市场逐步放开，道路货物运输打破了地区、行业和部门的限制，出现了多种所有制的货运经营主体共同发展的局面。货运经营业户由1978年的仅有北京市运输公司等少数几家货运企业的几千辆车发展到目前的5.6万户13.6万辆营业性货运车辆，“运货难”问题得到根本解决。随着经济全球化速度的加快以及我国加入WTO，货运市场要面对的是更为广阔的国际市场。北京市积极推进物流信息化、系统化，推动货运企业向现代物流企业的转型，加快现代物流的发展。2006年，北京市全年公路货运量达到30953万吨，是1978年的4023万吨的7.69倍；公路货运周转量达到885991万吨公里，是1994年725740万吨公里的1.22倍。2007年，北京市道路货运业通过改善货运车辆结构，节能减排工作取得初步成效，通过发展货运专用车辆和多轴重型车辆，提高了运输效率，降低了单位货物周转量的燃油消耗。2007年，北京市道路货运专用车辆比重从1990年的4.23%提高到了18.2%。货运站场的数量也上升到了12家。

## 三、发展展望

道路货运基本适应经济发展需要。通过鼓励和支持企业间强强联合，在高速公路及国省干线的快速货运、集装箱、零担、危险品、大型物件的运输和现代物流领域发挥主导作用；完善干线运输系统的基础设施配置，加强干线运输市场管理。鼓励组织化、集约化、规模化、专业化经营模式，限制使用农用车、拖拉机和污染大的运输工具的业户从事干线货物运输；重点发展快速运输、限时运输和支撑物流服务的运输。

同时，依靠科技进步，提高道路运输行业竞争力。以提高运输效率和效益为目标，加大技术改造力度，把提高信息化水平作为科技进步的重点。充分应用现代信息技术，研制开发面向管理者的行业管理信息系统、面向社会公众的服务信息系统和面向市场的企业经营信息系统组成的信息平台，并逐步实现计算机联网，以全面提高货物运输组织管理水平和服务能力。专业道路货物运输企业要跟踪世界前沿科学技术，引入货运信息配载、车辆卫星定位等先进技术，以实现道路运输的智能化和电子化。大力推广汽车全挂、汽车列车和集装单元化等运输新技术。鼓励发展物流技术设施。

2020年，我国的公路运输发展将进入"基本适应"社会经济发展的阶段，道路运输供给与社会需求趋于平衡。道路货运行业的相关法律、法规将日臻完善。曾一度严重泛滥的公路超载超限运输将会得到有效控制。货运行业主体结构得到明显改善，一大批综合性的和专业性的大中型货运企业将得以建立，信息技术的采用和营运范围的扩大，将使车辆的实载率得到有效的提升。智能交通技术将在道路货物运输中广泛应用，行业信息化水平将接近中等发达国家水平，而随着高等级公路的不断涌现，道路货物运输的合理运距也将有延长的趋势，我国将建立起运输安全型、资源节约型和环境保护型的公路货运交通体系。市场经济的发展和货运市场的竞争将促使运输企业不断提升服务意识和服务质量。多轴、大吨位车辆，专用厢式和集装箱运输将得到很大发展。货运站将广泛采用托盘、包装机具和性能优良的装卸设备。

# 第六章

# 汽车维修

## 一、发展历程

北京市汽车维修行业经历了一个从小到大，从传统维修方式到现代维修方式，从无序到基本规范有序的发展历程。

1987年3月，北京市市政管理委员会根据1986年12月国家经委、交通部、国家工商行政管理局颁发的《汽车维修行业管理暂行办法》联合通知精神，发布了《北京市实施〈汽车维修行业管理暂行办法〉细则》。同年4月，成立北京市汽车维修管理处，开始对全市汽车维修厂点进行整顿，全市汽车维修行业开始实施行业管理。1992年11月，北京市政府发布《北京市汽车维修行业管理办法》，使汽车维修行业管理法规更为完善。1997年7月，北京市人大常委会审议通过《北京市道路运输管理条例》。在有关汽车维修条款中，根据汽车维修行业的发展和行业管理的需要，增加了一些规定。

1998年，依据《北京市道路运输管理条例》，原市交通局对北京市汽车维修市场主体实施结构调整，将汽车维修经营业户的技术级别由原来的四级(厂级、部级、站级、专项)，重新核定为三类(一类、二类、三类)，简称“四改三”。经过“四改三”，汽车维修经营业户总数由5725户减少到1999年的5012户，减少了12.5%。2000

年又在全行业进行了年度复审工作，淘汰一批不符合资质条件业户，使当年汽车维修经营业户数下降至4823户，降幅为3.8%。

2004年1~6月，市运输局对由原市交通局核发的经营许可证件进行核换。北京市大部分汽车维修经营业户按要求办理了换证手续，取得了新版经营许可证件，有664户汽车维修经营业户由于经营条件不达标，没有办理换证手续。2004年末，北京市汽车维修经营业户总数比上年减少2.6%。针对汽车维修市场秩序较乱问题，2004年对全市汽车维修市场进行了集中整顿，共出动执法人员3929人次，深入汽车维修企业检查3401户次，查出存在各类问题1098户，各类违法违章行为1365次。通过开展汽车维修市场专项整治工作，有效打击了违法经营行为，进一步规范了汽车维修市场秩序。

2005年1月8日，北京汽车维修行业协会成立。2006年，运输管理部门依据《中华人民共和国道路运输条例》和交通部《机动车维修管理规定》，按照新修订的国家标准《汽车维修业开业条件》，对北京市汽车维修经营业户进行经营范围的重新核定。2006年3月至6月间，对2005年8月1日前取得运输管理部门核发的《道路运输经营许可证》的汽车维修经营业户重新核定经营范围，换发新版《道路运输经营许可证》；对2005年8月1日至2006年3月15日期间取得许可的汽车维修经营业户直接换发新版《道路运输经营许可证》。到2006年末，北京市汽车维修经营业户总数比上年减少1499户，降幅为22.04%。

## 二、主要成就

改革开放30年来，汽车维修行业的维修能力、维修作业环境、硬件设施、设备条件、人员构成、经营管理及服务质量等各方面都有较大发展，汽车维修企业由1987年的1873户发展到目前的5802户（截至2007年底），汽车维修从业人员已达8.2万余人，年维修营业额达944亿元，2007年维修车量达982.0万辆次，是1988年的18.89倍。一个以整车一类企业为骨干，整车二类企业为基础，三类专项维修业户为补充，布局合理，方便用户的汽车维修网络已经基本形成。

### （一）维修业户持续增长

经过30年发展，汽车维修企业逐步实现由生产型向服务型转变，涌现出一批集汽车销售、汽车维修、配件供应和信息反馈为一体的品牌特约维修企业(4S店或3S店),汽车维修企业数量逐年增加,并且改变了过去全民单一的封闭经营方式,形成了多种经济成分并存,多层次,多类型的汽车维修市场。

### (二)维修环境明显改善

汽车产品的系列化和品牌化,促进了汽车特约维修的发展,新建的特约维修"四位一体"(整车销售、配件供应、维修服务、技术信息咨询)或"三位一体"站,软、硬件设施条件达到星级水平,干净整洁的车间内是一排排举升机,并附有各种维修专用设备和检测通用仪器,其特点是建立了宽敞明亮的业务大厅,客户接待的条件同20世纪80年代相比有了明显的改善。由于维修环境的改善,569户一类维修企业,占维修业户总数的9.8%,其年维修收入和营业总收入分别占全行业的66.39%和85.96%。

### (三)汽车维修技术发展迅猛

电子技术和计算机技术在汽车上的广泛应用,加快了维修设备的更新发展和检测手段的提高,传统的维修设备和检测手段已被现代汽车新技术、新设备、新工艺所替代,近几年北京市汽车维修业在维修技术方面发展非常快,发动机综合检测仪、汽车故障诊断仪、四轮定位仪、车身校正仪等现代维修设备已在一、二类维修企业中普遍使用。汽车维修技术在维修生产中起着越来越重要的作用。

### (四)人员素质不断提高

汽车维修工人队伍逐步向着年轻化、知识化、专业化方向发展,从业人员整体素质不断提高,通过开展技术练兵、技术比赛活动,培养一批汽车维修专家、工程师、高级技师、高级工以及管理人才,质量检验人员经过专业培训考核、持证率达100%。汽车维修行业涌现出一批先进集体和先进个人,汽修公司总工程师魏俊强荣获全国"五一"劳动奖章,被评为全国劳动模范。

### (五)经济效益快速增长

维修产量由1988年的51.9万辆次发展到2007年的980万辆次,年经营额由1988年的6.09亿元发展到2007年的944.2亿元,分别增长了17.9倍和154倍。

"九五"期间,行业累计产值达124亿元,是"八五"期间的1.7倍,1999年产值达31.8亿元,是1995年的1.8倍。

### (六)行业法规逐步完善

1997 年,北京市人大通过了《北京市道路运输管理条例》,使北京市汽车维修行业管理纳入了依法管理的轨道。经过三十年的发展,汽车维修行业管理已经形成了一整套管理法规规章和管理制度,新建市大交通的格局,将进一步理顺行业管理体制,加强行业管理工作,促进行业持续、健康、快速发展。

## 三、发展展望

用政策引导行业发展。优先发展特约维修、专业维修和高技术维修,推行汽车维修连锁经营。鼓励和帮助有实力的骨干企业做大做强,形成汽车维修企业集团。以企业资质管理为切入点,加快行业结构调整,引导部分优势企业通过市场运作,采取股份制、兼并、联合、重组、收购、引进外资等形式,组建跨区域、跨行业的大型企业集团,实现集约化、规模化、网络化、专业化经营。引导中小型汽车维修企业走专业化维修的道路,走品牌连锁经营的道路,形成特色维修。建立与首都经济发展和环保要求相适应,以一类企业为骨干,二类企业为基础,三类业户为补充,供需平衡、结构优化、技术先进、质量可靠,能够为社会提供全品牌、全方位、全天候、全过程,优质规范、方便快捷的汽车维修服务保障体系,使北京市汽车维修业立足北京,辐射华北、东北,服务全国,居于国内领先地位。

“十二五”期间将建成以一类企业为骨干,二类企业为基础,三类企业为补充的多层次、多形式、门类齐全、遍布城乡、服务方便及时的汽车维修网络体系。鼓励发展特约维修、专业维修,鼓励发展具有专业化、现代化的品牌连锁经营等有竞争力的汽车维修服务。通过发展特约维修、专业维修和品牌连锁经营,进一步提高行业整体素质,促进汽车维修向技术专业化、管理现代化、服务优质化、规模集团化、效益最大化方向发展,促进汽车维修市场资源的优化配置。2015 年要形成 20 家市场占有率高、经济效益好、社会知名度高的汽车维修企业集团。

加强汽车维修质量管理,提高维修质量,建立健全汽车维修质量保证体系,建立健全汽车维修质量管理机构,健全完善维修技术标准与质量检验标准体系,完善质量投诉与纠纷调解制度,充分发挥汽车综合性能检测站的作用,加强对汽车维修质量的监督抽查，使汽车维修质量有明显提高。2015年，质量保证期内的返修率不大于3%，汽车维修质量监督上线检测一次合格率达到95%以上。2020年，质量保证期内的返修率不大于2%。汽车维修质量监督上线检测一次合格率达到95%以上。

# 第七章

# 水路运输

## 一、发展历程

北京市属于内陆非水网地区，城市河道功能以排洪泄洪为主。境内水域除官厅水库、密云水库、怀柔水库、海子水库（金海湖）等大型水库水域面积较大外，其他水域分布较零散，以小块封闭水域为主，互不通航，多分布于公园、风景游览区以及中小型水库。受水域面积、水深、航道、季节等因素影响，北京市的水上运输仅限于水上旅游观光。北京市通航水域有两种类型：一是自然河流或人工河道中有固定航线的通航水域，已通航的自然河流或人工河道 7 条，通航里程 71.9 公里。二是公园、水库、风景区内的封闭型通航水域，通航水域面积 3172.3 万平方米，其中游船活动区水域面积 2669.87 万平方米。

1988 年，市政府颁布了《北京市水域游船安全管理规定》，开始对水域游船进行安全管理，并由北京市公安局承担该项管理职能。当时由于北京市的船舶主要是公园、水库里供游客休闲、娱乐的小型非机动船舶，因此其对游船的管理，主要是按照公安系统对游乐设施的管理来进行，这种管理一直延续到 2000 年市政府机构改革后，北京市的水域游船安全管理才划归到交通部门。从以上管理体制的变更历史来看，北京市的水域游船安全管理经历了一个较漫长的时期才纳入全国统一的水上交通安全管理体系。2001年4月，北京市交通局与北京市公安局完成职能交接后，针对当时北京市的水上安全管理工作提出了“一年上轨道，两年规范化，三年上水平”的工作目标，并从狠抓规范化管理入手，解决北京市水上交通安全专业化管理落后、管理不统一等问题，从而为全面提升全市水上安全管理水平打下了良好的基础，并逐步实现与全国内河水上交通安全管理接轨。

2003年北京市地方海事局（与北京市运输管理局两块牌子，一套人马）正式挂牌，北京市水上安全管理进入了一个规范管理的新阶段。2005年4月28日，市地方海事局发布《北京市水域游船安全保障规划（2005—2010）》（京海事字[2005]3号），对完善北京市水上安全保障体系，建立水域游船安全管理长效机制，确保水上旅游运输安全，促进北京市旅游业健康发展有着积极的作用。2006年9月30日，市地方海事局举行海事执法人员持证着装上岗仪式，这是自2003年北京市交通体制改革，市地方海事局挂牌成立以来海事执法人员正式持证着装。市地方海事局以海事执法人员持证上岗为契机，着力加强海事执法队伍建设，加大海事执法装备的投入，切实提高各级海事机构对水上交通安全事先、事中、事后的监管能力、对水上交通安全违法行为的处理能力和水上交通事故的应急反应和处置能力。

2007年8月2日，市地方海事局在颐和园举行海事执法船舶交接仪式暨水上救生消防应急演练。国家海事局领导，市交通委、市安监局、市旅游局、市园林绿化局、市公园管理中心有关领导出席了海事执法船舶交接仪式并现场观摩了水上救生、消防应急演练。国家海事局对北京市的水上交通安全工作十分重视，为支持和帮助北京市地方海事工作的发展及2008年奥运会期间的水上安全工作，拨专款为北京市地方海事局配备了4艘海事执法船舶，加快了在北京市重点水域实现海事执法船舶“巡航、救助一体化”的建设，进一步提高了北京市水上交通安全的监控能力。水上救生、消防应急演练按照“游船单位自救、船舶互救”为主的应急救助机制，以检验在处置水上突发事件中各部门协同作战的应急反应能力，提高从业人员的安全意识，确保水上旅游的安全为主要目的。

## 二、发展成就

2003年北京市地方海事局成立以后，北京市水上安全管理进入了一个崭新阶段。在市政府、市交通委领导下，在各相关部门支持下，理顺了区县水上交通安全管理体制，11 个远郊区县交通主管部门成立了地方海事机构，市运输管理局在城八区的派出机构行使地方海事职责，市交通执法总队组建了海事执法专业队伍，初步实现了管理制度、机构布局、监督管理、证件服装、执法装备“五统一”，地方海事管理职能得以全面履行。截至 2008 年北京市现有各类船舶 5430 艘，其中自航船舶（经法定检验并配备船员）455 艘，占船舶总数的 8.4%，非自航船舶（由游客自驾）4975 艘，占船舶总数的 91.6%；共有机动船船员 863 人，其中五等船员 791 人，四等船员 70 人，三等船员 2 人；非机动船船员 259 人，主要为摇橹船船工等。

**2001—2007 年北京水域游船业运行情况**

| 年份 | 船舶数（艘） | 载客量（客位） | 运送人数（万人次） | 运营收入（万元） |
|---|---|---|---|---|
| 2001 | 4762 | 22838 | 852.21 | 7320.12 |
| 2002 | 4952 | 25341 | 792.76 | 6858.61 |
| 2003 | 4884 | 23786 | 319.35 | 3234.86 |
| 2004 | 4862 | 23770 | 803.91 | 7133.72 |
| 2005 | 5427 | 23101 | 884.44 | 7979.13 |
| 2006 | 5278 | 29269 | 557.53 | 7330.92 |
| 2007 | 5430 | 30181 | 703.84 | 10629.62 |

## 三、发展展望

北京是一个特大型内陆且严重缺水的城市，属于非水网地区，城市河道以防洪、泄洪为主要功能，现有船舶主要是为百姓休闲、娱乐提供水上旅游观光服务，并不是作为交通工具来发展，属于北京市旅游服务的派生要求。目前，北京的水系整治正取得突破性进展，初步实现了“水清、流畅、岸绿、通航”的目标，改善了京城生态环境和人文景观。现利用城市河道实现通航的水上旅游航线已有 7 条，通航里程共计 71.9 公里。在今后几年里，为建设北京良好的城市水系，提升北京国际大都市形象，北京市将加大力量对城市水环境和城市水系进行改造建设，并随着京杭大运河北京段的通航和北京市城市河道的治理以及国家南水北调工程建设的快速推进，北京城市水环境将不断得到改善。我们相信在北京"人在水边走，船在水中行"的画面将不再是一种奢望，北京市游船业必将实现"安全、环保、经济、实用、美观"的发展目标。

# 第八章

# 停车管理

## 一、停车行业发展历程

1978年，全市共有按规划建成的机动车公共停车场25处。其中北京展览馆等一些公共场所的停车场，主要是为有大型活动时使用的服务型停车场，平时无人看管。1979年，北京个别单位以安置待业青年、兴办第三产业为名，私自占用停车场并自行定价收费。同年12月22日，市公安局针对这种情况向市革委会提出了关于加强北京市机动车停车场管理的意见。1981年9月16日，市政府办公厅转发了市公安局《关于对全市公用机动车停车场的管理规定》，规定道路两侧、公共活动场所以及游览地区的机动车停车场（包括各单位经城市规划管理部门批准自建的停车场），均属公共交通设施，一律由公安交通管理部门统一管理；除城市规划管理部门统一规划外，任何单位不得任意占用或改变使用性质；公用机动车停车场，经公安交通管理部门批准，可以组织人员收停车费；体育场（馆）、展览馆、大型影剧院及大型饭店的停车场，暂不收停车费。此文件公布后，市公安交通管理部门开始行使机动车收费停车场审批职能。同年11月9日，对收费机动车停车场实行统一管理，要求建立收费的机动车停车场按服务业管理，必须到市公安交通管理部门申办审批手续，安装市公安局统一制作的“收费停车场标志牌”，执行市物价局规定的收费标准,并制定停车须知。申办程序为经营单位提出书面申请,征得管界交通大(中)队同意后,到市交管局报批;经过批准后,办理收费机动车停车场许可证,在取得工商部门营业执照后可营业。当年物价局批准的收费标准为:小客车每次5角,小货车每次1元,大客车每次1.5元,大货车每次2元。市公安交通管理局各交通支队陆续成立了停车场管理公司,负责协助交通支队组织保安维护停车秩序,负责各区内的路侧等公共停车资源的收费管理,其它社会停车场经营管理单位都到这些公司来购买停车票。1991年10月23日,市物价局调整了停车收费标准,停车4小时以内,收取1元的机动车保管费。

1999年2月24日,市公安交通管理局根据《北京市机动车和机动车驾驶员管理办法》第七条规定,开始实施停车泊位证明制度,即对北京市城八区的单位和个人1998年1月1日以后领取北京市机动车牌证的机动车(不包括摩托车),自1999年3月1日起,在进行机动车定期检验时,除提交规定的手续外,还须交验经本管界公安交通管理部门开具的《停车泊位证明》。实行这一制度的初衷是为了加强北京市交通需求管理,调节机动车总量的增长速度,以缓解北京市交通供给与需求日益紧张的矛盾。2003年10月28日第十届全国人民代表大会常务委员会第五次会议通过的《中华人民共和国道路交通安全法》第十三条规定:对登记后上道路行驶的机动车,应当依照法律、行政法规的规定,根据车辆用途、载客载货数量、使用年限等不同情况,定期进行安全技术检验。对提供机动车行驶证和机动车第三者责任强制保险单的,机动车安全技术检验机构应当予以检验,任何单位不得附加其他条件。对符合机动车国家安全技术标准的,公安机关交通管理部门应当发给检验合格标志。2004年1月1日,停车泊位证明制度正式取消。

1999年8月19日,北京市成立了第一家国有专业停车场管理公司——北京公联安达公司,接收原市公安交通管理局负责的229个停车场(车位17179个,人员958名)。2000年,北京市行政体制改革,把停车管理职能由市公安交通管理局调整到市市政管委。同年6月13日,市市政管委成立停车设施管理处。2001年3月28日,市政府发布《北京市机动车停车场管理办法》(市政府75号令),规定:北京市行政区域内机动车公共停车场(包括机动车公共停车库、机动车公共停车楼等停车设施,以下简称公共停车场)的规划、建设和管理,适用75号令。大中型公共建筑停车场的规划和建设,依照北京市有关规定执行。市市政管委主管北京市公共停车场的管理工作,负责组织拟订有关停车设施建设和经营管理的政策,审查停车场经营者的资质,制定停车场行业管理规范,并会同规划行政主管部门监督公共停车场专业规划的实施。区、县政府在市市政管委的指导下,按照规定的职责负责本辖区内的公共停车场管理工作。规划、发展计划、建设、价格、公安交通管理等部门按照各自的职责,依法对公共停车场的建设和服务活动实施监督管理。

2002年5月7日,北京公联安达公司根据发展需要,进行法人化改制。由公联公司、公联投资管理公司共同出资组建北京公联安达停车管理有限公司,注册资金2500万元。同年8月2日,市市政管委、市财政局依照《北京市机动车停车场管理办法》的规定,发布通知(京政管字[2002]261号),开始征收公共场地停车场占道费。征收标准是:1元区0.60元/天·车位,2元区3.60元/天·车位,5元区15元/天·车位。同年11月18日,为适应市场经济的要求,发展生产力,将路侧占道停车场资源进行整合,由北京公联安达停车管理有限公司、北京京恩技术发展有限公司、北京瀛和悦海科技有限公司共同出资组建北京公联顺达智能停车管理有限公司,注册资金1000万元,公联安达公司占有51%的股份,主要负责路侧占道停车场管理。至此,形成了公联安达公司主要负责路外公共场地停车资源管理,公联顺达公司主要负责路侧停车资源管理的格局。

同年12月12日,市市政管委等5个部门联合发布关于《加强北京市机动车公共停车场管理工作的通知》(京政管字[2002]341号),实施机动车收费停车场联合备案审批职能,市市政管委负责市管道路路侧占道停车场、道路沿线的公共场地停车场、立交桥下停车场、首都机场停车场、西客站地区停车场、实行市场调节价试点的公共建筑配建停车场以及有关执法部门指定停放依法查扣非法运营车辆的专用停车场的备案登记;区、县市政管理委员会负责区、县管道路路侧占道停车场、道路沿线的公共场地停车场、公共建筑配建停车场、路外专用停车楼(库)和居住区停车场的备案登记。审批流程是:停车场经营企业跨区开展停车场经营活动,应在开展经营活动的区、县工商局办理分支机构登记注册;停车场经营企业在一个区内的不同地点开展停车场经营活动时,应当到所在地工商所办理备案手续;停车场经营企业持市、区(县)市政管理委员会核发的《北京市公共停车场备案表》,分别到市、区(县)价格主管部门办理停车场收费标准核准手续;停车场经营企业应凭有效的《工商登记》、《税务登记》、市、区(县)市政管理委员会核发的《北京市公共停车场备案表》以及价格主管部门核发的《北京市机动车停车场收费标准核准表》,到所在地地方税务机关办理发票核定和购领发票事宜,税务机关将依据《北京市机动车停车场收费标准核准表》中核准的收费标准确定其应使用发票的种类。

2003 年,市市政管委承担的经营性停车设施的行业管理职能划转到市运输局。市运输局负责原市市政管委的备案权限,区(县)市政管理委员会备案权限不变。市路政局负责起草经营性停车设施的建设标准。其他部门关于停车管理的职能不变。2004 年 7 月 1 日,根据市政府对行政事项进行清理的要求,北京市停车场经营备案登记制度由行政许可事项变为行政服务事项。2006 年 5 月 1 日泊乐网正式开通,为社会各界提供北京市停车场分布及部分车场车位空满状态查询服务,同年下半年,市运输局停车场查询服务系统开通。

经北京市交通委员会批准,在北京市民政局登记注册,2007 年 4 月 23 日,北京停车行业协会正式成立。该协会由停车设施投资、建设、技术研发企业,停车设备生产制造企业,停车设施经营管理等企业按照平等自愿原则组成,具有独立法人资质的行业社团组织。2008 年 9 月 3 日,北京南站配建停车场(规划停车位 1000 个)纳入市运输局备案、监管范围。以后北京市新建的交通枢纽、场站等配建停车场都将纳入市运输局备案、监管范围。

## 二、主要成就

1978 年,北京市共有按规划建成的机动车公共停车场 25 处,停车位仅 1000 余个。截止 2008 年 7 月,北京市共有经营性停车场 4949 个,停车位已达 110.71 万个。

北京市经营性停车场及停车位统计表

| 种类 | 市区 | | | | | 郊区 | 总计 |
|---|---|---|---|---|---|---|---|
| | 大院小区 | 公建配建 | 公共停车场 | | 合计 | | |
| | | | 占道 | 其他 | | | |
| 停车位(万个) | 54.89 | 6.81 | 3.63 | 27.25 | 92.58 | 18.13 | 110.71 |
| 停车场(个) | | — | | 4194 | 755 | | 4949 |

1999 年,北京市共有专业停车经营企业 1 家,管理停车场 229 个,车位 17179 个,从业人员 958 名。截止 2008 年 8 月,北京市共有经营性停车企业约 2764 家,其中规模较大、业务覆盖全市的专业停车经营企业 10 家,经营管理的停车位为 142733 个,占全市经营性停车位总量的 13.34%,停车从业人员约有 5.4 万人。根据不完全统计,2007 年停车收费营业收入约为 10 亿元。

2001 年,北京市共有机械式停车位 7541 个;截止 2007 年底,机械式停车位 59505 个。

2001 年,北京市建成了第一个停车诱导系统(也是我国第一套正式投入运行的智能停车诱导系统)——王府井地区停车诱导系统,覆盖 8 个停车场、3000 个停车位。截止 2007 年底,北京市共建成停车诱导系统 7 个:王府井地区、西单地区、崇文门外地区、中关村西区、朝外大街、CBD 地区等停车诱导系统,覆盖 76 个停车场、3.9 万个停车位。

## 三、发展展望

城市停车管理是一项综合性极强的工作。近年来,北京市的停车设施总量虽然有了较大幅度的增长,但是机动车保有量的增长速度远远超出预期,加之停车设施建设的历史欠账过多,目前北京市存在的停车设施不足等停车问题还很突出。为有效解决停车设施不足等停车问题,北京市将以停车设施规划为基础,明确“有位、有法、有序、有度”的发展战略目标,加强停车秩序管理,实施停车位供给和停车位价格区域差别化政策,利用价格杠杆调节停车需求,促进停车设施建设与城市发展和动态交通协调发展,初步实现市区特别是城市中心区的动静态交通基本平衡。今后将主要做好以下 3 方面的工作:

一是制定并严格执行建筑物停车配建标准与准则,加强停车位特别是基本车位的建设,重视城市中心区的停车需求管理,保持区域停车供需平衡。

二是完善停车价格体系。停车价格体系、停车收费水平是涉及面最广,也是停车问题中最敏感的因素。合理利用停车价格杠杆调节交通需求,充分利用现有停车设施,缓解停车位不足的问题。

三是坚持长期有效的管理。解决停车问题将是一项长期而艰苦的任务，不可能一蹴而就。今后要修订并完善停车法规，理顺市区两级停车管理体制，明确停车发展政策，建立停车设施建设的激励机制，提高停车管理的信息化和智能化水平。

根据《北京交通发展纲要(2004－2020)》，到2010年，通过修改建筑物停车位配建指标，优先解决各类车辆基本停车位短缺问题，市区基本停车位将实现“一车一位”。同时，将进一步加快驻车换乘停车场(P＋R)的建设，初步建成与道路交通容量相匹配的停车系统，公共停车位总量达到汽车保有量的10%以上。基本建成覆盖中心城区的智能停车诱导系统和自动停车计时收费系统，增加停车信息服务设施，通过互联网、广播、移动终端定制、停车指数发布、停车资费/时段查询等形式，实现对驾驶员行车、停车决策的一级诱导；通过道路诱导信息电子显示屏，实现对行驶中的驾驶员告知即将进入区域内停车资源现状的二级诱导；通过停车场周边诱导信息屏，实现对行驶在停车场周边驾驶员的三级诱导。

# 第九章

# 交通科技

## 一、发展历程及主要成就

科学技术是交通发展的重要推动力量，交通工具的发明和运输方式的改进，极大地推动着经济发展和社会进步，改变着人们的时空观念和生活方式，对人类文明进步产生着重大而深远的影响。北京市交通事业的快速发展，科技进步发挥了重要作用。改革开放以来，北京市交通事业取得了举世瞩目的成就。在这一发展进程中，交通行业实施"科教兴交"战略，深化科技体制改革，积极推进科技创新，大力开展科技攻关，尤其是市财政关于交通科技专项资金的设立，给予了交通科技工作有力的支持，一大批科技成果的应用，促进了交通运输质量、服务和效益的提高，保障了北京交通事业的快速发展，有力支撑了北京经济、社会的持续、健康、快速发展。

### （一）重点技术的突破促进交通基础设施建设的快速发展

道路建设的技术水平不断改进和提高。改革开放之初，道路横断面还以单一的单幅路形式为主，随后发展到机动车、非机动车分行，以及保证运行速度有利交通安全的三幅路、四幅路、多幅路的横断面形式。对快速路系统建立了"辅路"的概念，在国内得到普遍的推广选用。20 世纪 80 年代开始，对部分交通干道进行了长期的交通量预测,总结出了城区、郊区交通量的增长趋势与增长率。20 世纪 80 年代末期,开始采用四阶段法预测交通量。之后,先后引进了美国、德国等国家的软件,应用于中关村地区及奥运场馆附近的交通分析等工程。目前,已可以完整地预测道路网中各方向的交通流量。随着工程建设的开展,不断运用新理论、新材料,改进路面结构构造,适应日益发展的重载大流量交通需要。1992 年在首都机场高速公路修建中,首次采用由奥地利专用设备生产添加聚乙烯及 SBS 改性沥青的沥青马蹄脂碎石混合料 SMA 路面,继而在所有高速公路修建中广泛采用,此后,快速环路等重要城市道路也使用改性沥青路面。在环路路面改造工程中,在旧水泥混凝土路面上加设美国进口的应力吸收层,同时采用特立尼达湖沥青并加 SBS 改性,效果良好。在奥林匹克中心区等工程建设中,应用了雨水综合利用、隧道自然通风采光、气泡混合轻质土回填材料、降噪沥青混凝土路面等新技术,使北京市的道路建设部分接近或达到国际先进水平。

立交桥梁建设的技术水平也不断提高。由于城市立交线型的要求以及城市现况建筑、管线的制约,弯、坡、斜桥等异型桥梁建设越来越多,其截面采用板式、T 形及 π 形等形式,计算和构造都比较复杂。1987 年二环路光明立交的转盘桥,采用点支承异型板结构,灵活地运用了板壳有限元方法来计算内力和配筋,它外型轻巧,对车辆交通的适应性强,加之结构受力明确,设计施工方便,在超异型立交桥梁中成为一种较具竞争力的结构方案。东厢工程东直门立交匝道的跨河桥,采用了独柱支承的预应力混凝土连续箱梁桥,解决了独柱支承弯桥利用墩柱预偏心调整全桥扭矩峰值的发布和解决侧向稳定的问题,为这种桥型的发展起到了开创性的作用,“独柱支承预应力连续弯桥”研究获得北京市科技进步二等奖。城市道路建设经常会遇到和铁路的交叉,常用铁路立交地道桥箱涵顶进工法。该工法起步于 20 世纪 60 年代,到 20 世纪 80 年代末得到了很大发展,箱涵孔数由开始的单孔发展到三至四孔,顶进长度由 6 ~ 7 米发展到 60 ~ 70 米,顶进重量由数十吨到数万吨,顶进方法由顶推法发展到顶拉结合、双向顶进。1989 年北京四环路丰台铁路立交,四孔箱涵,长 84 米,宽 68.20 米,重 2.8 万吨,共分五节,采用顶拉法施工,是当时国内最长最宽的铁路顶进箱涵。在交通繁忙的市区修建立交桥梁,为减少施工对城市道路、铁路交通的干扰,需要采用快速拼装的施工方法,对于跨径较大的桥梁,钢桥显示了它的优势。在北京长安街上修建大北窑立交时,桥梁采用了跨径33+39+33米的钢箱连续梁结构,将桥梁施工对交通的影响减为最小。1991年的北京广安门立交东西引桥和南北匝道的交叉口异型桥,采用了预应力混凝土、钢筋混凝土、劲钢混凝土等多种形式并用的点支承异型板桥,体现了异型板桥结构设计的突破,为当时国内首创。为了达到在立交设计中降低立交总体建筑高度,减少桥梁面积,从而节省投资的目的,采用钢—混凝土预弯组合梁降低桥梁高度是一种比较理想的结构。2001年在北京市学院路立交改造过程中,根据梁体受力特点,首次采用了钢—混凝土组合梁桥体外预应力技术,充分发挥了预应力材料的材料性能,达到了预应力钢筋可修、可换的目的,提高了桥梁的耐久性。此后修建的多座钢—混凝土组合梁桥,也采用了此种技术。北京地处平原,大型河流少,大跨径桥梁建设不多,近年来京承高速公路潮白河大桥、昌平区南环大桥等的建设,填补了这方面的空白。

新技术、新工艺、新材料、新设备在公路建设领域的利用,有力地支持了公路建设的快速发展。改革开放前,公路行业许多是手工操作,“小车、洋镐、铁锹”(俗称“老三样”)是那时生产工具和施工方式的真实写照,机械化水平很低,科技含量更谈不上。生产力的低下,严重制约了公路的发展。改革开放后,公路部门逐步加大科技投入,组织科技攻关,积极将科研成果转化为生产力。同时,积极引进国外先进技术。仅“八五”期间,通过各种渠道用于科研项目的投资达2500万元以上。这些科研项目的特点,一是结合北京地区公路建设的实际,实效性强;二是瞄准国内、国际公路交通科研的先进水平,如引进了国外评定细集料洁净程度的砂当量试验仪,并编制了与国际上通用规程的统一。同时,陆续开发利用了国外应用PE及SBS进行国产沥青改性的应用技术,提高了路面温度稳定性,增强了耐磨性能,延长了公路使用寿命。引进德国、日本等国的桥梁伸缩缝技术,解决了公路桥头跳车问题。完成了中英联合路面防滑试验,引进开发了路面防滑施工技术和材料并研制了适合国情的国产化公路防滑材料,提出了相应的施工工艺。完成了“路面和桥梁管理系统”的开发。1995年该系统已完全覆盖北京市公路养护里程。近几年随着高速公路的增长,加强了对全市高速公路路面的调查和使用性能研究,提出一整套预防与处治路面病害的措施与方法,其研究成果达到国内领先水平。同时,对全市公路预防性养护制定了科学规划及实施办法。公路部门成套引进摊铺机、重型压路机、推土机、挖掘机、运输机械和大型沥青搅拌设备。到1990年,已有先进的大中型设备20余种,3424台套,机械装备水平居于全国同行的领先地位。随着改革开放的不断深入发展,对外交流不断扩大,大量引进先进技术、工艺、材料、设备和先进理念使工程质量、工程规模、工程进度、工程管理都得到前所未有的提高。近些年装备水平不断更新换代,日新月异,在国际上都处于前列。

城市轨道交通在设计技术领域形成了较完整的北京市轨道交通工程线网规划体系和具有北京市特点的客流预测方法,为北京轨道交通建设奠定了基础。设计基础项目研究取得了突破。主要成果有地铁运营模式的研究、项目投资风险的研究、轨道交通综合技术标准研究、车辆段功能模式研究以及配套设备相关接口研究等,为确定合理的建设规模和技术标准提供了依据。编制了《地铁设计规范》、《地下铁道轻轨工程测量规范》、《地下铁道、轻轨交通岩土工程勘察规范》、《地铁车辆通用技术条件》等十多项有关轨道交通的规定、规范,为设计统一了技术标准,使城市轨道交通的建设有法可依。基本形成了系统的设计理论、设计方法,实现了设计手段的现代化,结合工程实际编制了大量的计算软件、绘图软件、设计工具软件等,提高了设计水平、设计质量和设计速度。目前,在城市轨道交通线路成网络运营基础上,开拓了在线网层面的各种资源共享问题的研究。

地铁车站暗挖实验 (轨道建设公司供图)

在城市轨道交通工程实践中，对关键技术进行攻关研究，取得了多项独立自主创新成果，主要有浅埋暗挖 PBA 工法、平顶直墙工法、超深基坑支护技术（含降水技术）、盾构设计施工综合技术、直线电机系统、集成通风空调系统及屏蔽门安全门、钢铝复合轨、轨道减振降噪技术、防灾报警技术的研究，地铁一、二期工程既有线不停运改造等设计技术，为提高城市轨道交通建设速度、安全施工与运营创造了条件。"十一五"国家科技支撑计划重点项目——新型轨道交通技术的成果，为国家新型轨道交通发展提供了依据。初步形成了建设、运营风险评估体系、方法、对策，基本解决了隧道近距离施工、穿越地下管线及建（构）筑物设计、施工风险的疑难关键问题，为安全施工，确保地面建筑物、道路交通安全提供了依据。设计团队不断壮大。在北京轨道交通建设之初（1965 年）北京仅有约 340 人的设计团队。随着改革开放和轨道交通事业的发展，设计团队人数翻了几番，仅北京市的轨道交通设计人员已有三四千人。作为国内首个设计和建设轨道交通的城市，北京市拥有强大的设计和研究力量，多年来培养了一大批设计骨干、专家，他们用丰富的设计经验为北京乃至全国城市轨道交通建设服务。随着市场的开放，国内多家轨道交通设计单位进入了北京市场，为轨道交通的发展增添了活力。开拓国际市场。在完成北京轨道交通设计的同时，强大的北京设计团队还努力进军国际市场。1996 年承担了伊朗德黑兰地铁一、二、三期总体设计工作，2002 年又先后承担了越南、埃及、斯里兰卡、迪拜等国城市的轨道交通的前期研究工作。轨道交通工程设计走出了国门，并且积累了经验，锻炼了设计队伍。

### （二）智能交通技术得到广泛应用

改革开放以来特别是近几年来，北京市按照"一个共享平台、七个应用领域"的智能交通技术应用工作思路，全面推进北京市"十五"智能交通系统示范工程建设。至 2008 年奥运会前，除建成启用了现代化的公安交通指挥中心等道路交通安全管理系统外，我们在公共客运管理方面，建成了公交运营组织与调度系统、公交车辆抢修救援调度系统、轨道交通路网指挥中心、交通客服中心、出租汽车调度及信息采集系统、省际长途综合客运枢纽信息系统；在公路交通管理方面，建成了北京市高速公路电子收费系统和高速公路监控系统；在综合交通管理方面，建成了北京市交通综合信息共享平台与综合信息服务系统、交通应急指挥系统等。智能交通技术的应用，提高了交通现代化管理水平和交通运营效率，不仅为奥运会赛事交通服务，而且面向公众出行、为交通行业管理和政府决策提供信息服务。公众出行可以通过GPS卫星定位系统实时了解路况，可以通过交通服务热线咨询反映问题，可以通过网络订购长途客运车票等，政府管理部门可以通过指挥调度系统掌握路况指挥交通，可以通过数据采集系统搜集处理分析交通运行状况，掌握动态信息，可以通过信息显示屏等发布实时交通信息，为公众出行服务。

以下重点介绍公共电汽车调度和地铁运营管理科技发展情况。

1. 公交调度系统建设

公交运营管理一直是公交信息化建设的核心内容，是车辆定位、无线通信、自动控制、计算机、地理信息系统等技术在北京公交调度管理工作中的综合应用，旨在能够提高计划编制能力、调度监控能力、安全管理能力、应急反应能力，获得真实准确的运营生产数据，为公交运营管理体制和机制改革、运营组织模式和业务流程优化提供支持，有效提升运营服务质量、运输效率和乘客信息服务水平。公交运营管理的信息化，是实现公交管理优秀的重要突破口，对于保证公共财政支出发挥最大的效用，让乘客得到实惠，使公交便捷性、安全性、舒适性、经济性得到进一步体现，有着重要作用。公交集团根据不同阶段的运营管理需求建设了多个系统，全面

北京公交调度指挥中心大楼

提高了北京公交的运营调度指挥水平。

1999 年建成了公交调度指挥中心。建立了大屏幕显示系统,在奥运会前期对公交调度指挥中心进行了改造,在基础建设和功能应用上都实现了重要的提升,已成为公交集团日常调度管理、大型活动指挥和应急指挥总中心。目前已实现对公交集团所有安装有卫星定位设备车辆的动态监控、对车站、场站等视频监控点的图像调看、对外信息发布、应急指挥中枢等功能,为公交集团的日常调度管理、大型活动指挥和应急指挥管理提供了重要的辅助支持。

2003 年完成了北京公交燃料运输车辆监控管理系统。在 72 辆油罐车、气罐车上安装了 GPS 定位(GSM 语音)设备,能实时监控车辆位置、运行速度及其运行线路,对重点车辆进行跟踪监控。加强了危险品运输车运营过程的控制管理,大大提高了安全性和运营效率。

2004 年完成了北京公交抢修救援调度中心系统。在 40 辆抢修车上安装了 GPS 定位设备(GSM 语音)和数字集群终端,集中管理、统一调度,有效地提高快速反应能力,提高了救援工作效率,有效降低了故障车对公交运营生产和道路交通的影响。

北京公交调度指挥中心

2004年完成了动物园公共汽车枢纽站运营调度管理与乘客信息服务系统建设。该系统是2004年市政府为市民办的56件实事之一，是北京市重点工程和奥运规划项目。实现了枢纽站进驻线路的集中管理、智能化调度，主要功能包括车辆识别、智能调度、电视监控、有线广播、有线无线对讲、乘客引导、发车显示、触摸屏查询等。动物园枢纽站运营调度管理和乘客信息服务系统已成为一种标准模式，将推广应用在东直门、西客站等枢纽站建设中。

北京公交集团公司救援车

动物园枢纽站集中调度

2006 年完成了南中轴路大容量快速公交(BRT)智能系统建设。实现了运营计划计算机编制、运营车辆实时监控、车站数字图像监控、计算机辅助实时调度、乘客信息服务、公交车路口信号优先、IC 卡售检票等功能。由于采取计算机调度、享有专用路权和信号优先等智能应用,运营速度提高 50%,车辆周转加快,运营成本降低,缓解道路拥堵状况,使有限的道路资源得到充分利用。南中轴路大容量快速公交(BRT)智能系统建设已成为一种标准模式,被推广应用在安立路、朝阳路等其他北京快速公交网络的建设中。

微波读卡车辆进出识别

2004—2006 年,进行了多次公交车路口信号优先实验。其目的是减少公交车辆的延误,缩短乘客出行时间,提高公交服务水平,公交方式出行的吸引力,减少社会交通压力,该成果应用在了南中轴大容量快速公交(BRT)智能系统建设中。

2007 年完成了中意 ITS－TAP 项目的子系统——“中意合作安宁庄调度示范站”建设。通过吸取国外成功经验,结合北京公交的实际情况,建设包括 1 个运营调度中心、200 套车载系统、3 个场站数据采集系统、20 个电子站牌、6 条示范线路功能完整的示范系统,以达到提高运营组织与调度水平、信息服务水平、管理水平的目标,为今后的推广摸索经验,目前运行状况良好。

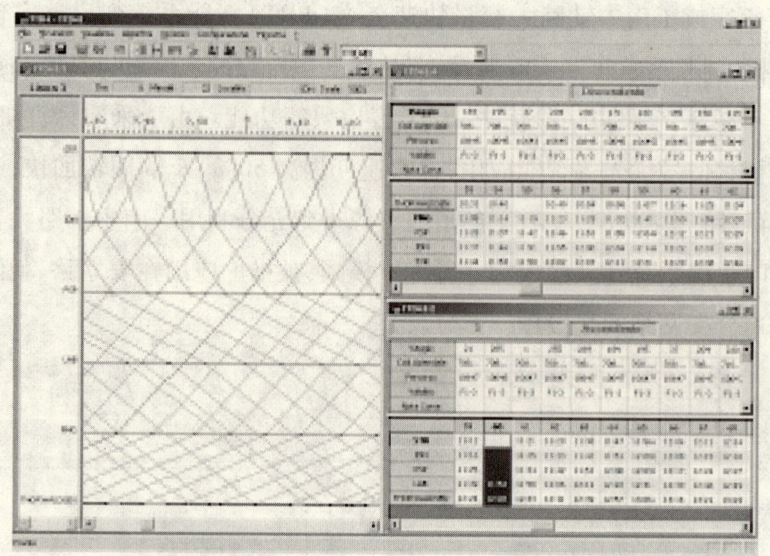

运营计划编制界面

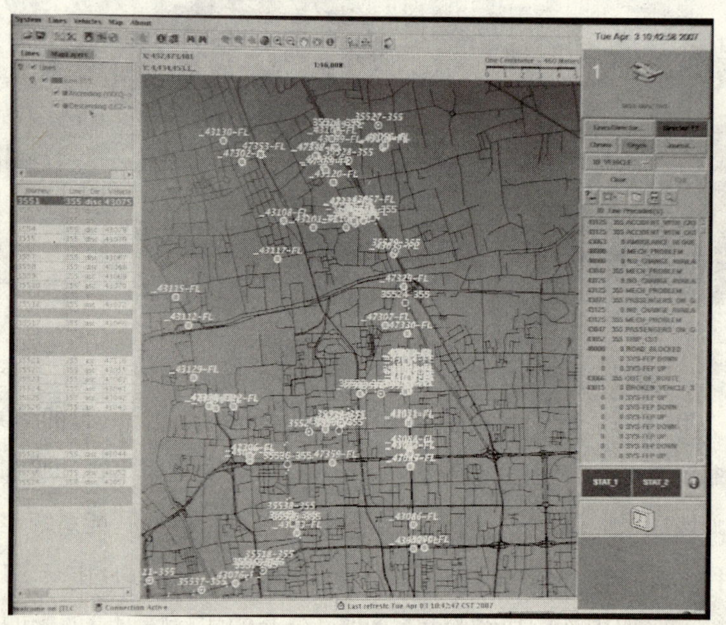

调度监控界面

2007年开始建设公交集团三级运营组织与调度系统。该系统是公交集团第一个全面规划建设实施的运营组织与调度系统，采用纵深三级的管理体系结构，即覆盖了总公司、核心运营分公司和车队的三级管理。为提高公交运营组织的效率，充分利用公交资源，进行了工作流程的调研和分析、归纳、总结、整合，系统分析现有和未来发展的需求，进行业务流程和数据标准化，结合 GPS 定位系统和 IC 卡识别系统来实现运营组织管理电子化。建设了三级管理体系中一体化运营组织与调度系统，覆盖了运营组织、调度管理、安全、服务、技术管理等核心业务，实现自上而下的控制与自下而上的信息流向的信息管理机制，从而为领导决策层、职能处室提供准确而及时的运营信息资源，便于决策者洞察公交系统的运营组织状况，为及时优化公交资源配置、统一调度等提供分析、决策的基础。

为完成奥运任务，2006 年底开始建设奥运公交智能调度系统。建设规模和内容主要包括 1 个奥运调度总中心、5 个奥运分调度中心、服务于 T5 群体的 34 条奥运专线、配备 2000 辆装有 GPS 车载设备的车辆和 1 辆指挥车系统，该系统在 2008 年 6 月完成，主要解决像奥运会等大型活动期间及突发事件出现大客流集散的交通问题，在提供安全、舒适、可靠、快速的公交运输服务同时，降低大型活动对公交日常运营的影响。

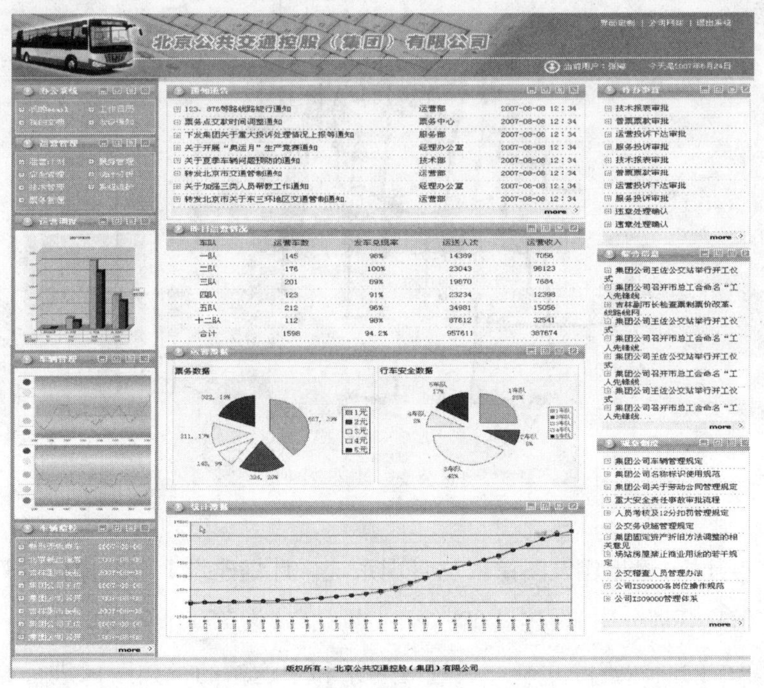


主界面示例

| | 运营生产管理 | 安全管理 | 服务管理 | 技术管理 | 票务管理 |
|---|---|---|---|---|---|
| 集团管理系统（决策层） | 线路审批<br>应急调度 | 违章接口<br>事故审批 | 投诉管理 | 车辆审批 | IC卡接口 |
| | 综合统计分析 | | | | |
| 分公司系统（管理层） | 开调延线<br>调度管理<br>站务管理<br>运营稽查<br>运营投诉 | 安全投诉<br>司机违章<br>安全事故<br>安全稽查<br>安全预防 | 服务稽查<br>服务投诉 | 车辆管理<br>资源管理<br>技术投诉<br>技术稽查 | 普票管理<br>无人售管理 |
| | 综合统计分析 | | | | |
| 车队系统（执行层） | 行车计划<br>显示系统<br>劳动排版<br>首末站系统<br>实时调度<br>刷卡系统<br>GPS/GIS | 安全投诉<br>司机违章<br>安全事故<br>安全稽查<br>安全预防 | 服务稽查<br>服务投诉 | 车辆管理<br>资源管理<br>技术投诉<br>技术稽查 | 普票管理<br>无人售管理 |

业务功能模块

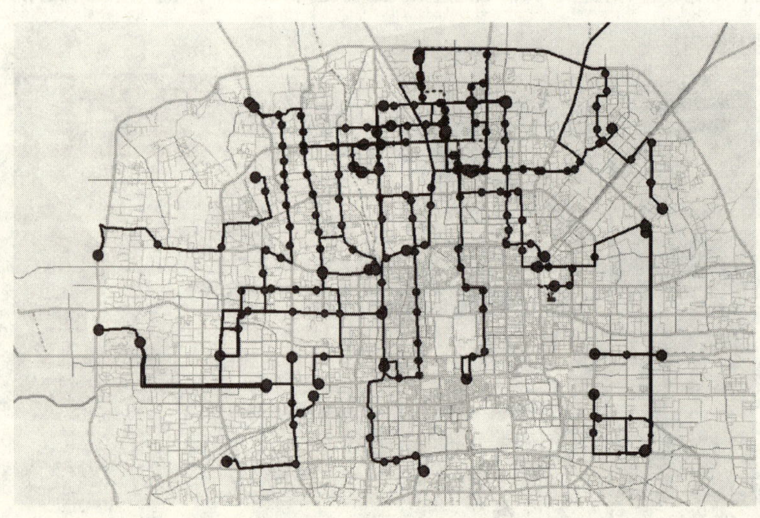

奥运公交专线示意图

2007年开始，逐步建设图像信息管理系统。计划建设1个图像信息管理中心、11个图像信息管理分中心、建设60个公交场站、建设750个公交中途站、实现与政府和相关单位的图像资源共享。通过对场站和中途站的视频图像进行监控，可以有效掌握客流、运营和安全情况，为调度指挥、安全管理提供支持。

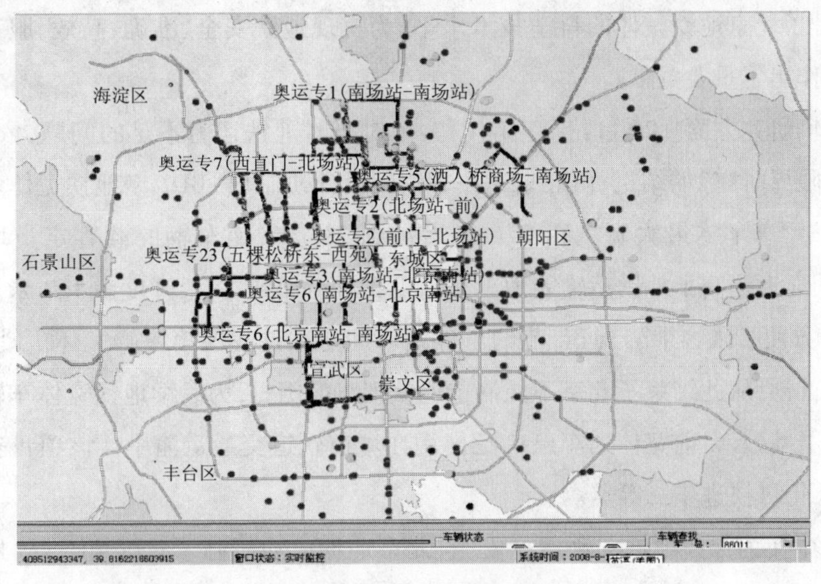


奥运公交智能调度系统监控界面

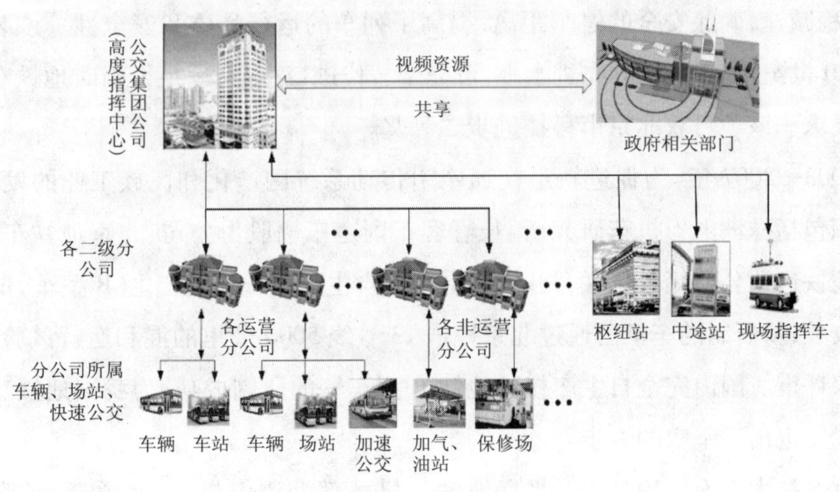


图像信息管理系统框架图

2. 地铁运营管理技术

改革开放30年来，为推动北京地铁事业的发展，广大地铁科技人员在标准、设备运行、安全运营、服务质量、运输能力、环境保护等方面，先后组织开展了近千项科技攻关和技术研究，大大提高了北京地铁运营的安全性、可靠性、高效性和舒适性，提升了北京地铁整体的科学技术水平，为实现地铁安全、准确、高效、服务的运营宗旨作出了重要贡献。

车辆研究方面。20世纪90年代初，针对当时地铁运力不足的问题，依据“北京地铁限界研究”的结论，由北京地铁车辆厂设计研制出“BD1型地铁宽体电动客车”。该型车车体最大宽度由2.6米增加到2.8米，使车辆的载客定员增加了20%，明显地提高了地铁运输能力。车门由3对增加到4对，开度由1.2米加大到1.3米，方便了乘客乘降列车，节约了停站时间。这是我国第一辆宽体电动客车，属国内首创，从此结束了北京不能制造地铁列车的历史，为后续地铁宽体车辆的制造奠定了基础，目前宽体列车已广泛使用在城市轨道交通运输中。该项目获北京市1992年科技进步二等奖。

1991年为保证地铁车辆运行安全，北京地铁成功研制了我国第一台“地铁动车组自动防滑装置”，该装置能有效防止列车制动时因制动力瞬时过大而引起的轮对擦伤，消除伤轮运行对车辆部件和轨道设施的进一步损害，并能有效利用轮轨黏着，平稳减速，确保安全的停车距离，提高了列车的运行品质和安全性。该装置技术居20世纪80年代国际先进水平，可完全替代进口产品，满足了当时地铁车辆的使用要求。该项目获北京市科技进步二等奖。

2003—2007年，为促进轨道交通牵引传动系统国产化和民族工业的发展，国家组织包括株洲电力机车研究所、长春客车国道车辆股份公司、北京地铁车辆厂、北京地铁运营公司等单位联合开展具有完全自主知识产权国产化(B型车)的项目研制攻关，新研制的车辆已通过北京地铁13号线5000公里的混和运行试验，并通过专家评审。国内完全自主产权的地铁B型车辆的研制成功，为我国地铁车辆国产化发展迈出了坚实的一步。

供电技术方面。1981年，北京地铁与机械部湘潭电机厂、铁道部、长春客车厂、北京城建设计院等单位开展了“北京地下铁道主保护系统”研究工作。该研究通过短路试验，并结合以往供电和车辆开关试验结果的分析得出了符合实际的地铁牵引供电回路的电气参数，推导出了整流电路和双边供电时直流短路电流计算公式、地铁短路电流参数、牵引变电所和车辆主保护方案及参数，实现了变电所与车辆主保护的协调配合，提高了列车运行质量，基本解决了地铁直流牵引电路系统的走电失火问题。该成果获北京市科技成果二等奖及建设部科技进步二等奖。

1990年，由北京市地铁设计研究所与地铁供电段共同研究开发，将一起工程牵引变电所内的两台牵引变压器改接于同一千伏母线上，并将其中一台由△/Y结线改为Y/Y结线，与另一台变压器组成等效12相整流，不设平衡电抗器，从而达到了国家对治理电网谐波的要求。此种消谐方案为中国第一次采用，它可节约投资450万元，节约牵引用电2% -3%。

1992年，北京地铁设计研究所开发出“地铁牵引计算、供电计算仿真软件包（QYGD -1）”，在国内首次实现了利用计算机完成地铁牵引供电有关基础数据的计算分析。该软件通过对牵引和供电系统完整的计算与数据分析，进而确定列车运行的动态过程和供电系统各电量的动态变化规律，实现快速、准确、全面地进行多方案比选，并提供相关的定量设计依据。该项目获建设部科技进步三等奖。

信号技术研究方面。1992年，在北京地铁环线调度集中设备老化，故障率高，已经影响行车指挥的正常工作。在这种情况下，北京地铁与中国电子系统工程公司合作，在地铁环线尚不具备全面技术改造的条件下，完成了“北京地铁环线SSC -1型微机调度系统”的过渡改造工程。该工程采用了新研制开发的国内第一套由微机监控的地铁调度集中自动化系统，此系统具有车次跟踪和传递显示、实时运行图显示和绘制、数据自动记录及各种运营指标自动统计功能，实现了对地铁环线18个车站和太平湖车辆段进行集中监视和控制。满足了北京地铁环线当时的行车指挥需要，提高了地铁调度集中设备系统的技术水平，为开发国产行车指挥自动化设备系统积累了经验。该项目获北京市技术进步一等奖和国家科学技术进步三等奖。

2003年，北京地铁与北京全路通信号研究设计院联合，共同完成了“北京地铁DT -1型计算机联锁系统研制。该项目集计算机、网络通信、数字信号处理技术于一体，首次在国内城市轨道交通系统中将计算机区域联锁功能和列车超速防护编码功能结合在一套系统中，大大提高了国产城市快速轨道交通信号系统联锁设备的安全性、可靠性、适用性和综合技术水平。该项目获北京市科技进步二等奖。

通信技术方面。2000年，地铁公司通号段完成了“北京地铁行车闭路电视监视系统光端机研制”项目的研制工作。该光端机是北京行车闭路电视系统中必不可少的核心设备。项目的开发成功，有效地解决了北京地铁一号线原引进英国光端机备品没有后续供应的燃眉之急，使北京地铁行车闭路电视系统的正常运行得到保障。该项目获北京市科技进步三等奖。

2005年，由北京地铁通号公司与天津市渤海欧立电子有限公司合作，完成了“地铁新型数字化网络广播系统研制”项目，作为地铁专用通信系统的子系统，由中心设备、车站设备、车辆段（车场）设备、传输系统接口及便携式维护终端组成。该广播前级信号采用音频数字处理技术；数据采集及通信全部采用I2C及单片机技术；适用于SDH、OTN、ATM、以太网等不同模式的公共传输网，开发出点对点、一点对多点等多种专用接口，实现了全系统数字网络化。该系统还首次采用全模块化结构，不仅可对系统规模及功能进行灵活配置，同时易于维护，便于升级扩展。该技术已在全国多条轨道交通广播系统中使用。该项目获北京市科技进步三等奖。

线路技术方面。1989年12月，北京地铁与铁道科学研究院铁道建筑研究所合作，研制成功了中国地铁第一辆自动化DGJ-1型的地铁轨道检查车。该检查车运用了光电、惯性、陀螺平台、加速度自动补偿、数字信号处理、模拟数字混合处理、振动测量、CCD摄像原理和车载计算机实时采集、分析处理系统等一整套先进技术。它可以对地铁轨道16项参数进行综合性动态自动检测，使线路维修从定性管理转向定量管理。此技术比引进国外同类设备节约了207.5万美元，每年节约维修用工86.990工日。该成果获1994年北京市科技进步一等奖，获1995年国家科技进步三等奖。

1990年，北京地铁工务段与上海申都超声电子研究所合作，研制成功小半径曲线钢轨探伤探头。该探头在钢轨超声波探伤中消灭了400米以下小半径曲线钢轨探测盲区，提高了灵敏度和信噪比，在国内铁路和地铁钢轨探伤中得到全面推广应用。该成果获1994年北京市科技进步三等奖。

机电技术方面。2001年，北京地铁与北京交通大学合作，开展了“北京地铁复八线环境控制系统的测试及分析”研究，该系统主要任务是针对北京地铁复八线采用的环境控制系统新模式进行有效性测试分析。根据通风空调系统温度、活塞风效应、动态空气环境、烟气流动、节能运行等参数的测试原理测定各项数据参数，并根据测试数据进行处理、分析、数值模拟计算，同时提出了通风空调系统节能运行的措施。通过对系统各类参数的测试、分析，进一步掌握了地铁复八线实际环控系统的运行情况，推动了北京地铁环控系统的经济运行工作，在一定程度上降低了运营成本。此项目中采用的新方法和提出的一些新观点在北京地铁既有线和新线已推广应用，并对全国其他城市地铁环控系统设计、设备选型和运行模式的确定也有一定的借鉴意义。该项目获北京市科技进步三等奖。

2004 年，针对韩国大邱地铁火灾，北京市地铁运营有限公司、北京工业大学及北京市劳动保护研究所共同合作开展了“北京地铁火灾安全技术评价和应急响应系统研究”课题研究，通过对北京地铁车辆、设备、建筑等火灾安全危险和危害因素进行辨识和评价，结合北京地铁乘客的典型行为特征以及典型车站结构特征，利用计算机模拟技术、现代测试技术和计算机软件开发技术，研究地铁系统的烟气控制及人员安全疏散的模型及规律，建立北京地铁火灾应急防救灾保障体系，并编制相应的应急预案演练计算机仿真软件。该项目研究成果对地铁火灾的防救灾科学研究、老线通风排烟改造、地铁新线防灾系统设计及现行地铁规范的制定和完善等方面均具有重要的指导意义。该项目获 2007 年北京市科技进步三等奖。

运输组织方面。1991 年，北京地铁公司完成了建成通车以来规模最大、内容最全的客流调查分析，共调查统计数据 700 多万个，经计算机统计、分析，获得近 8 万个有价值的数据，较全面地掌握了当时北京地铁客流的变化规律，并在此基础上，合理的编制了运营计划，为调配运力提供了可靠的依据。

1993 年，北京地铁总公司完成了“地铁西单站客流预测及运输组织方案”，对地铁西单站开通后的客流变化规律及西单地区公交线路客流的变化情况进行了反复论证，并据此制订出合理的客流组织方案和列车运行图，为复兴门至西单建成后投入正式运营奠定了基础，该项目在 1993 年获建设部科技进步三等奖。

1995 年，北京地铁设计研究所与北京交通大学合作，共同完成了“地铁运输通过能力计算机仿真软件包研究”项目，该软件包采用先进的计算机仿真技术，通过建立地铁列车动态运行的仿真模型，对地铁列车、信号、线路条件、线路折返能力等进行了模拟仿真试验，对地铁运输通过能力的各种影响因素进行了综合分析，并取得了重要的成果，该成果对提高地铁的运输能力起到了积极作用，并在多条地铁线路设计中得到应用。该项目获2006年北京市科技进步二等奖。

环境保护技术方面。为消除地铁洞内石棉粉尘的污染,减少导电粉尘对电器设备绝缘的破坏,1989年,北京地铁古城车辆段与铁道部科学研究所、张家港市振业橡胶总厂合作,研制出具有国际先进水平的"TK-82型地铁无石棉高磨合成闸瓦"。该闸瓦材料不含强致癌物质——石棉及金属组元,且具有制动性能好、耐磨、制动噪声小,无刺激性气味等特点,导电粉尘也大为降低,其主要技术指标优于含石棉闸瓦,不仅为改善地铁环境质量创造了条件,而且提高了地铁列车制动闸瓦的制动性能。1991年底,该项技术已在地铁电动客车中进行全面的推广使用,该项目获1990年北京市科技进步二等奖。

1991年底,北京地铁设计研究所与兰州铁道学院合作完成"北京地铁列车振动响应研究"。在现场测试、频谱分析、计算机模拟的基础上,针对地下、高架线路的周围土体体系对列车载荷的动态影响进行了分析,为判定地铁列车在运行时其振动对周围环境的影响程度提供了科学依据。该研究填补了国内空白。获1992年北京市科技进步三等奖。

技术标准方面。30年来,北京地铁公司承担了多项国家和行业标准的编制工作,主要包括:《地铁杂散电流腐蚀防护技术规程》、《城市公共交通客运服务—城市地铁》、《地下铁道照明标准》、《地铁客运服务标志》、《地铁车辆通用技术条件》、《地下铁道电动客车司机室、客室噪声限值》、《地下铁道电动客车司机室、客室内部噪声测量》、《地铁直流牵引供电系统》、《地下铁道车站站台噪声限值》、《地下铁道车站站台噪声测量》、《地下铁道车辆组装后的检查与试验规则》、《地铁运营安全评价》;参编了《城市轨道交通技术规范》、《城市轨道交通接触轨系统技术规范》、《城市轨道交通直线异步牵引电动机基本技术条件》、《城市轨道交通安全防范通用技术规范》等。其中多项标准获北京市科技进步奖。这些标准的制定,为城市轨道交通行业的健康发展和规范化起到了至关重要的作用。

1978-2008年期间,北京地铁科技创新随着科学技术进步和轨道交通行业的发展步伐一步一步不断前进和进步,为北京社会的发展和行业的发展起到了推进作用。北京地铁尽管在车辆、通信、信号、线路、供电、机电、运输能力及软科技研究等技术领域取得了突出的成绩,促进了地铁运营各项事业的大力发展,但与高标准、高质量的要求还存在一定的差距。随着地铁网络化运营时代的到来，在网络运营管理模式、网络运营安全保障、网络化运营资源共享、网络化服务质量保证体系、网络化运营标准、规范体系、网络化运营的政策环境等方面所带来的新问题还需要我们不断探索和研究。继续坚持以企业为技术创新主体，强化企业科技主导作用，继续开展重大科技专项的攻关，集成资源，实现重点突破，为地铁科学技术的健康发展和安全运营作出贡献。

**（三）应用市政交通一卡通**

2006 年 5 月 10 日，北京市在公交、地铁、出租等行业全面推广应用市政交通一卡通系统，截至 2008 年 6 月，共发卡 2136 万张，系统累计处理交易 71 亿笔，目前日交易量最高在 1400 万笔以上。

1. 公交项目

在 2006 年大规模开通的基础上，2007 年 1 月 1 日完成了公交集团及 8 个客运分公司、祥龙公司、原巴士公司、畅达通（BRT）公司取消月票实现 2、4 折票价优惠的改造。2008 年 1 月 15 日，八方达公司及远郊区县同步实现由 8 折改为 2、4 折优惠。

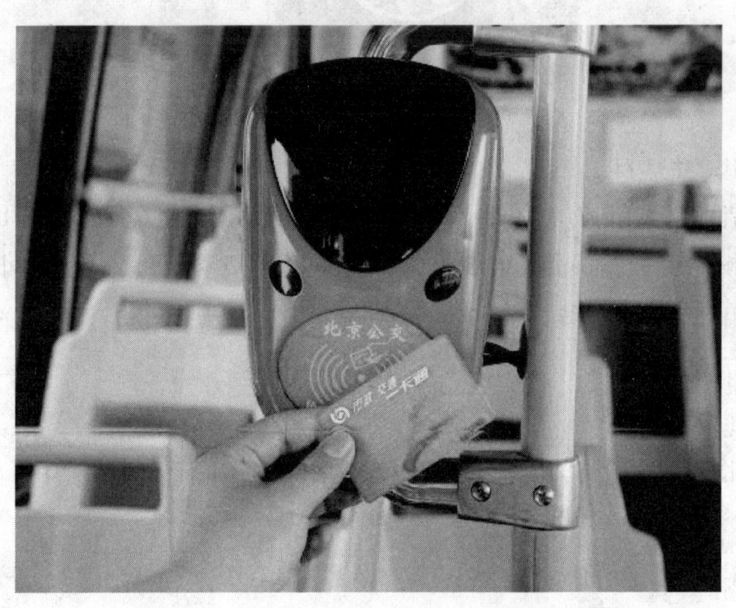


公共电汽车市政交通一卡通读卡器

2. 地铁项目

地铁1、2号线、13号线、八通线于2006年5月10日开通市政交通一卡通系统，地铁5号线、10号线1期、奥运支线、机场线分别在各线开通时同时开通市政交通一卡通系统。目前，地铁各线路市政交通一卡通系统运行稳定，自动售检票系统(AFC系统)也正式启用。

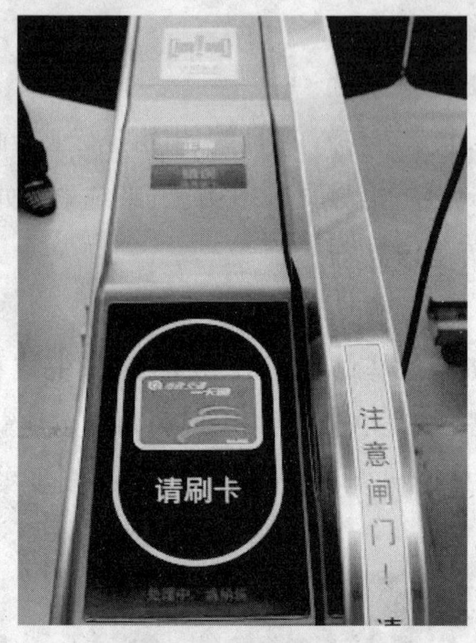


地铁市政交通一卡通读卡器

3. 出租汽车项目

新建结算分中心17个，行业分中心1个(234家出租汽车企业共用)，数据采集点181个，公共数据采集点478个，开通14家大型企业和234家中小企业应用一卡通出租结算管理系统，实际开通可使用一卡通刷卡的250家企业的出租汽车超过了6万辆。

4. 高速公路项目

建成北京市属10条高速公路一卡通应用环境，并于2008年6月30日全面开通。

5. 驻车换乘停车场项目

建成开通国内首家驻车换乘停车场(P+R)——天通苑驻车换乘停车场一卡

出租汽车市政交通一卡通读卡器

通收费系统，该系统与地铁 5 号线同步开通，是国内首例驻车换乘停车场。

6. 停车咪表项目

建成 1000 个市政交通一卡通路侧停车咪表车位，并于 2008 年 7 月开通运营。

除交通领域外，一卡通系统还向其他领域积极拓展和推进。一卡通公司与市教委合作，发行了 150 万张具有一卡通功能的中小学生学籍卡，实现了学生学籍的电子化管理。2006 年 10 月，一卡通系统在新影联院线下属的 22 家影院实现一卡通卡付费。2006 年 12 月 31 日，八达岭高速公路和京津塘高速公路部分收费站点开始启用高速公路电子不停车收费试验系统。2007 年 12 月，一卡通进入北京市 16 家公园景点，替代公园纸制年票，实现刷卡入园。奥运期间，市政交通一卡通公司还积极向小额消费领域拓展市政交通一卡通的使用。截至 2008 年 9 月，可使用市政交通一卡通消费的商户已达到 665 个、2093 个门店，涉及快餐、超市、书店、药店、医院、蛋糕房、美容美发、电影院、电话亭等行业。

### （四）全面推动电子政务建设

为满足转变政府职能、加强政务公开的需求，遵循“五个整合”的推进思路：整合基础资源信息，实现交通管理数字化；整合政务服务事项，提高公共服务水平；整合企业经营信息，加强政府对行业的监管；整合交通应急事项，提高政府应急处置能力；整合内部业务事项，提高政府工作效率等方面，全面推动电子政务项目建设。

在电子政务网络建设方面，依托北京市政务专网，市交通委网络已覆盖市交通委、市路政局、市运输局、市执法总队机关以及相关下属单位，主干带宽不低于100M，统一的互联网出口达20M。交通委办公大楼的网络采取两层架构设计，实现链路冗余和负载均衡；两台电信级的核心交换机支持双处理引擎以及冗余电源配置；楼层交换机全部采用三层交换机；广域网访问设备采用转发性能在1.5－5M和具有分布式体系架构的高端路由器。

在政务公开方面，开发了功能较为完善的市交通委(含市路政局、市运输局、市交通执法总队)网站群，围绕提高政务公开和公共服务能力，网站栏目经过多次优化调整，设置信息发布类栏目45个、在线服务类栏目20个，成为市交通委政务公开、公共服务及与社会沟通交流的重要渠道，并获得了2006年市政府“优秀网站奖”。

在办公自动化方面，全面推广使用统一的办公自动化(OA)系统，实现了市交通委公文处理及所属三级单位之间公文流转的电子化、自动化。系统提供的短信、电子邮件、个人办公等功能，为各级工作人员的日常办公和沟通、交流创造了便利条件。

在网上审批方面，建成了市交通委统一的行政许可审批服务平台。结合交通行业范围广、业务复杂的特点，完善和优化了基础应用平台，实现了网上审批、业务管理、数据迁移等功能，进行了应用接口开发和技术培训，基本实现“一口受理”、网上公示和部分事项的网上受理(办理)。同时，和市级审批服务平台、市监察等其他系统进行了对接，实现了办理结果在网站上的实时发布，强化了效能监察机制，为行政管理工作向“办理事项数量清、申办主体类别清、内部业务流程清、业务事项条件清、部门协同关系清、业务逻辑规则清、监督管理责任清”目标的迈进提供了支撑。截至2007年底，共处理各类业务近22万件。

在交通地理应用方面，建成了交通专用地理信息系统(GIS)基础平台，开发了地图发布、后台数据维护管理等支撑系统。制作完成专题图层42层，分为公路、城市道路、客运、货运、机动车维修与检测、停车场、其他交通服务等七大类，共采集了条线要素9000个、点要素18200个。

## 二、交通科技发展展望

科技发展要为交通发展战略服务，科技创新要紧紧围绕交通发展的中心工作进行。展望未来交通的发展，交通科技的发展要坚持以“三个代表”重要思想为指导，贯彻和落实科学发展观，按照“以人为本、需求引导、综合集成、强化创新、重点突破”的基本方针，全面实施“科教兴交”和“人才强交”战略，推进交通科技发展的战略性调整，提升交通事业的总体科技水平，为实现全面建设首都国际化大都市交通发展目标，提供强有力的科技支撑。

展望2020年，北京市将形成比较完善的支撑北京市交通发展的科技创新体系；交通运输管理技术适应交通现代化的要求，实现一体化、数字化和网络化，在自主创新和技术集成方面有重大突破；交通基础设施建设技术全面发展，养护技术水平有质的飞跃，达到国际先进水平；交通资源利用和环保技术全面提升，成为建设节约型行业和发展绿色交通的可靠保障；交通安全保障技术整体提高，在事故预防、应急反应等方面达到国际水平；交通决策技术水平明显提高，全面实现决策手段的数字化、可视化与科学化；建设一支具有国际竞争力的交通科研队伍，形成比较完整的科研梯队，全面提升交通行业全员技术应用能力。

### (一)支撑交通基础设施建设，提高运输能力和服务水平

未来20年，北京市交通需求总量还将成倍增长，提高交通运输能力和服务水平仍是交通发展的重点。道路、公路、轨道交通等基础设施建设的任务还很繁重，道路、公路的养护和危旧桥改造的任务也很艰巨，保障交通网络畅通、降低养护成本是未来交通发展面临的重大挑战。为此，需要不断开发应用新技术、新材料、新工艺和新结构，依靠科技进步，保障交通基础设施建设发展，提高建养品质和耐久性，降低全寿命成本。

### (二)进一步发展和应用智能交通技术，提高交通管理水平

随着交通需求的日益提高，交通出行量大幅增加。今后要依靠科技创新，继续推进智能交通系统建设，提高交通管理服务水平。继续整合交通信息资源，全面收

集公路、城市道路和公共交通、道路运输、停车、交通行政执法等交通行业管理信息，建立公众、企业和政府三方信息共享、实时服务的交通信息平台。继续推进行业科技建设和创新，客运方面，围绕车辆快速通行和公众出行，建立客运交通指挥调度和服务信息系统、停车诱导系统，货运方面，围绕第三方物流发展，建立面向货主、用户、车主的货物运输信息服务系统。

**（三）推动资源节约型和环境友好型行业建设，实现交通可持续发展**

实现交通运输的可持续发展，是新时期贯彻落实科学发展观的必然要求。我国资源相对短缺，生态环境比较脆弱，交通发展要占用一定的土地资源，消耗大量能源，面临着日益严峻的资源与环境约束。因此，要加强对交通行业科技研究的投入，树立循环经济理念，依靠科技进步，发展高效低耗运输装备，开发交通环保新技术，节约资源，减少能耗，保护环境，建立节约型交通行业，实现洁净运输和绿色交通。

# 第十章

# 国防交通建设

## 一、北京市国防交通管理体制

交通战备工作是国家国防建设和国防动员准备的重要基础性工作，是和平时期交通、通信领域国防交通准备的一项长期战略性任务。北京市交通战备办公室既是市国防动员委员会的办事机构，也是市政府主管交通战备工作的办事机构，依据有关法律和文件规定，履行相应的工作职责。

1978 年恢复成立至今，北京市交通战备办公室走过了一条光荣、曲折的道路。二十多年来曾多次获得国家、军队以及市委市政府的表彰和嘉奖，为北京市的国防动员工作做出了应有的贡献。

## 二、北京市国防交通法规建设

根据国家中央军委有关的法律法规，北京市制定了《北京市民用运力国防动员办法》，于 2007 年 11 月 8 日经市政府第 74 次常务会审议通过，以市政府第 198 号令发布，于 2007 年 12 月 20 日起实施。这是建国以来，北京市颁布的第一部国防交通行政规章，是北京市国防动员法制建设的一项重要成果。市交通战备办公室联合市有关部门转发了《国防交通资金管理规定》，为北京市交通战备工作走上法制化轨道奠定了坚实基础。

## 三、北京市国防交通基础设施建设和双向服务

在市委市政府的正确领导和市交通委员会的支持下，市交通战备办公室认真履行职能，国防交通网络建设不断完善。

延庆驻军某部门前道路竣工前 （市交通战备办供图）

2003 年以来先后协调解决了地铁、战备应急通信建设等多个交通通信基础设施问题。2005—2007 年，完成列入中央财政补贴和国家交通战备办公室下达的计划项目任务。2006 年起按照市委市政府“连连通油路”的重要指示精神，对驻京部队道路需求情况进行了全面摸底调查和现场勘察，列入计划的道路项目全部完成。

做好双向服务工作。协调解决了驻京部队多个单位的信号灯、公交站点设置问题，改善了部队出行条件。参与协调处理了一批重大工程中的军产拆迁和军用通信电缆改造问题，为地方交通通信建设的顺利进行创造了条件。

延庆驻军某部门前道路竣工后　（市交通战备办供图）

## 四、北京市国防交通动员准备

先后完成了国防动员潜力资料(交通部分)、国防交通地图、首都防空联合作战交通运输保障方案、北京市民用运力国防动员预案、国防交通专业保障队伍建设

国防交通专业保障队伍点验　（市交通战备办供图）

方案、交通战备各种应急保障计划等一系列交通战备保障方案。

国防交通专业保障队伍建设。多年来，北京市科学筹划，狠抓落实，建立了一批作风过硬、突击力强、素质优秀的保障队伍。2003 年抗“非典”期间，国防交通各专业保障队伍都发挥了重要作用。目前已初步建成了市级国防交通专业保障队伍。2008 年，北京市通信、交通运输、道路工程等专业保障队伍在南方冰雪、四川抗震救灾和奥运会、残奥会期间，出色完成了交通、通信各项重大保障任务。

2007 年 7 月，按照国家交通战备办公室的统一部署，在北京军区交通战备办公室和北京市国防动员委员会的领导下，在昌平区组织实施了北京市国防交通专业保障队伍整训点验活动。多支国防交通专业保障队伍参加了点训。中央军委、北京市领导和有关方面代表观摩了整训点验活动。

民用运力国防动员准备工作。依据国家法律法规，扎实推进首都民用运力国防动员各项准备工作。通过演练，提高了交通战备系统的快速反应能力，为做好各种情况下的紧急动员奠定了坚实的基础。

门头沟区民用运力征集演练 （市交通战备办供图）

国防交通物资器材储备。加强了战备储备物资的管理，调整了战备物资的储备布局。对战备钢桥实行入库保管，集中管理，统一调度，建设了功能完善的大型战备钢桥库;广泛开展调查研究,探索建立地方国防交通战储物资的新思路、新方法。

## 五、不断前进的北京市国防交通建设

自1978年改革开放以来,北京市的国防交通工作取得了长足发展。展望未来,北京市交通战备工作任重而道远。当前和今后一个时期,做好国防动员工作必须全面贯彻落实党的十七大精神,坚持以邓小平理论和"三个代表"重要思想为指导,深入贯彻落实科学发展观,认真贯彻落实胡锦涛总书记的一系列重要论述,围绕军事斗争准备需要,全面增强国防动员平战转换、快速动员、持续保障和综合防护能力,为维护国家安全、统一、稳定和发展提供有力保障。

# 第十一章

# 法制建设和行政执法

## 第一节 交通法制建设

改革开放30年来,北京市交通法制工作在"加强立法、完善制度、加强服务、强化监督"等方面,紧紧围绕全市交通工作重点,不断推进交通依法行政建设,在交通立法、执法各项工作中都取得了一定的成绩。

### 一、奠定基础阶段(1978~1990)

改革开放初期,社会经济发展逐步走上正轨,大力发展交通运输行业成为进行社会主义建设的重要保障。在搞好运输产业工作的同时,交通主管部门注意发挥政府职能部门作用,以组织合理运输为指导思想,开始抓建立法规体系,拟定交通运输行政管理有关规定,以做到各项工作有法可依。

1982年北京市交通运输局拟定了《北京市货运汽车管理规定》。1984年北京市交通运输总公司拟定了《北京市公路运输管理办法》、《公路路政管理办法》、修改了《公路养路费征收标准》。1985年北京市交通运输总公司组织草拟了《北京市公路货物运输管理暂行办法》、《北京市公路长途客运管理暂行办法》等六个法规规章，开创了北京市交通运输管理有法可依、依法办事的新局面。

1986 年《北京市公路路政管理条例》经第八届人大第 29 次常委会审议通过并颁布。为配合条例实施，市交通运输总公司先后拟定实施细则，《北京市公路路政管理条例实施细则》、《关于执行公路路政管理收费暂行标准》、《关于共同贯彻执行 < 条例 > 的工作联系办法》。北京市从无到有建立了三级公路运输管理站，组建 600 多人管理队伍，为今后执法奠定基础。

同年，根据国务院物价体制改革步骤和加强北京地区运输汽修价格管理。市交通运输总公司与市物价局共同拟定了《北京市汽车货物运价实施细则》，《北京市汽车修理行业收费标准和结算办法》，使价格与价值基本相适应，改革了“一刀切”运价和不合理计算办法，实行差别运价，为今后运价改革创造条件。

1987 年北京市交通运输总公司结合新颁布的《北京市汽车维修业管理实施细则》和《人力三轮车客货运输业管理办法》，组织完成了汽修行业摸底调查，对 1801 户汽车修理厂颁发了技术合格证；将全市人力三轮车统一了运输标志、运价、服务标准，纳入了依法管理轨道。

1988 年北京市交通运输总公司成立了法制部门，并逐渐在北京范围内建立了交通运输法制工作联系机构和设立了交通运输法制工作信息报告员，在全市范围内形成了法制工作网络。同时初步建立了法制工作制度，如执法统计月报制度，执法人员统计表报送制度，档案管理工作制度，定期学习制度等，为开展工作打下初步基础。

随着对执法工作的日益重视，逐步制定了执法人员守则，公开执法监督电话，建立了意见箱和群众来信来访接待制度等公开办事制度，广泛听取意见接受监督，提高了依法治运的管理意识。此外，通过合同运输试点工作，重点查处的非法经营、“货源倒”等违法行为，对非法经营活动进行了打击和处理，掌握了运输工具分布、结构和动态。

1990 年北京市交通运输总公司在“保稳定、迎亚运”思想指导下，为加强旅客运输的规范化、制度化，先后制定了《北京市旅客运输服务质量标准》、《关于外省市进京客运班车管理规定》，以及下发了整顿公路客运安全管理的通知。加强了对客运管理人员进行的法制培训、业务学习，使2500多名司机和2600多名售票员领取了“准驾证”和“服务证”，保持了司售人员相对稳定，使服务质量有所提高，确保了亚运会交通运输安全。

## 二、逐渐完善阶段（1991～1999）

进入20世纪90年代，北京市交通系统逐渐注重发挥政府行政管理职能，从法治层面促进行业发展，在立法、执法不同角度，采用多种方式提高行业管理水平。

1991年北京市交通局成立。本年开始实施的《北京市公路养路费征收办法》是北京市公路养路费征收工作的第一部地方政府规章。该办法的实施不仅有助于增强车户依法纳费的法制观念，创造良好的养路费征稽外部环境，保证北京市公路建设主要资金来源渠道通畅；而且在树立全体养路费征稽工作人员依法征费，严格执法的责任意识，促进征稽机构内部管理机制完善提高方面初见成效。

1993年北京市交通局制定了《北京市小公共汽车运营管理办法》、《北京市化学危险物品道路运输安全管理办法》、《北京市实施<汽车维修行业管理暂行办法>细则》。随着行政职能转变，市交通局在抓紧立法的同时，加强了行政执法和执法监督工作。开展了执法联合检查，对执法队伍建设，执法程序，规范执行情况做了检查，总结经验，提出了普法培训、法制例会制度。

1995年北京市交通局按照执法规范化和制度化目标，确定了104国道和首都机场路为文明建设样板路标准，并通过了验收。对全市21个车辆通行费收费站和18个公路征费稽查站进行了调整，切实加强了规划、建设和管理，做到了五统一（统一设置、统一管理、统一标志、统一名称和统一编号）。根据国家、市政府文件，成立了北京市交通局治理公路“三乱”办公室，研究提出全交通系统治理公路“三乱”工作计划，负责北京市治理“三乱”工作。组织开展了北京市辖区内“治理公路三乱工作”。

同年，全市交通系统开始试行交通行政执法人员的资格认证及管理制度，建立了交通行政执法人员登记制度，培训考核制度。执法人员须填写登记表，培训考核手册。

1996 年为使各级交通行政执法部门及人员认真切实履行执法职责，并做到经常化、规范化、制度化，提高依法行政的水平和效能。市交通局制定了《交通行政执法责任制实施方案》、《北京市交通局实施 <交通行政处罚程序规定> 细则》，《北京市交通行政规范性文件制度程序暂行规定》《行政规范性文件备案审查制度》、《北京市交通局交通行政处罚文书管理办法》，开始以聘请社会监督员为中心，逐步建立、接受社会监督制度。公开执法标准、程序、结果，自觉接受人大代表、政协委员、新闻舆论、社会监督员和人民群众的监督，设立举报电话，处理群众来信、来访。

1997 年北京市人大常委会颁布了《北京市道路运输管理条例》，市交通局完成了《北京市高速公路管理办法》和《北京市人力三轮车运输管理规定》的起草上报工作，加强了对马路修车、无证经营等的集中整治。加强了对票据结算的管理，对运输经营者的年检年审，开展了对货代经营者的资质认证，进一步规范了经营主体的资格。

1998 年以《公路法》和《道路运输管理条例》为重点，全市交通系统重新明确和理顺了交通行政执法主体，规范交通行政执法文书，组织执法人员考核。全年交通执法稽查 89995 起，处罚 36699 起，罚没款 1524 万元。

1999 年，北京市交通局发布了《北京市交通局实施 <行政复议法> 若干规定》，重点对建立集体领导决定制度，复议决定备案制度，以及机构建设、人员经费保障等问题做出规定。

## 三、高速发展阶段（2000～2008）

进入 21 世纪，随着交通系统体制改革，形成决策与执行相分离的管理体制，市交通委作为交通决策机构，一方面针对北京市地方交通法规体系还未全面建立的局面，以立法作为重点工作来抓，另一方面积极组织规范执法工作。

立法方面，一是解决国家和北京市在轨道交通安全运营管理方面存在的无法可依问题，在 2004 年制定并出台了《北京市城市轨道交通安全运营管理规定》这一政府规章；二是针对北京市城市道路管理的政府规章制定时间较早、不适应新形势的问题，在2005年对《北京市城市道路管理办法》这一政府规章进行了修订；三是配合公交票制改革和市政交通一卡通卡的推行，完成了《北京市公共汽电车车票使用办法》和《北京市地下铁道列车车票使用办法》的修订工作，四是为确保《公路法》、《收费公路管理条例》等法律、行政法规在北京市得到全面实施，解决北京市公路管理工作中的实际需求，颁布实施了《北京市公路条例》；五是按照市国防动员委员会的要求，颁布实施了《民用运力国防动员办法》。目前，北京市共有交通行政管理方面的地方性法规8部、政府规章22部。

根据《立法规划》确定的立法项目和时间进度安排，市交通委充分发挥各行业管理部门在立法工作中的积极性，同时开展了《北京市公共交通管理条例》、《北京市道路运输管理条例》、《北京市出租汽车管理条例》、《北京市公共停车场管理办法》、《北京市水域游船安全管理规定》的立法前期工作。

在具体立法工作中，不断总结、积累经验，创新工作机制，逐步形成了"四个坚持"的立法工作方法。一是坚持"抓住主要矛盾、突出首都特色"。立法不求大而全，而是围绕首都交通发展和行业管理中存在的主要矛盾开展立法，充分听取行业协会和企业的意见，力求解决实际问题。二是坚持"引入多元思维、发挥首都人才资源优势"。充分借助基层部门"实践多、经验足"、科研机构"资料全、思路宽"、上级立法机关"政策熟、方向准"的优势，创新立法理念，与基层执法部门、相关科研机构，以及国务院法制办、交通部体法司、市人大法制办、市人大城建环保委、市政府法制办的相关专家，共同组成"决策层＋执行层＋研究机构＋专家组"的"四结合"起草班子，充分开展相关立法工作，起到很好的效果。三是坚持"立法政研同步走"。在公交、停车、城市道路等立法工作中，法制部门与政策研究部门紧密配合，充分利用政策研究成果，收到了事半功倍的效果。四是坚持"部门合作共同立"。与市政府相关部门共同成立立法协调小组，实行跨部门联合立法，共同研究管理对策，起草、修改法规内容，在相关管理政策和管理环节上进行衔接，有效地提高了立法效率和立法质量。

为做好行政执法的规范工作，市交通法制部门在理顺执法工作机制的基础上，实施了"一二三四"工程，即打牢一个基础、规范两个行为、执行三项制度和坚持四个结合。

### （一）打牢一个基础——全面梳理执法主体、执法依据和执法职权

根据国家和北京市要求，一是组织对北京市交通系统行政执法主体、行政执法依据、行政执法职权进行了梳理。确认北京市交通系统具有行政执法主体资格的单位共 39 个，其中市级行政机关 6 个；法规授权的执法主体 32 个；依法受委托的组织 1 个。现行有效的执法依据有 125 部。具体行政执法职权共 342 项，其中行政许可 39 项，行政处罚 177 项，行政征收 5 项，行政强制 19 项，其他具体行政执法职权 102 项。二是细化分解并确定了交通系统各级行政执法主体所属执法机构和执法岗位的具体责任。三是配合市政府法制办梳理确认了市交通委系统具体代市政府行使的 4 项行政执法职权。

### （二）规范两个行为——通过案卷规范行政许可和行政处罚行为

在行政许可案卷规范方面，针对国家和北京市均没有许可文书填制和装订、归档的规范性要求，市交通委起草印发了《交通行政许可档案评查标准》（以下简称《标准》）。之后，将《标准》的宣贯作为交通法制工作重点，通过脱产轮训、培训小教员以点带面等形式，确保每一位许可人员掌握《标准》的内容和要求。通过《标准》的贯彻实施，北京市交通行政许可行为和案卷的规范化程度得到较大的提高。在行政处罚案卷规范方面，以加强事前指导为基础，坚持月度单位自查、季度上级抽查、半年系统评查和年终全面考评的工作方法，全面规范交通行政处罚案卷。自 2004 年起，交通系统的行政处罚案卷在全市年度综合评比中，已连续三年被评为优秀。2006 年，更是取得了全市综合考评第二名的好成绩。

### （三）执行三项制度——执法责任制度、评议考核制度和过错责任追究制度

市交通委在行政执法主体、依据、职权清理的基础上，印发了《关于进一步推进行政执法责任制有关工作的通知》和《交通行政执法责任制工作手册》，对各执法单位事权划分、规章制度建立、责任落实和监督监察进行了规范。提高科技执法、监管效能、社会效果三部分执法内容的考核比重，建立了内部评价、上级评价、相关部门评价、社会评价四位一体的综合考评体系，逐步实现由追求执法效率向注重社会效果的转变。

围绕执法监督，制定了《交通行政执法错案及过错责任追究制度》，通过案卷

评查、复议诉讼案件分析审查等方式对两局一队的行政许可、行政处罚案件进行监督,2005年起又率先建立行政许可监察系统和许可满意度反馈系统,进一步提高了对执法行为的实时监督能力。在促进执法水平提高的同时,有效维护了行政执法的公平、公正。

**(四)坚持四个结合——结合新法实施、典型案例、奥运筹办、执法证件年审开展培训考核**

一是结合新法实施,采取“三步走”的办法开展培训。第一步是通过自学找问题,组织执法人员自学,找出一线执法的难点、疑点问题;第二步是通过分析答问题,组织法制人员对难点、疑点问题进行分析,提出统一规范的意见,印发相关配套文件;第三步是开展培训讲问题,编写相关教材,组织全体执法人员开展培训,结合实际问题对新法规进行讲解,提高培训的针对性,力求解决实际问题。在交通部组织对北京市执行《道路运输条例》及其配套规章情况进行检查后,用“领导重视、基础扎实、执法规范、开拓创新、监督到位”二十个字,对北京市交通系统执行情况给予了较高评价。

二是结合典型案例开展执法培训。2006年起,市交通委组织所属单位对近年发生的典型案例进行了分析整理,从行政许可、行政处罚、行政措施、日常监管等方面对128个实际案例进行分析、筛选,确定了64个典型案例编撰成册,供执法人员学习。通过编撰案例,基层法制工作人员的业务水平得到了提高,通过学习案例,基层执法人员运用法规、依法行政的能力得到提高,收到良好效果。

三是结合奥运筹办开展执法培训。一方面,围绕奥运礼仪积极开展军体训练和礼仪培训,全面规范执法人员的仪容仪表,提高文明执法素质和执法技巧,适应奥运要求。另一方面,结合奥运交通环境整治要求,对执法人员进行了全面轮训,巩固执法人员法律基础、提高执法业务素质,做到“四熟”,即:法规内容熟、执法程序熟、文书填制熟、政策运用熟。

四是结合证件年审,对执法人员进行综合考核。每年年审前,对执法人员进行综合考核,通过答卷考试、责任制考评对执法人员业务素质、法规运用、执法规范等情况进行评定,根据评定结果确定考核等级。对考核不合格的执法人员,严格按照《交通执法队伍管理暂行规定》给予暂时收回执法证件,进行待岗培训直至合格的处理。

# 第二节　交通行政执法

## 一、发 展 历 程

改革开放30年来，北京市交通运输行业从计划经济走向市场经济，取得了迅猛的发展，交通行政执法工作从无到有，从小到大，从单一执法到综合执法，不断发展。

1985年以前，北京市交通运输行业实行的是部门管理。1985年5月北京市出租汽车管理处成立，1986年北京市公路运输管理处成立，1987年北京市汽车维修管理处成立，逐步将北京市出租汽车行业、旅游客运、公路货运、公路长途客运和汽车维修行业纳入行业管理。1991年4月，北京市人民政府颁布《关于取缔无照经营出租车的暂行规定》，标志着打击非法运营客运工作有法可依。

1992年5月，为加强对全市出租汽车行业的管理，市政府决定撤销北京市出租汽车管理处，成立北京市出租汽车管理局，对全市出租汽车行业和旅游客运行业依法进行行业管理。1993年5月北京市编办决定撤销北京市公路运输管理处和北京市汽车维修管理处，同时将原市公路运输管理处所属八个城区运输管理所升格为运输管理处；同年成立北京市交通局货运管理处、客运管理处和汽车维修管理处，作为市交通局内设机构。1995年，北京市成立市公共交通管理办公室，负责对全市的小公共汽车进行管理，承担对小公共汽车的行政执法职能。

2000年1月，根据国务院批准的北京市机构改革总体方案，北京市撤销北京市交通局、北京市出租汽车管理局和北京市公共交通管理办公室，并将分散在原市交通局8个城区管理处。原市出租汽车管理局和原市公共交通管理办公室的交通行政执法职能和执法力量一并进行整合，正式成立北京市交通执法总队，为新组建的市交通局所属副局级行政执法机构，负责全市公共交通、公路及水路交通行业的综合执法工作。具体承担全市交通行业行政执法的组织协调，依法对交通违法违章行为实施处罚；负责全市公路交通检查站执法管理工作；对远郊区县交通行政执法从业务上进行指导。

根据北京市政府对交通行业违法经营实施捆绑式执法的要求，市政府办公厅以文件的形式明确了北京市公安局公交分局、公安交通管理局、治安管理总队、工商局、旅游局、城管执法局在打击黑车方面的共同职责与合作关系，加强了彼此在公共交通行业共同实施行政执法的联系与合作。

2003年市交通委成立，下设交通执法总队，并明确了交通执法总队的执法主体地位和对远郊区县交通局处罚案件的复议实施管辖权，基本上形成了独立和相对集中行政处罚权的交通综合行政执法队伍，实施了执法依据、执法标准、执法程序、执法文书、执法管理制度和方式的统一。同期，交通执法总队完成了向国家公务员的过渡。同年7月，市交通委对两局一队内设机构进行统一调整，经北京市编办批复，总队6个机关处（室）和9个执法大队均调整为正处级。2007年12月，经市编办批复，交通执法总队所属事业单位通信管理处更名为北京市交通执法装备信息中心，经费形式由自收自支变更为全额拨款。

## 二、主要成就

改革开放以来，交通行政执法从无到有，从单一分散行业执法到交通行业综合执法，在规范行业市场秩序方面发挥了重要作用，特别是2000年北京市交通执法总队的建立，在全市交通运输环境和市场秩序监管中发挥了积极的作用，对于探索交通综合行政执法的途径和方式，提高交通行政执法效能做出了积极有益的探索。

### （一）整合了交通行政执法资源，市场监管力度加大

实施交通综合行政执法后，整合了全市交通运输领域的交通行政执法资源，执法队伍形成了合力，便于集中优势兵力，解决热点、难点问题，对交通行业市场监管的力度加大了。

一是能够统筹全市交通行业的市场监管和统一部署全市的交通行政执法工作，有针对性地解决热点、难点问题。如开展针对省际长途汽车超员载客的专项整治；危险化学品无资质运输专项整顿；汽车维修行业无资质修车的专项整顿；出租

汽车车容车貌的专项整顿等，都是在充分分析了全市交通运输领域的市场秩序情况后开展的，取得了明显成效。

二是交通行政执法人员维护一方秩序，保一方平安意识提高，执法力度加大。“春运”、全国“两会”和黄金周期间都要做周密的安排，把责任区域落实到基层和个人。

三是对大型的交通枢纽、场站能够根据任务的需要，集中力量实施全方位的、适时的监管。以首都机场为例，作为首都的窗口，它是出租汽车行业聚集的敏感地区，高峰时段，同一时间从停车场至航站楼前聚集的出租汽车高达1700余辆，营运秩序、驾驶员的动态、行业的稳定，都是一个需要高度关注的重点区域，行业监管任务十分繁重。今年奥运期间，总队在首都机场就部署了65人对地面交通运输实施全方位全时段的监管，充分体现了交通综合行政执法的优势。

2006年6月7日打击机动车非法运营
首都机场战役启动仪式　（交通执法总队供图）

四是保障了交通系统有一支“廉洁公正、业务精通、作风优良、纪律严明”的交通行政执法队伍，在监管和维护交通行业秩序工作中承担各种急、难、险、重任务，应对突发事件。如：防控“非典”工作和防控“禽流感”工作，在连续几次油价上涨问题上，总队及时地实施了应急预案，要求全市各执法部门的执法人员在执法工作中随时了解行业从业人员的动态,发现不稳定情况及时反馈,为上级领导决策提供一手材料,为确保首都的稳定作出了贡献。

由于交通运输行业综合行政执法力度的加大,自2000年8月总队成立以来到2007年底,共查处业内违法违章19.95万起,查处非法营运车辆5.79万辆,收缴罚没款3.7亿元。

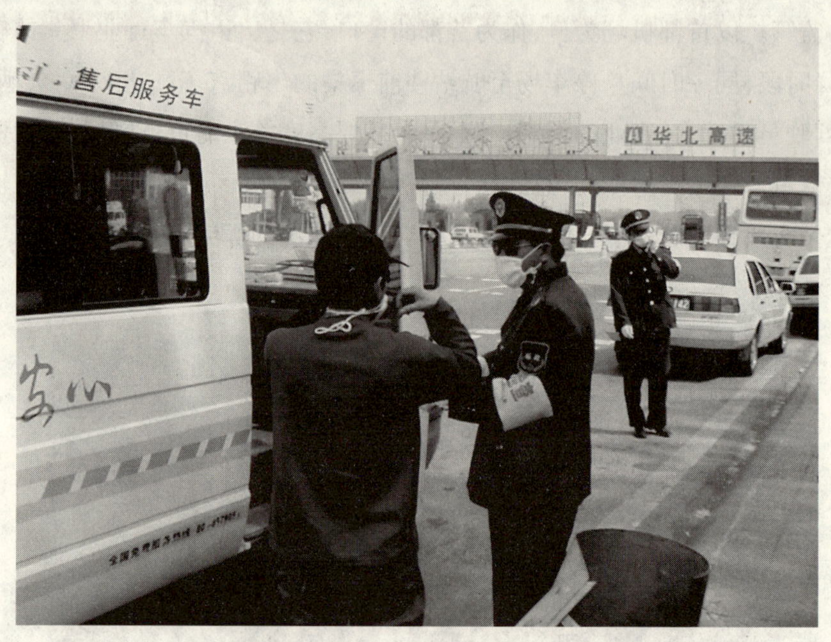


2003年"非典"期间执法队员在
大羊坊收费站检查过往车辆 (交通执法总队供图)

**(二)降低了交通行政执法成本,提高了执法效率**

一是行政机构减少了。过去每个交通行政管理机构都内含交通行政执法部门,总队成立后,由总队统一履行对交通运输行业的行政执法工作。

二是一支队伍能够对交通系统内的各个行业实施有效的监管,既节省了人力、物力,又减少舟车劳顿和执法扰民问题,提高了执法效率。

实行交通综合行政执法,从体制上保证了行政管理的决策和执行职能相对分开,行政执法职能综合统一。能够组织有力、行动统一、队伍专业、执法规范,降低了执法成本,提高了执法效率。1999年,原市交通局、原市出租汽车管理局和原市公共交通管理办公室三个单位共有执法人员600余人,同年共查处违章和"黑车"17257起,罚款706万元；总队成立后共有执法人员280余人，在2007年执法检查中共查处违章和“黑车”43000起，罚款9170万元。改革前执法人员是改革后的2.1倍，所查处的违法违章数却只是改革后的40%，罚款额仅为改革后的8%，执法效率明显提高。

三是交通行政执法的科技投入不断加强，市场监管的科技含量不断提高。2006年3月总队交通执法监控指挥系统投入使用，目前北京市交通执法总队所有执法车辆都安装了GPS卫星定位系统，执法人员全部配备了对讲机，执法大队违章处理大厅监控系统、执法监控指挥中心，交通执法处罚管理信息系统、执法监控车三辆等科技装备丰富了执法的手段，在执法工作中发挥了积极的作用。

**（三）建立了与相关部门的协调机制，加大了综合执法力度**

实施交通综合执法后，执法队伍壮大了，执法力量增强了，监管力度加大了，总队的作用得到了社会各界和相关部门的认可。几年来，总队充分利用这一点与相关部门建立了有效和谐的工作机制，综合治理北京市交通运输行业的顽症以及跨省市运输中出现的问题。在打击非法运输车辆的工作中，建立了由总队、市公安局公交安全保卫总队、市公安交通管理局以及市城市综合执法局联合执法的工作机制，截至2007年12月，查扣各类非法营运车辆5.79万辆，加大了打击力度。与市旅游局等部门建立了整治“非法一日游”的工作机制，有效地遏制了省际旅游汽

2008年5月统一砸没销毁非法运营车辆　（交通执法总队供图）

车、市内旅游汽车的违法运营、坑害游客的行为;与市工商局、市质监局建立了整治无证修车、使用假冒伪劣配件修车的监管工作机制,定期整顿汽车维修市场秩序;与市安监局、市交管局对危险化学品运输车辆开展专项整顿,防范发生安全事故;与华北五省市运管部门建立了交通行政执法的协作机制,就出租、长途、旅游等行业车辆在京运营问题、超员载客问题进行了协调,达成了一系列共识,在打击非法省际长途汽车工作中互通情况,相互协作,收效明显。

**(四)树立了交通行政综合执法的新形象**

实施交通综合行政执法,有利于对执法队伍的制度约束管理和实施有效的监督,有利于提高交通行政执法人员的素质和规范化执法水平。

通过不断的强化培训,总队交通行政执法人员的综合素质不断提高,内强素质、外树形象,执法为民的意识不断提高,总队在社会上的知名度和在交通运输行业的威信不断提高,规范行业服务、保护合法经营、打击非法的作用得到了社会的认可。第八执法大队被评为北京市"人民满意的公务员集体",便民电话中心被评为北京市和全国"三八红旗集体、巾帼文明岗"、北京市"青年文明号",交通执法总队也连续三年被评为"首都文明单位"。

## 三、发 展 展 望

交通综合行政执法是大势所趋,目前北京市的交通综合执法模式实现了决策与执行、管理与处罚分离的行政体制设置,降低了执法成本,提高了行政执法的效率和能力,基本实现北京市区范围内交通行政执法的统一。展望今后5-10年,将继续坚持交通行政综合执法,随着首都城市建设的发展而不断发展壮大交通综合行政执法力量,与公安、交管、城管和运输等部门沟通信息,积极协作、密切配合、联合执法,使交通行政执法工作更加准确有效,打击非法运营工作更有深度和力度;进一步加强对行政执法工作的管理与研究,破解工作中的一些难题;进一步加强执法队伍建设,努力贯彻科学发展观,实施科技强队,不断丰富和完善执法的手段和方法,实施人性化执法,规范执法,科学执法,文明执法,在首都经济和交通运输业的飞速发展中,在维护北京交通运输市场秩序上,交通综合行政执法将发挥更加积极和广泛的作用。

# 第十二章

# 奥运交通筹备与奥运交通保障

北京2008年奥运会是一次国际性的盛会，有全世界204个国家共同参与。依据《奥运申办报告》，奥运交通服务的总体目标是："保证奥林匹克大家庭成员、媒体、贵宾享用舒适、安全、准点、可靠、快速的专用车辆和专用交通线路，保证观众及时、安全、顺利观赛；提倡和鼓励使用公共交通，最大限度减少奥运会对社会日常生活秩序的影响；交通设施和服务项目照顾残疾人的特殊需要；公共汽车、出租汽车和奥运会专用车辆均使用清洁燃料。"2008年北京奥运会残奥会已圆满落幕，北京奥运会残奥会交通保障工作与交通组织也取得了圆满成功，全面兑现了申奥承诺。

由于赛时全面实施了各项交通保障措施，奥运会残奥会期间交通运行安全有序，赛事交通服务便捷高效，公共交通运力保障充足，城市正常生产生活物资运输保障顺利，全面实现了赛事交通与城市交通的和谐运转。通过对奥运会残奥会期间交通组织和各项交通保障政策的制定、实施和效果分析，我们对城市交通需求管理政策有了新思考和新认识，政府、市民在交通发展、交通消费上也逐步取得了共识，探索出一条快速机动化特大城市的交通可持续发展之路。

# 一、奥运期间交通需求状况分析

## (一)北京市日常交通运行基本情况分析

根据北京市统计资料,截至2007年底,北京市常住人口1633万人。机动车保有量增长迅速,2008年6月底全市机动车保有量达332万辆。2008年上半年,北京市五环范围内,早高峰(7:00-9:00)期间,快速路平均速度为31.39公里/小时,主干道平均速度为21.12公里/小时。晚高峰(17:00-19:00)期间,快速路平均速度为26.69公里/小时,主干道平均速度为18.40公里/小时。

2007年和2008年上半年路网速度图

六环内日均出行总量达3436万人次(含步行)。每日小汽车出行量为742万人次,公共交通出行量为784万人次。2007年底,北京市居民各种交通方式出行构成中(不含步行),公共交通(轨道交通+公共汽(电)车)比例为34.5%(含轨道交通7.0%),小汽车出行比例32.6%,出租车出行比例7.7%,自行车出行比例23.0%,班车出行比例2.2%。

## (二)北京市交通基础设施状况分析

据初步统计,2002-2008年北京市交通基础设施投资总额近2000亿元,政府投资向交通倾斜,带来了以轨道交通为重点、城市快速路和主干道、高速公路全面建设的交通设施跨越式发展,为奥运会残奥会举办提供了良好的硬件交通设施。

1. 道路

2008 年北京城市道路从 2001 年的 2500 公里增加到 4460 公里，其中城市快速路达 356 公里；完成奥运场馆周边 72 个道路项目和 19 处奥运临时公交场站建设。城市道路平均完成率从 2003 年的 68% 提高到 85%。公路从 2001 年的 13891 公里增加到 2008 年 7 月的 20754 公里，其中高速公路由 2001 年的 335 公里增加到 762 公里。

2. 公共交通

2008 年 6 月底，地面公交线路 932 条，线路长度 18468 公里，比 2001 年分别增长 71% 和 15.3%；公交专用道 285 公里，南中轴路、朝阳路、安立路三条大容量快速公交线路开通投入运营。公共电汽车 2 万多辆，日客运量 1289.14 万人次。轨道交通先后建成了地铁 13 号线、八通线、5 号线、10 号线一期、奥运支线、机场线，比 2001 年 54 公里新增轨道交通运营线路 6 条共 146 公里达 200 公里，轨道交通日均客运量 347.27 万人次。此外还有 6.6 万辆出租汽车、约 2 万辆租赁汽车和几千辆旅游客车提供交通服务。

3. 综合交通枢纽

至 2007 年底，北京市共有交通枢纽 4 个，占地 3.74 公顷。公共电（汽）车中心站 24 个，占地 51.36 公顷；首末站 377 个，占地 218.46 公顷；保养站 8 个，占地 44 公顷。动物园、六里桥、东直门、西客站北广场等枢纽建成投入使用，西直门、四惠等枢纽正在建设。

**（三）奥运期间交通需求状况分析**

奥运会自奥运村开村至残奥会结束历时两个月左右，在此期间的交通需求主要包括：奥运大家庭成员、志愿者的交通需求；观众出行和旅游观光、购物等的交通需求；市民日常出行需求等。预计平均日交通出行量达 2300 万人次/日以上。

1. 直接为奥运会服务的交通（赛事交通）

一是奥运大家庭成员交通需求。奥运大家庭成员包括国际奥委会官员及贵宾组成的 T1 客户群 1000 人，由国际单项体育联合会的技术代表、国际奥委会医疗委员会、世界反兴奋剂机构组成的 T2 客户群近 600 人，由国际奥委会、国际单项体育联合会等客人以及国际奥委会指定人员组成的 T3 客户群近 5000 人，由 1.8 万运动员及随队官员、2.2万注册记者、2800名技术官员组成的T4客户群。

二是志愿者和观众交通需求。观众观赛需求约为47万人,工作人员、志愿者需求约为7万人,700多万人次的观众需要交通出行,平均每天40余万人次,高峰日观众将达到60多万人次。

2.市民日常出行交通(社会交通)

奥运期间为保证城市正常运转在采取交通保障措施后,预计公共交通每天增加500万人次的客运量。

## 二、奥运交通保障与交通组织的主要做法

### (一)总体思路与目标

交通顺畅、空气质量达标,是保障奥运会、残奥会顺利召开的重要举措,也是北京在申办奥运会时对国际社会的庄严承诺。根据承诺,在赛事期间,从运动员驻地到比赛场馆平均耗时不超过30分钟,市区快速路高峰时段时速35-50公里。

为实现北京申奥承诺,北京奥运会残奥会交通保障的总体思路是:全面践行"绿色奥运、科技奥运、人文奥运"三大理念,努力实现"让国际社会满意,让各国运动员满意,让人民群众满意"三个满意。按照"保奥运、保环境、保交通、少影响、可操作"五统一的思路和"环保优先、交通可靠、政府带头、公众参与、体现公平"的原则,倡导"绿色出行,绿色奥运",实现赛事交通和城市交通的和谐运转。总体目标是:削减上道路行驶的机动车总量,保障2008年北京奥运会、残奥会期间交通安全畅通,同时为市民出行提供公共交通服务保障,尽量减少对市民日常工作和生活的影响,减少机动车尾气排放对空气质量的影响。

### (二)组织领导与指挥

党中央国务院对奥运工作高度重视。中央政治局常委和政治局多次召开会议,研究部署北京奥运会残奥会各项工作。市委市政府多次研究部署奥运工作,市委全会、市委常委会、市长办公会和市长专题会多次听取奥运交通筹办工作汇报并研究工作方案,市委市政府主要领导多次深入交通系统基层单位,实地检查指导奥运交通筹办工作。

为做好奥运交通准备工作，整合各方面交通资源，2006 年成立了由主管副市长和奥组委副主席任组长，市交通委、奥组委交通部等单位为成员的北京奥运会交通工作协调小组，全面推进奥运交通设施建设、运输服务、政策制定等各项工作。在 2008 年奥运会残奥会期间，为了实现奥运会运行与城市运行的全面对接，保证奥运会的顺利召开和城市日常生产生活的正常运转，建立了北京奥运会残奥会赛时战时体制，在北京奥运会残奥会运行指挥部领导下成立了交通与环境保障组，交通与环境保障组下设交通运行中心（设在市交通委），统筹协调奥运交通与社会交通保障工作。

交通运行中心负责统筹赛事交通运行、城市交通管理、交通运输服务和设施保障；协调民航、铁路、交通各类资源；负责突发事件处置的组织协调；组织实施奥运期间交通需求管理政策，减少交通流量，确保道路顺畅；协调外地进京车辆绕行等交通工作。同时，奥运期间交通运行中心办公室与交通系统安全应急指挥部办公室联合办公，负责交通安全应急工作的部署和具体处置工作的组织协调。

整个奥运会残奥会举办期间，交通运行指挥体系分工明确，上下联动，圆满完成了赛事交通和社会交通的组织保障工作，特别是开闭幕式的交通组织集中体现了赛时交通指挥体制的优势，实现了市委市政府与奥组委工作的融合，实现了赛事交通与社会交通运行的融合。

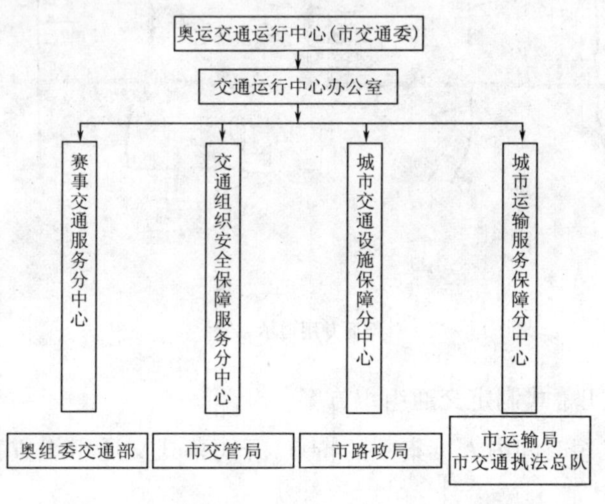


奥运会交通运行中心组织结构图

## (三)交通保障与交通组织措施

奥运会残奥会期间实行交通保障措施,既是奥运会残奥会顺利举办的需要,也是国际上通行的惯例。北京市政府、公安部、交通运输部和环境保护部在科学研究的基础上,针对北京交通特征和空气质量状况,借鉴奥运会举办城市在奥运会期间交通保障的做法,共同组织制定了《2008 年北京奥运会残奥会期间北京市交通保障方案》及其配套措施。

1. 赛事交通保障措施

(1)设置奥林匹克专用车道

为保障奥运会赛事交通顺畅,按照往届奥运会惯例和国际奥委会要求,设置了奥林匹克专用道,供享有奥林匹克专用车道通行权的机动车通行。2008 年 7 月 20 日至 9 月 20 日,分阶段逐步启用和停止使用,奥林匹克专用道全程 286 公里。

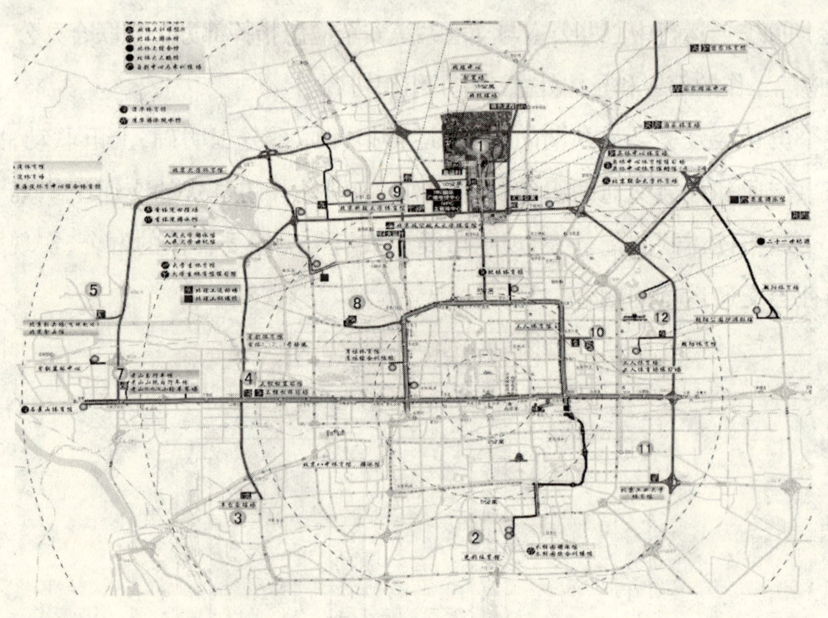


奥运专用道示意图

(2)针对开闭幕式制定交通组织方案

针对开幕式短时间内人员集中的特点,开闭幕式交通组织方案主要采取了以下几项措施:

结合 7 月 30 日、8 月 2 日和 8 月 5 日三次彩排的交通情况,及时完善奥运会开

(闭)幕式交通组织方案。其中:8 月 8 日开幕式当天开辟 28 条公交专线,地铁包括奥运支线、机场线在内共 8 条线路,8 日首车起至 9 日末,全路网不间断运营,方便观众选择公共交通方式观看开幕式。闭幕式除地铁机场线外,28 条公交专线、地铁相应延长运营时间。开(闭)幕式当天,各级领导现场指挥,地铁奥运支线奥林匹克公园站站内、下沉广场、地面三级联动,各单位、各部门发挥合力,及时调控通过下沉广场进入地铁奥林匹克公园站客流量,采取个别公交线路个别车站封站、开行摆渡车等措施,确保了交通组织安全有序。

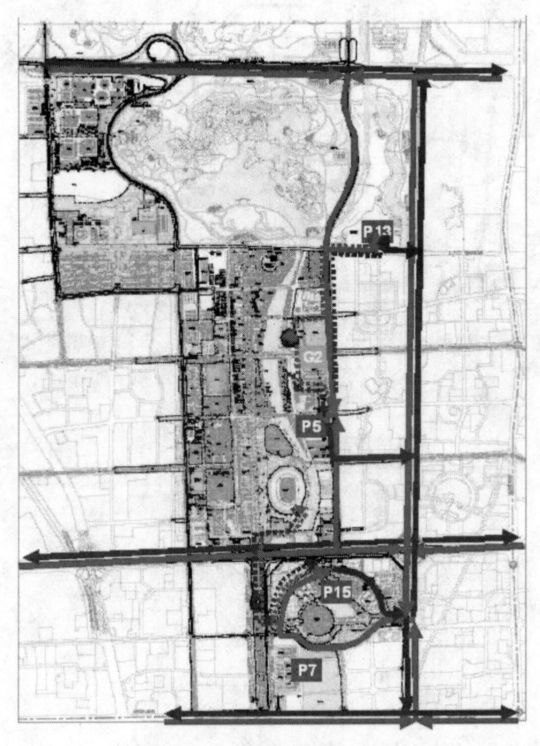


奥运公园开幕式演职人员交通组织流线图

(3)开通奥运公交专线和地铁奥运支线

奥运会残奥会期间,为保障观众及持证人员出行顺畅,公交集团开通了 34 条奥运公交专线,奥运会注册人员、持票观众赛时免费乘坐公交。奥运公交专线分为普线和快线两种。普线 10 条主要布设在场馆和新建道路上,采取常规公交线路组织形式,中途设站,每日有 7 条线路 24 小时运行;快线 24 条,以临线方式,利用快速路、高速公路直达外围的主要公交换乘点。快线在比赛当日开通,赛前 3 小时发首车,赛后1.5小时发末车。同时为增加散场运力,配合场馆交通运行方案,在23个场馆周边30余个站点,39条重点线路安排摆站车。

开通了地铁奥运支线,运行间隔为3分钟,6节编组,与其他各线一起,早晚高峰期间都按最小间隔、最大运力配备。在库线安排了多组预备车,根据现场客流情况,适时加开临客,同时延长运营时间,场馆周边直接相连的轨道交通线路根据赛程,晚间延长运营时间0.5—1.5小时。

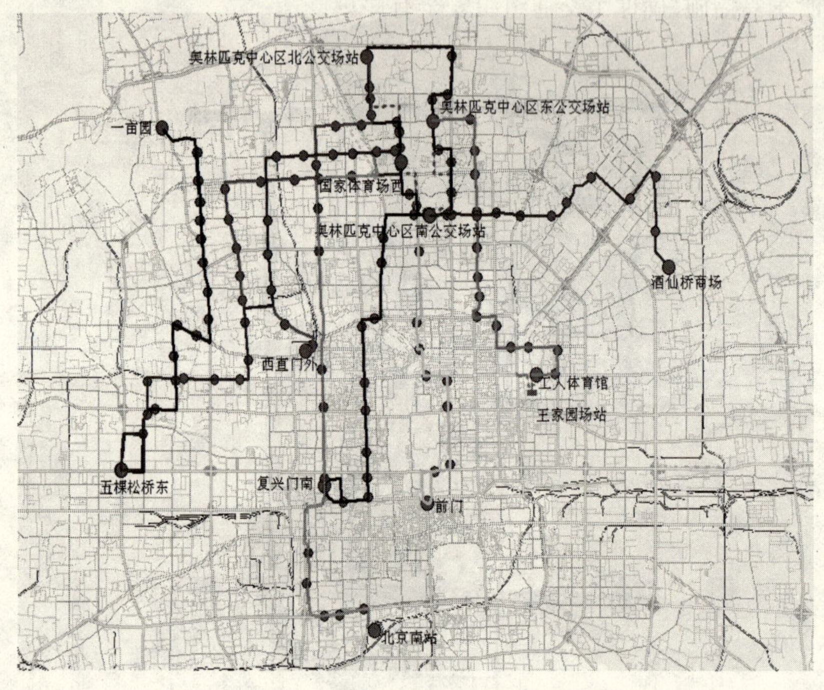


10条奥运公交普线示意图

奥运会残奥会期间,公交专线日均发车8400车次,日均运送乘客67.2万人次。地铁奥运支线日均开行646列次,日均运送乘客20.49万人次。

(4)组建赛事服务团队,为奥林匹克大家庭成员等客户群提供专车运输保障

为做好奥运大家庭成员专车客户群的交通运输服务,奥运会残奥会期间组建了场馆团队、场站团队和各交通服务运行团队,为运动员、技术官员、媒体人员等各国来宾提供服务。赛事服务团队由北京市骨干交通企业组成,提供上会服务专车6562辆,驾驶员8236名,建立了协调指挥与运行组织保障机制。并在交通运输部

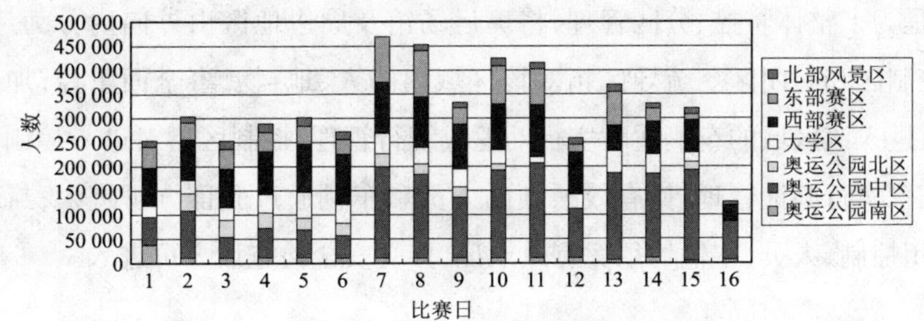


奥运赛时16天的日观众流量

的支持下,为赛会志愿者提供了通勤服务的近600辆外埠大客车。同时为方便不同客户群的自由出行,安排了出租汽车保点工作,由22家出租汽车企业承担场馆外围保点运输,比赛场馆、签约酒店、媒体村共42处累计安排出租车800余辆。

不同客户群体的乘车标准表

| 客户群体 | 乘车标准 |
|---|---|
| T1 | 1人专用的小客车和驾驶员 |
| T2 | 两人合乘的小客车和驾驶员 |
| T3 | 提前预约的合乘车辆 |
| T4 | 专用的班车 |
| T5 | 免费的公共汽车 |

奥运会残奥会期间为运动员、官员、注册媒体、赞助商等各客户群提供交通运输服务,共出车24万车次,运送112万人次。在场馆、运动员村等地出租汽车保点,日均运送乘客0.97万人次。开通了192条赛会志愿者通勤班车线路,出车4.1万车次,运送志愿者184万人次,安全行驶73.3万公里。

此外,北京与京外赛区交通方面,提供了航空、铁路及公路多方式交通服务,通过开设"奥运快速通道"及时将各代表团送达青岛、香港、天津、上海、沈阳、秦皇岛等京外赛区。

(5)针对比赛场馆和赛事采取临时交通管控措施

奥运会残奥会期间,比赛分别在31个奥运场馆举行,主要分布在奥林匹克公园区、西部社区、东部风景区、大学区等位置。体育场馆及城区主要大街、环线主路及奥林匹克中心区周边道路的临时交通管理措施较为频繁,为保证赛事交通顺畅,又尽量减少对市民出行的影响,主要采取了以下一些措施:

一是为了整体防控、分区管理，将奥运场馆及周边地区由外向内分为三区：疏导区、控制区和封闭区。疏导区指对该区域内的人、地、物、事全面掌控，加强管理控制，对进入该区域的车辆适时实行劝返或绕行管理；控制区指对进入控制区内的人员、车辆实行验证管理，持有效票证的人员和车辆通过验证方可进入；封闭区实施全封闭控制，人员、车辆均须凭有效票证，接受安全检查后方可进入。

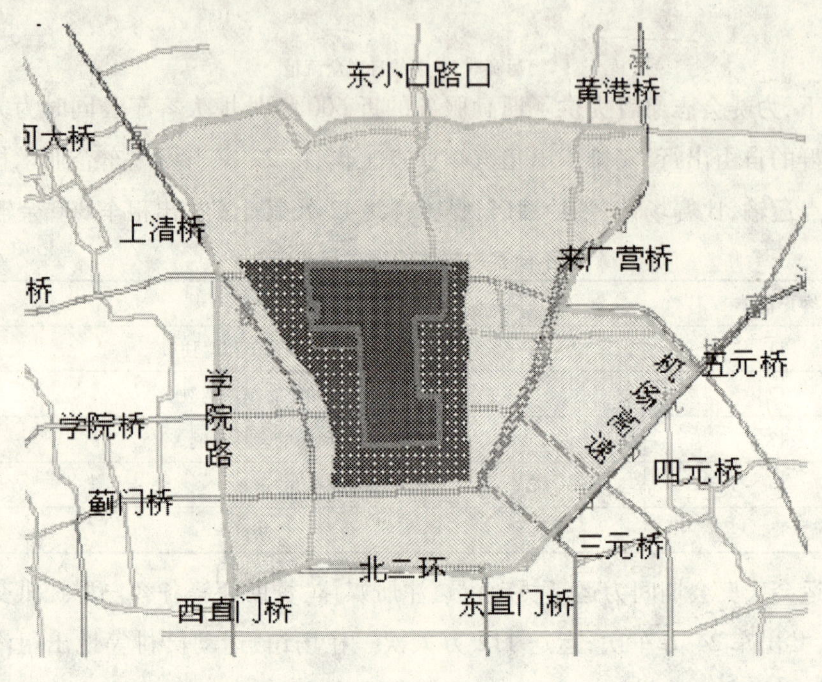


奥运公园三区范围示意图

二是每日针对各场馆赛事日程，发布临时交通管制通告，对重大赛事活动专门制订社会车辆绕行路线，并提前向社会发布，以方便群众提前选择出行路线。

三是科学规划交通标志设施，优化交通组织。针对大屯路、科荟路等奥林匹克中心区周边道路工程要求和交通管制需要，规划了路口封堵设施、交通绕行标志和临时停车场标志，并对部分路段出入口进行了调整，确保管制期间交通运行顺畅。

(6)全力保障赛事物流运输及转场运输组织

针对奥运货物运输需求，采取了物流承包商运营方式，建立了奥运货运绿色通道以及核检运输保障的组织方式和应急运输方案，确定了奥运货物的集疏站

(场)。在周密安排下,圆满完成开闭幕式焰火产品运输和国家体育场开闭幕式转场物资运输工作。

2. 社会交通保障措施

(1)对北京市和外省市机动车实行临时交通管理措施

奥运会残奥会期间北京市人民政府发布了《关于2008年北京奥运会残奥会期间对北京市机动车采取临时交通管理措施的通告》、《关于2008年北京奥运会残奥会期间对外省市进京机动车采取临时交通管理措施的通告》。通告内容主要包括禁止黄标车上路行驶、社会机动车单双号行驶和外地进京货车绕行112国道等,具体分两个阶段:

第一阶段为2008年7月1日至19日,北京市和外地黄标车全天禁止上路行驶;北京市机关企事业单位车辆全天停驶30%,倡导其他机动车减少上路行驶。

第二阶段为2008年7月20日至9月20日,北京市和外地黄标车在北京市范围内全天禁止上路行驶;北京市和外地机动车按单双号行驶,其中:除中央在京党政军机关按单双号停驶外,其他单位在单双号基础上还要增加停驶20%;奥运会期间的7月20日至8月27日(每天0时至24时),限行范围为全市行政区域内道路;残奥会期间的8月28日至9月20日(每天0时至24时),限行范围为五环路(含)以内道路及机场高速公路、八达岭高速公路、京承高速公路。

在上述两个阶段,即7月1日至9月20日期间除持证为北京运送物资的车辆外,外地货运机动车禁止进入北京市行政区域道路行驶;外地危险化学品运输车辆禁止进入北京市行政区域内道路行驶;除运送鲜活农产品的“绿色通道”车辆和持有北京市核发的进京通行证件的车辆外,其他进京货运机动车绕行112国道。

此外,为方便市民,奥运会残奥会期间,将每日0:00至3:00设为机动车单双号上路行驶缓冲时间,在这一时间段内机动车可不分单双号上路行驶。

(2)公共交通保障措施

由于奥运会期间机动车单双号停驶,公共交通成为市民出行首选。为保障公众顺利出行,采取了延长公交运营时间、增发车次、缩短地铁运营间隔等措施,全力保障市民公交出行。

地面公交方面:用于常规公交线路的公交车辆达到了18000多辆,由于单双号限行措施的执行,公交车的运行速度也大大提高,常规的18000多辆车每天可增加1.1万车次,350余条公交线路延长运营时间。

地铁方面:地铁进行了旧线改造,购置新车,增加编组或缩短最小发车间隔。地铁1号、2号线列车最小运行间隔为2.5分钟,5号线、13号线为3分钟,八通线为3.5分钟,同时延长早晚高峰时间,并通过临时加车方式满足高峰客流要求,以最大运力全力保障公众出行。

全市出租汽车6.6万辆,出车率在95%以上。同时每日安排16家企业1600辆备班车,保障首都机场、火车站运输。

奥运会残奥会期间,除了乘坐公共交通工具外,拼车、自行车、步行也成为一些市民出行的选择。奥运期间市民日常出行的交通需求据市社情民意调查中心经过对全市18个区县3098位居民进行的调查发现,奥运期间60.4%的人选择公交、地铁;24%选择自行车;7.3%的人选择步行。

(3)货运交通保障措施

由于北京市黄标货车约占北京市货车总数的80%,约有14万辆货车全部停驶以及外省区市未达到尾气排放标准货车不准进入北京市行政区域内行驶。为保障城市正常运转的物资运输,采取用足绿标车,建立公共服务窗口,组建“绿色车队”,畅通“绿色通道”等措施有效地解决了奥运期间货物运输保障问题。

一是充分用足绿标车,即采取绿标车一车一证的办法最大限度提高绿标车使用效率。

二是建立公共服务窗口。公共服务窗口分为行业窗口和联合窗口,行业窗口由市发改委等15个相应的行业主管部门,具体负责行业货物运输需求初审及政策咨询,联合窗口负责办理普通货物、危险化学品、应急货物运输需求审查及政策咨询。

三是组建“绿色车队”。组建了由178家专业运输企业参加的“绿色车队”,有绿色环保车辆4490辆,面向社会提供社会化运输服务。

四是对运送鲜活农产品车辆不受单双号限制和黄绿标限制,按规定上路行驶。有效保障了奥运期间北京市民的日常生活和农产品价格稳定。

3. 配套措施

(1)错时上下班

为缓解奥运会期间市内道路交通和公共交通压力,在2008年7月20日至9月20日期间实行了错时上下班。北京市所属行政单位上班时间不做调整,国有企业上班时间调整为9:00,下班时间调整为17:00;大型商场上午营业时间调整为10:00,适当延长晚上营业时间;除学校作息时间不作调整外,北京市其他事业单位和社会团体上班时间调整为9:30,下班时间调整为17:30。

错时上下班政策实施后,起到了削峰填谷的效果,将早高峰时段拉长1个小时,由7:00－9:00调整到了7:00－10:00,晚高峰时段则拉长了0.5个小时,由17:00－19:30调整为16:30－19:30。因此错时上下班政策有效缓解了高峰时段道路交通压力和公共交通早晚高峰时段的客流压力,特别是地铁的乘车拥挤。

(2)减征停驶车辆车船税和养路费

为使限行政策更加人性化,市政府决定在奥运会残奥会期间停驶的机动车减征3个月的车船税和养路费。

(3)加大宣传

从2008年5月份开始逐步发布交通保障信息,主动引导新闻舆论。先后对奥运场馆周边道路、地铁开通等奥运交通基础设施建设情况开展宣传。奥运会开幕前接连对奥运交通限行政策、奥运公共交通保障举措、减征车船税及养路费举措等政策进行了广泛的宣传。随后奥运会举办期间,利用平面媒体、广播、电视、网络进行立体式、大范围宣传交通出行信息。在《北京晚报》、《北京晨报》、《新京报》等媒体开辟专栏,提前向广大市民宣传如何乘坐公共交通观看比赛。通过宣传,在奥运前为各项交通保障政策的实施营造了平稳的舆论环境,保障了各项政策稳步实施,合理引导了市民出行,树立了北京交通良好的窗口服务形象。

4. 外围保障措施

(1)安全检查

为确保奥运期间交通安全,建立了全市交通系统平安奥运组织工作体系和委、局(总队)、交通企业三级指挥协调机制,制订了平安奥运行动工作计划。加大安全隐患治理力度,对涉奥的道路桥梁、车辆和轨道交通等重点设施,开展拉网式安全排查。加强公共交通应对恐怖袭击的防范工作,在地铁全网和11个省际长途客运站建设了安检系统，奥运期间对公交、地铁乘客和省际长途进京旅客实施安全检查。建立平安奥运信息员制度，组织公交司售人员和出租汽车驾驶员作为平安奥运信息员，提高信息掌控能力。

(2)应急预案

为提高交通系统在奥运期间应对各种可能突发事故的能力，市交通部门制定了一系列完善的应急预案。开展了危险化学品运输车辆交通事故、奥运与会车辆交通事故、城市道路塌陷事故和公交车内发现可疑爆炸物、发生火灾等交通突发事件的综合应急演练。同时组建了5000余人参加的10个专兼结合的交通应急抢险救援保障队伍，针对暴雨等灾害性天气，在与市防汛部门建立雨天应急抢险联勤指挥模式的基础上，加强与属地相关部门的联动机制，落实人员、车辆、物资和专用设备保障。

(3)周边省区市措施

为配合北京做好奥运期间机动车绕行工作，北京周边各省区市组织公安、交通、环保等部门制定了进京机动车绕行路线和交通组织疏导方案，对进京机动车进行安全检查和尾气治理工作，对国道、省道等相关公路进行了养护、维修、桥梁加固等工作。

同时为保障奥运交通顺畅，空气质量良好，北京周边有赛事城市也采取了一系列交通管制措施，如天津市承办奥运足球赛事期间(8月6日至8月15日)，每日12时至晚22时，对天津市牌照的机动车在外环线(不含)以内区域实施单双号限行措施；秦皇岛市从7月15日0:00至8月28日24:00，进入秦皇岛市区的车辆要凭通行证单双号上路行驶。河北省规定在极端天气条件下，石家庄、保定等城市将采取单双号限行措施。

## 三、奥运交通运行效果与评价

奥运交通保障措施的有效实施，保障了奥运会期间良好的空气质量和奥运交通的顺畅，同时也保障了城市正常的生产生活，兑现了我们对国际社会的承诺，实现了让国际社会满意，让各国运动员满意，让人民群众满意的“三个满意”和“两个奥运，同样精彩”目标。

### （一）道路交通安全顺畅

奥运会残奥会期间，实施机动车单双号限行措施，日均削减机动车195万辆以上，全市道路交通安全顺畅，市区内各奥运场馆及路线、交通场站、繁华地区、交通枢纽等交通秩序安全稳定。日均接拥堵报警和事故报警为140和1099起，分别比机动车限行前下降90.6%和51.7%，奥运会开（闭）幕式当天下降幅度尤为明显。据1.2万辆浮动车采集的五环路内车辆运行速度数据分析，奥运会期间工作日早、晚高峰路网平均速度分别为30.2公里/小时、25.2公里/小时与机动车限行前工作日速度相比，分别提高28.5%、24.1%。其中，工作日早、晚高峰快速路平均速度为45.0公里/小时、37.1公里/小时，提高了29.7%、29.1%。交通流量明显下降，车速明显上升。

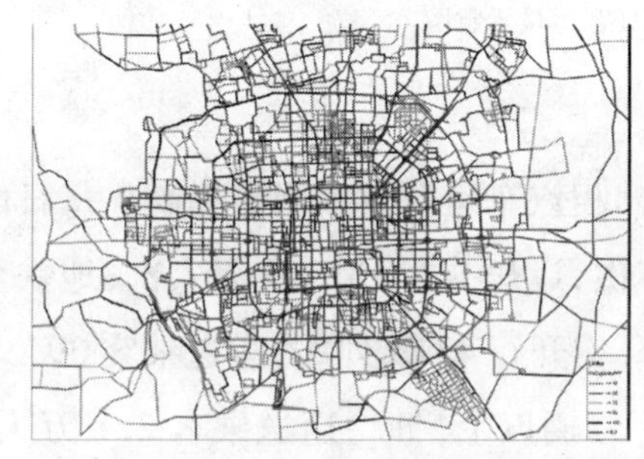

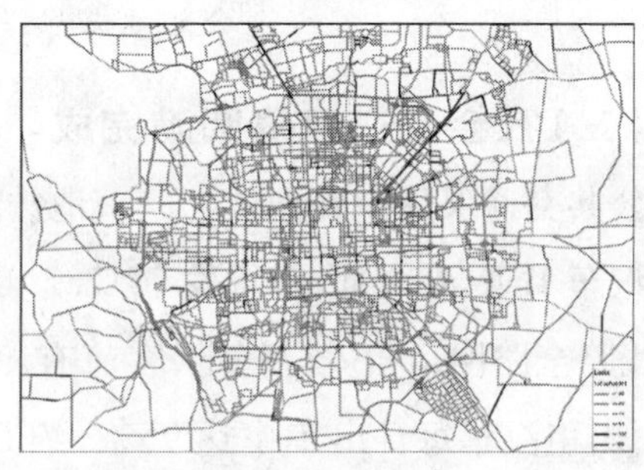

7月9日和8月13日政策实施前后道路交通流量示意图

### （二）赛事交通保障兑现承诺

8月8日奥运会开幕式当天，公交专线、地铁奥运支线共运送进出场观众约7.38万人次（进场约3.95万人，散场约3.43万人），达到了预期运送人数的95%以上。各国政要到达驻地用时27分钟，运动员到达驻地用时50分钟，观众的散场中心区疏散完毕时间为75分钟，比原计划90分钟缩短了15分钟。8月24日闭幕式散场之后，70分钟观众疏散完毕。

比赛期间数以万计的运动员和记者在31个比赛场馆，45个独立训练场馆，奥运村，媒体村和42家注册酒店之间一路畅通，行车速度达60公里以上，运动员、媒体记者全部准时到达比赛、训练场馆，无一晚点。如从北四环奥运村直达西五环外的北京射击场，只用了20分钟。

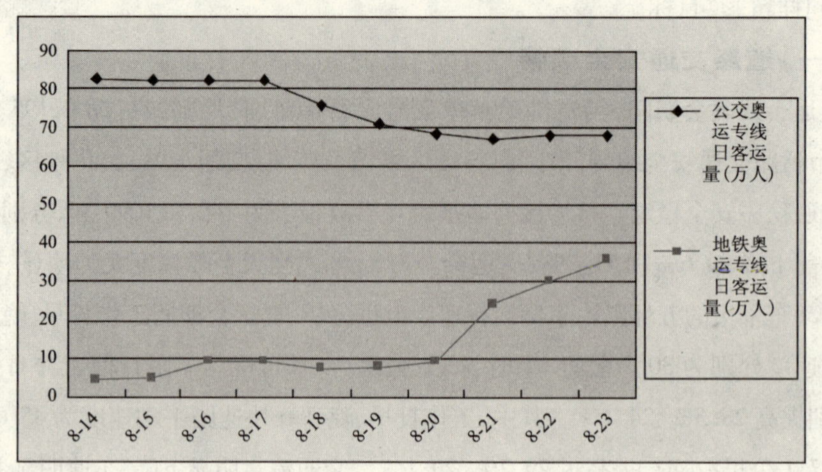


公交、地铁奥运专线日客运量示意图

## (三)社会交通保障圆满完成

公共交通保障措施到位,公交、地铁和出租汽车运营效率明显提高。每日配公共电汽车1.78万余部,日均发车17.2万车次,运送乘客1313.9万人次;地铁全网8条线路全路网运营安全稳定,客流有序,日均开行4312列次,运送乘客395.1万人次;出租汽车每日出车率达95%,约6.3万辆以上,日均运送乘客221万人次。调查表明,奥运期间公交服务水平有所改善。奥运赛时74%的人认为车辆运营速度明显提高,近50%的人认为车内拥挤程度有所缓解,50%的人认为等车时间有所缩短,服务水平提高明显。

**奥运前期及期间公交服务水平调查结果**

| 服务指标 | 奥运前期 | | | 奥运期间 | | |
|---|---|---|---|---|---|---|
| | 运行速度 | 车内拥挤 | 等车时间 | 运行速度 | 车内拥挤 | 等车时间 |
| 更拥挤(长、慢) | 4% | 27% | 11% | 1% | 16% | 6% |
| 差不多 | 28% | 44% | 51% | 25% | 37% | 44% |
| 有改善(短、稍慢) | 53% | 29% | 38% | 53% | 47% | 50% |
| 快很多 | 15% | — | — | 21% | — | — |

## (四)赢得社会各界高度评价

北京奥运交通赢得了国际奥委会和各国代表团的高度赞誉。其中,驾驶员志愿者共收到国际奥委会、各国家地区奥委会、代表团、各国际体育单项体育组织等客户群致信致电表扬1400次。国际奥委会官员、各国运动员、境内外媒体和社会各界，纷纷盛赞北京奥运交通保障工作。国际奥委会主席罗格表示，北京奥运会进行得十分顺利，交通组织工作非常出色，已超越了亚特兰大、悉尼等前任主办城市，给伦敦树立了非常高的标准。国际奥委会奥运会执行主任吉尔伯特·费利连用五个"满意"评价此次奥运会，"历届奥运会的交通都是困扰组织者的最大难题，但北京的交通工作非常出色。"

## 四、奥运交通保障启示

奥运交通保障圆满完成不仅为我们留下了宝贵的物质财富，更为珍贵的是留下了精神财富，奥运交通保障工作，既促进了城市管理理念和交通发展理念的转变，更为今后城市交通发展创造了良好的物质和人文环境，积累了管理经验，将对今后北京交通发展带来有益的启示。

一是科学周密的计划是奥运交通筹备与保障的基础。分两条线制定赛事、城市交通战略运行计划，这为今后大型活动交通保障积累了经验。

二是优先发展公共交通不动摇，大力加快轨道交通建设。全面实施优先发展公共交通政策为举办奥运会提供了良好的公共交通保障。下一步要进一步加快地铁建设，建立枢纽换乘体系，继续优化公交线网、加密线网覆盖、大力推进公交专用道设置、构建快速公交网络，扶持混合动力车、天然气车等新能源汽车（公交车）使用，适当增加公交夜班车线路和延长地铁公交运营服务时间。

三是继续加快道路建设和完善道路微循环系统，改善自行车道和人行步道系统，倡导绿色出行。奥运期间由于机动车单双号行驶，许多市民选择了自行车和步行方式出行。因此应继续完善北京市道路微循环系统，改善自行车道和人行步道系统，倡导绿色出行。同时可以考虑，通过环保组织，对绿色出行的行为可以表彰奖励。

四是建立城市货运"绿色车队"，满足城市生产生活必需品运输的需要。奥运期间建立公共服务窗口和按行业保障运输并建立面向社会服务的"绿色车队"，有效地解决了城市生产生活物资运输需要。因此，要继续加大黄标车治理力度，对黄标车治理给予财政扶持政策，按行业和面向社会组建货运“绿色车队”，对“绿色车队”车辆给予道路通行权，实行分时段持证运输。

五是采取停车设施差别化供给和提高停车收费价格并实行价格差别化，引导机动车出行。奥运期间在奥运场馆周边不设社会车辆停车场，通过公共交通方式解决市民出行和观众观赛，是解决大型活动场馆周边交通拥堵的有效措施之一。在公共交通保障充足前提下，通过调整停车设施供给和经济手段调节小汽车出行是有效的方式。因此应当在停车位供给上推行差别化停车配建标准；在停车价格上提高并实行差别化停车收费价格；在方法上加强静态交通管理，严格规范道路两侧人行步道停车，清理并规范路侧停车位的施划。

六是加快智能交通系统建设，依靠科技手段提高交通管理水平。经过多年的发展，北京交通智能化水平显著提高，智能交通系统在奥运交通保障中发挥了重要作用。下一步，要在政策上扶持，系统推进智能交通体系建设，整合交通信息资源，加快交通诱导系统、管理信息化系统等的建设，减少人工操作，提高管理效率，为公众提供实时信息服务。

七是对途经北京的其他省区市货运机动车实行远程分流和绕行，减少过境汽车尾气排放和对交通的干扰。途经北京的其他省区市货运机动车大部分尾气排放不达标，既对城市空气造成污染又影响交通，因此除运送鲜活农产品的“绿色通道”车辆及为北京运送其他生产生活物资车辆外，其他货运机动车应在天津、河北、山西、内蒙古等省区市行政区域内分流，绕行112国道等北京周边道路。

八是调节机动车过快增长，引导机动车上路行驶。黄标车禁行、单双号限行、外地货车绕行等交通保障措施的实施，既改善了首都的空气质量，也缓解了北京交通拥堵状况。因此，要从源头上研究调节机动车总量过快增长办法，引导机动车合理上路行驶。

九是实行错时上下班，缓解公共交通乘车拥挤。通过调节上下班时间，能有效调节早晚高峰相对集中的交通出行量，以缓解公交地铁的乘车拥挤程度。应继续实行错时上下班制度，鼓励适宜网上办公的企事业单位试行网上办公，适宜弹性工作制的企事业单位也可试行弹性工作制。

十是大力推进交通精细化管理和人性化服务，努力建设服务型政府部门和安全优质型交通行业。应将精细化管理和人性化服务作为进一步加快政府部门管理职能转变、建设服务型政府的重要目标继续深入完善。今后要将奥运期间公共交通保障、出租汽车保点运输、无障碍出租车队、志愿者车队、货运“绿色车队”、转场货运等的交通服务经验在实际工作中继承和发展,努力建设安全优质的交通企业和文明服务的交通行业队伍。

# 第十三章

# 围绕中心任务加强党的建设

改革开放30年来，首都交通系统各级党组织，以党在各个时期的路线方针政策为指导，坚持解放思想、实事求是、与时俱进，不断改革创新，大力推进党组织的全面建设。虽然组织体系和结构几经变更，但都能主动适应首都交通事业各个发展阶段的需要，以思想建设为根本，紧紧围绕经济工作大局，始终突出发展这个主题，有效发挥党组织的核心领导作用、战斗堡垒作用和党员的先锋模范作用，促进了首都交通事业的健康快速发展。

近30年来，北京市交通系统根据首都建设发展的需要，主要经历了四次大规模的体制改革，分为四个阶段。一是1978—1984年阶段；二是1984—1991年阶段；三是1991—2003年阶段；四是2003年以后。四个阶段中，党建工作始终为交通事业发展提供了良好的思想政治保证。

## 一、1978—1984年阶段

1978年8月，根据北京市革委会〔1978〕310号通知精神，原市交通局划分为市交通运输局和市公共交通局。交通运输局下属企事业单位16个，共29个基层党委、19 个党总支、276 个党支部、7600 多名党员。

党的十一届三中全会后，我国进入了一个新的历史时期，北京市交通运输系统各级党组织，认真学习贯彻三中全会确立的党的思想路线、政治路线和组织路线，积极消除“文化大革命”造成的严重后果，清理“两个凡是”等“左”倾思想的影响，进行了一系列拨乱反正的工作。积极实行工作重点转移，认真执行“改革、开放、搞活”方针，密切结合经济建设和经济体制改革的实际，加强党的建设。党建工作主要围绕肃清极左影响、实现工作重点转移来展开。

这一时期的主要工作是，加强社会治安和社会秩序的综合治理，深入开展打击严重刑事犯罪活动和经济犯罪活动的斗争，查处了一些不正之风和违纪案件，促进了社会风气和内部秩序的好转；先后为 7000 多人落实了党的各项政策，为知识分子评定了技术和专业职称；按照干部“四化”的要求，调整了各级领导班子，建立了“第三梯队”；安置了近万名待业知识青年，使之各尽所能，自食其力；恢复和健全奖励制度，努力调动各方面的生产积极性，在改革、搞活的政策鼓励下，交通运输企业得到较快发展。

## 二、1984—1991 年阶段

1984 年 4 月，根据北京市委〔1984〕10 号文件精神，市交通运输局改名为市交通运输总公司。总公司下属 20 个企事业单位，共有基层党委 32 个、党总支 43 个、党支部 447 个，党员 8700 余名。

这一时期，经济体制改革从农村向城市推进，1987 年党的十三大提出了社会主义初级阶段理论和建设有中国特色社会主义的思想，产品经济加快向有计划的商品经济转变。北京市交通运输系统各级党组织的主要任务，是加深党员干部对建设有中国特色社会主义的认识，树立有计划的商品经济观念，推动企业由生产向经营的转变，为经济改革创造良好的政治条件和社会环境。

为“统一思想，整顿作风，加强纪律，廉洁组织”，1984 年 6 月至 1987 年 3 月，按照中央和市委的统一部署，总公司系统分期分批地进行了整党。整党过程中，各级党组织通过认真学习领会党中央关于经济体制改革的各项方针政策，着力解决企业经营指导思想和经营作风问题，解决领导干部精神状态和工作作风问题，推动企业逐步实现由生产管理型向经营开拓型的转轨变型；贯彻从严治党方针，深入开展党性党风党纪教育，坚决纠正利用改革过程中存在的某些空子为个人或局部谋取私利、给改革制造困难的不正之风；把整党与企业改革紧密结合起来，在促改革、促服务、促生产上下功夫，保证了改革的健康发展。

1989年，北京发生"六四"风波。根据形势要求和上级部署，1990年3月至11月按照从严治党方针和党章规定的党员标准，总公司系统分批进行了党员重新登记工作。通过学习文件、查找问题、组织评议、重新申请登记等环节，澄清了党员在思想上的许多模糊认识，增强了党员的党性意识和党纪观念，进一步坚定了走有中国特色的社会主义道路、坚持改革开放的信心，坚定了继续推进企业改革的决心。

经过不断加强党的建设，党员干部的思想观念不断更新，在经济体制改革逐步深入的进程中，首都交通运输系统的经济实力不断壮大，企业得到持续发展。在交通运输市场竞争日趋激烈，工程量不足，原材料、能源调价，企业负担持续加重等情况下，较好地落实了各项生产指标。先后完成了京津塘、三环路、首都机场高速公路等数十条国家级、市级干线公路的新建、改建任务，1991年交通工业和多种经营收入近15亿元，实现利税6000多万元。

## 三、1991—2003年阶段

1991年9月，根据北京市政府京政办发〔1991〕50号文件精神，撤销市交通运输总公司，成立市交通局。交通局下属20个企事业单位，有基层党委31个、党总支46个、党支部510个，党员8700余名。

1992年初邓小平南巡讲话后，经济改革掀起新的高潮。党的十四大确立了社会主义市场经济理论，企业改革的力度进一步加大。随着市场经济体制的初步建立，首都交通行业也日益呈现出以公有制为主体、多种所有制经济共同发展的格局，特别是运输、汽修等行业，私营经济得到了长足发展。交通系统的体制改革加快推进，按照政企分开的原则，局属企业逐步与政府脱钩。交通局的工作重点由过去主要抓企业的生产经营，逐步向履行政府职能，加强行业管理，培育完善市场，组织立法执法等方面过渡。面对新形势新任务，交通局各级党组织认真学习贯彻邓小平理论和“三个代表”重要思想，围绕中心、服务大局，紧密结合首都交通工作实际，不断引导党员干部认清形势，振奋精神，积极奉献，充分发挥政府职能，大力推进交通系统的改革、发展、稳定。

为加深广大党员干部对建设有中国特色社会主义理论深刻内涵的认识，提高各级党组织的自身建设水平，适应社会主义市场经济对首都交通工作提出的新要求，局党委于1995年先后举办了五期处级干部和党务干部理论培训班，认真学习《邓小平文选》和《中共中央关于加强党的建设几个重大问题的决定》，全局共264名干部参加了脱产培训。根据中央和市委安排，1999年8至12月，交通局及直属单位领导班子和领导干部开展了“三讲”教育活动，2000年12月至2001年2月又开展了“三讲”教育回头看。此次教育活动把解决领导班子和领导干部在党性党风方面存在的突出问题作为中心环节，通过“开门搞教育”，发动依靠群众，查摆剖析问题，进行边整边改，增强了领导干部的党性修养、宗旨观念、廉洁意识和政治责任感，保证了交通局系统各项改革事业的顺利推进。

2002年，北京市交通体制改革取得成效，政企分开基本完成，交通建设和发展也取得了显著的进步。四环路、五环路、八达岭、京石、京开、京沈等高速路相继建成通车，多条地铁线投入运营或开工建设，城市路网不断延伸密集；运输行业的货运量、周转量成倍增长；汽车销售修理行业也呈现出多种所有制企业共同繁荣的景象。

## 四、2003 年 以 后

2003年2月，组建市交通委员会。此次体制改革后，交通委系统包括委机关、市路政局、市运输管理局、市交通执法总队和直属、挂靠事业单位5个，共有党组1个、党委6个、党总支2个、党支部81个，党员1400余名。

党的十六大提出全面建设小康社会的奋斗目标，改革进入攻坚阶段，发展进入关键时期。体制改革后，交通委不再承担抓企业生产经营的任务，而对交通实施规划、管理和服务的职能作用被突显出来。新世纪新阶段，首都交通事业面临着前所未有的机遇和前所未有的挑战。随着北京现代化、城市化、市场化、信息化和国际化程度的加速，城市人口持续增长、空间结构不断调整，交通需求增速加快，交通拥堵形势紧迫，治理任务更加艰巨，从而对交通委的行政能力提出了严峻考验。交通委各级党组织坚持紧跟时代步伐，紧扣发展主题，紧抓奥运机遇，大力提高自身建设水平，团结带领广大干部职工按照科学发展观的要求，不断解放思想，创新体制机制，增强执政能力，为推进新北京综合运输体系建设打下扎实的思想政治基础。

为适应新形势的要求，2005 年 1 月至 6 月，委系统各级党组织按照中央和市委的总体部署，严肃认真地开展了保持共产党员先进性教育活动。通过学习动员、分析评议、整改提高三个阶段，查找并重点解决了四个主要问题：一是对以科学发展观统领交通工作全局认识不深，在工作指导思想上重建轻养（管）、重审批轻监管、重微观轻宏观、重外延轻内涵、重硬件轻软件的问题；二是在理论素养、政策水平方面距离全面履行政府职能，科学执政、民主执政、依法执政的要求存在较大差距，行业管理缺乏综合分析、全面统筹的问题；三是工作作风不够扎实，对群众关心的交通热点、难点问题调查研究不够，基础工作相对薄弱的问题；四是基层党组织建设特别是领导班子建设，一些工作制度和机制不够健全、落实不到位的问题。为巩固教育成果，2007 年委党组制定了《关于加强党员经常性教育制度的意见》、《关于做好党组织和党员联系、服务群众工作制度的意见》、《关于建立健全委系统党组（党委）抓基层党建工作责任制的意见》等三个长效机制文件，从制度建设上为巩固和保持党员先进性奠定了基础。

市交通委自成立之始，就坚持把加强党的建设与服务奥运结合起来，着力发挥党组织的政治优势和组织优势，充分调动广大党员干部的积极性、主动性和创造性，为奥运交通保障多作贡献。一是创建学习型机关，采取多种形式大规模培训干部，提升党员干部的政治、业务、文化素质，增强管理和服务能力，为奥运交通保障提供人才和智力支撑；二是开展文明教育，倡导交通文明，深入开展“迎奥运、讲文明、树新风”活动和“六大交通文明行动”，为奥运会营造良好氛围；三是加强作风建设，转变机关作风，把交通发展作为重要的民生问题，把以人为本的理念贯穿到交通规划、建设、运营、管理、服务和奥运交通保障的各个环节，寓管理于服务之中，提高了保障水平；四是发挥党组织的核心领导和党员的先锋模范作用，通过开展

"为党旗增辉、为奥运添彩"活动,调动广大党员和干部职工的积极性,以最好的精神状态和最高的工作标准,完成奥运交通保障的各项任务。

加强党的建设促进了首都交通事业的又好又快发展。交通委成立6年来,是首都交通发展最快、投入最大、结构改善最明显、老百姓得到实惠最多的时期。奥运会、残奥会的交通保障任务顺利完成,以轨道交通、奥运道路、高速公路、快速路、主干路为重点的交通基础设施建设快速发展,优先发展公共交通成效显著,市区交通拥堵得到缓解,交通管理服务水平迈上新台阶。交通委连续四年被市政府评为政绩突出单位,2008年民意测评排名第二;委机关在2004—2006年连续获得"首都文明单位"称号的基础上,2007年被评为"首都文明单位标兵";在市直机关组织的迎奥运系统活动竞赛中连续三年夺得最高奖,塑造了"为民、务实、清廉、高效"和服务优良、人民满意的首都交通人形象。

首都交通系统改革开放30年来的党建实践证明,党的建设必须准确把握时代脉搏,以思想建设为根本,根据不断发展变化的客观实际,解放思想、实事求是、与时俱进;必须紧密结合本单位实际,围绕中心,服务大局,不断适应新形势新任务提出的新要求,扎扎实实推进各项工作,充分发挥服务保证作用;必须以改革创新精神加强党的自身建设,在思想、组织、作风、制度和反腐倡廉建设上积极寻求新办法新途径,有效增强党组织的创造力、凝聚力和战斗力,不断提高党的执政能力,保持和发展党的先进性。

交通委各级党组织将以邓小平理论和"三个代表"重要思想为指导,深入学习贯彻科学发展观,继续立足交通工作实际,找准党的工作的着力点,全面抓好党的建设,有力推动首都交通事业实现又好又快的发展。

# 下篇　我看交通发展

# 第十四章

# 综合交通

## 沧海风卷浪涌出　正是扬帆竞发时

### ——北京城市交通规划理论与实践发展回顾

北京交通研究中心

改革开放30年,是北京城市面貌发生翻天覆地变化的30年,也是北京城市交通跨越式发展的30年。首都经济社会现代化、城市化和机动化同时步入一个快速发展时期,为交通事业的发展带来了前所未有的机遇和挑战。城市交通需求与交通基础设施容量持续高速增加,此消彼长;北京交通的运行和管理在阵痛中波浪式前进。

伴随着首都经济增长,城市交通基础设施投资也在持续增加,平均每年保持在GDP的5%左右,十一五期间预计累计投资达2088亿元,城市道路面积每年平均以近300万平方米的速度拓展,开通了8条轨道线路,总长度200公里。在交通需求方面,截至2007年底北京常住人口已达1680万以上,近5年增加了50万,年增率2.9%;机动车保有量已突破300万辆,平均每年递增12.6%,机动车日出行总量是20世纪80年代的17倍以上。首都现代化、城市化和机动化的迅速发展,带来了城市交通需求特征的根本变化,主要表现在居民出行总量激增和出行特征的多样性变化。1986年全市居民出行规模为939万人次,2000年上升为2301万人次。居民较为单一的日常通勤出行比例下降,购物、商务、旅游等出行比例不断增加。居民出行的时空分布发生变化,交通早晚高峰持续时间增加,交通量在波峰与波谷上差距加大;潮汐式交通现象明显,城市交通面临新的形势和挑战。

2002年初,为了提高交通规划、建设与管理决策的科学化水平,北京市政府批准成立了“北京交通发展研究中心”,作为政府出台交通政策、提供科学决策和技术支持的研究机构。2003年北京市交通委员会正式成立后,交研中心正式挂靠市交通委,组织开展有关北京交通发展战略、综合规划等研究工作,跟踪分析北京城市交通体系运行状态,并针对首都交通发展的重大问题开展深入的研究,在定性与定量分析相结合的基础上提出科学的可操作的解决方案和政策建议。北京市交通委员会的成立,不仅在行政管理体制上实现了对全市交通资源的统筹和总体把握,而且在城市交通研究层面上赋予了综合规划和宏观决策的战略高度。市交通委的成立,是改革开放以来北京交通事业发展的新的里程碑,有力地推动了北京交通规划理论研究与实践向纵深发展。

城市交通的发展与城市化建设的进程紧密相关,是城市人口、土地、资源以及城市发展模式等多种因素互相作用的结果。北京的交通规划大致经历了四个发展阶段,即建国初期在前苏联专家指导下的启蒙和开创阶段;80年代初引入现代交通规划理论方法体系的经典,结合北京的实际开展系列专题研究阶段;90年代初步建立适合国情的城市综合交通规划理论方法体系框架阶段,以及90年代后期至今城市交通规划理论方法体系的逐步成熟与完善阶段。

## 一、建国初期交通规划启蒙阶段

20世纪50~70年代,国内关于城市交通问题的研究和资料很少,“一五”期间苏联专家带来了一些专业研究的理论和方法,但当时北京正处于百废待兴的经济恢复期，城市交通建设的全部内容就是道路建设，城市交通规划也几乎等同于道路规划。当时的交通规划是在完全不掌握客观需求以及整体交通运行规律的情况下依靠经验判断进行的。那个时期，城市交通问题主要表现为城市交通基础设施严重短缺，因此这个阶段是北京道路交通基础设施基本骨架形成时期。1960 年以前，主要在旧北京城内棋盘式街道系统基础上，改建城区的干道，配合天安门广场的扩建，改建了东、西长安街，以及目前二环内东西南北的主要干道，基本实现了城区内部道路四通八达。公共交通发展方面，开始发售汽车月票，重点进行了有轨电车的恢复与发展，开通了无轨电车线路逐步替代有轨电车。在交通出行方式上，机动车略有增加，自行车数量增加迅速，1975 年机动车只有 62568 辆，自行车达到了 2 百万辆以上。20 世纪 60 年代初，中国第一条城市地铁开工建设，但当时主要强调以战备为主。"文革"十年浩劫，北京的交通发展处于停滞状态，道路建设处于无计划状态，所建工程都是在交通发生拥挤和道路质量低劣不得不翻修的情况下才进行的。

## 二、20 世纪 80 年代初借鉴现代交通规划理论，开展基础研究阶段

改革开放的前十年，首都的经济、社会和城市建设开始复苏，城市基础设施投资逐年增加。1980 年，中央书记处对首都建设方针做出了四项重要指示，1983 年 7 月党中央和国务院对《北京城市建设总体规划方案》做出了十条重要批复，首都的道路交通建设进入了一个崭新的阶段。

随着首都经济的复兴，20 世纪 80 年代中期北京第一次出现了交通拥堵现象。当时北京居民交通出行 90% 以上依赖公共交通，自行车和步行方式；自行车交通方式占 60% 以上。在时空分布上，居民出行一半以上集中在城市三环以内；出行高峰集中，早高峰占全天运量的 1/4（1986 年北京全市综合交通调查报告）。北京的交通拥堵开始发生在一些繁华的交通路口，自行车的迅速增加，给北京交通带来了很大困难。针对这个时期的交通问题，北京的交通建设重点在于基础设施承载能力的扩充，加快了路网建设和公共交通发展。这一时期建设了二环路、三环路以

及十几座立体交叉路桥和行人过街立交设施；地铁建设一期工程1981年正式运营，主要承担从市区到西郊的客流；二期环线1987年底正式通车。“修路”成为当时解决交通拥堵的基本手段和主要措施。这是城市交通发展初级阶段的必然过程，这个时期完成了北京市区路网的基本格局和基础设施的储备。

1986年，北京开展了第一次全市居民出行调查，这是北京城市交通规划研究逐步走向科学化分析的重要标志性事件。调查工作首次将定量与定性研究方法相结合，探索了北京大城市居民需求特征、规律及其形成原因，这些调查成果有效地支持了公共交通线网的评价、轨道交通线网布局及可行性研究等实践工作。此次调查得到了北京市政府及各有关部门的高度重视，该项调查采用了科学的抽样和交通小区划分方法，分级实施，组织和培训专门的调查人员；后期对调查的数据进行了计算机分析和处理，这些有益的实践为今后北京交通研究建立现代规划体系创造了条件。

这一时期交通规划理论研究和探讨气氛非常活跃。1979年，在城市规划学术委员会下成立了大城市交通学组（1985年更名为城市交通规划学术委员会，2002年正式更名为城市交通规划分会），1980年交通学组开展了一系列有针对性的交通方案研究，如国家重点课题“改善交叉口提高道路通行能力”的研究，成果突出，直接用于解决当时北京的交通拥堵问题。交通规划理论研究的发展与实践紧密结合，酝酿着现代交通规划理论的形成。

## 三、20世纪90年代初步建立适合国情的城市综合交通规划理论方法体系框架阶段

20世纪90年代是计划经济向市场经济过渡的大跨步时期，首都经济发展日新月异。如何适应新形势下城市经济、社会的发展，提高城市现代化水平和人民生活水平，是这个时期北京城市规划工作的主旋律。这一时期是1983年总规修编指导思想的实践时期，也是交通规划理论系统化发展的形成时期。

20世纪80年代末期北京城市交通中一个最为突出的特征是机动化进程加速。1949—1983年，汽车总量增长平缓；1984年以后，民用汽车保有量年递增率猛增到20%以上。1997年机动车保有量突破100万辆，机动化进程给北京带来了新一轮

的交通拥堵，拥堵现象不仅发生在主要的交叉路口，而且在二环和三环区域内普遍出现了交通拥堵现象。拥堵现象引发的深刻原因在于首都社会经济的发展促进了城市人口物质文化生活需求的增长，人与物的流动范围和距离都有了明显的变化，在客货运输上表现出追求便捷、安全、舒适等方面，交通需求与从前基础设施匮乏时期相比发生了质的变化。社会经济的蓬勃发展和城市建设的飞跃变迁，使人们认识到城市交通综合体系是一个动态的大系统，既有其内在的运行机制，又受外部环境条件的制约。城市交通规划研究是一项系统工程，只有掌握其内在发展规律和特征，及其与城市总体发展的协同关系，才能使城市交通协调持续发展。

正是在这样的背景下，北京市政府组织25家单位共同完成了重大软科学项目《北京市城市交通综合体系研究》课题。该课题第一次全面系统地提出并解读了"城市交通综合体系"的概念，揭示了城市交通的内在运行机制与外部条件之间相互制约的关系。研究总报告中首次提出"适应现代化城市活动集约化需要的综合交通体系理论框架"，剖析了城市交通综合体系的属性和基本特征，这是城市交通规划理论逐步走向成熟的标志性研究成果，为城市交通理论系统研究的发展奠定坚实的基础。其次，这项课题提出"交通需求二重性与双向控制模式"，首次提出了交通需求管理的思路，即围绕解决北京交通面临的基本矛盾—结构失衡条件下的供需总量失衡问题，探讨交通双向控制模式，控制交通流源头及交通流发生后的科学诱导。再次，该项课题不仅建立了交通系统内部的体系框架，还强调了城市交通与系统外部环境的协调发展问题，包括城市交通与城市形态、城市规模、城市土地开发使用等因素的制约关系和协同效应。这些研究成果构建了适合我国国情的现代交通规划理论方法体系的基本框架，也成为北京城市综合交通规划研究的基本指导思路，并在当前北京城市交通规划和管理政策研究中发挥着重要作用。

这一时期，在交通规划研究方法方面也取得了历史性的进步。北京组织和开展了19次多科目的交通调查，并进行了城市发展的基础资料搜集工作，先进的计算机技术在研究中扮演了重要角色。在系统理论基础研究与科学研究方法的指导下，北京建立了一系列交通分析模型，包括城市交通宏观制约因素分析模型，出行量生成、出行量分布、交通方式分担及路网上交通流量分配模型，公交线网评价模型，城市交通建设投资合理额度的分析模型等，增强了北京交通规划科学分析和动态评价的能力。

按照《北京城市总体规划1991—2010》,北京交通发展方向是"完善城市道路网和轨道交通网,建立一个以公共运输网络为主体,以快速交通为骨干,功能完善,管理先进,具有足够容量和应变能力的综合交通体系。"北京城市交通规划在理论研究和实践运用两个层面上都取得了跨越式的转变,主要体现在:一是交通规划由单纯的治堵对策转向总体战略发展构想,在掌握内在机制规律和外部条件因素的基础上,明确了战略目标、实现途径和模式等,真正确立了城市综合交通规划体系框架、研究思路和战略发展方向;二是由"一边倒"的道路规划和建设转向综合交通规划,不仅在道路规划中对路网密度、路网结构等提出要求,还进行了专门的公共客运设施布局规划,纠正了从前公共交通发展不平衡的历史欠账问题,提出公共客运的发展目标,对公共电汽车场站和轨道交通线网做了详细的规划方案;三是由单纯基础设施扩容转向"建管并重",注入了交通需求管理的思想,完成了机动车公共停车场、枢纽场站建设及道路交通管理设施的规划方案等,提出继续完善交通指挥、控制与实时监视系统,进一步完善道路标志、标线及安全诱导和保障设施,优化市区道路行车组织方案,合理使用道路空间等,提高了现有道路交通设施运营管理水平。四是交通模型在规划研究中的广泛应用,定性与定量相结合方法逐步成熟,开创了北京城市交通规划研究的新篇章。

## 四、20世纪90年代后期至今城市交通规划理论方法体系的逐步成熟与完善阶段

北京的机动化发展速度是世界国际大都市中极其罕见的,1997年达到第一个100万辆,2003年就突破了第二个100万辆,4年后的2007年已经超过了300万辆。与此同时,2000年北京城近郊区居民出行总量比1986年增长了69%(《2000年北京城市交通综合调查报告》),2007年居民出行总量又比2000年增长了约62%(《2008年北京交通发展年报》),居民平均日出行距离从80年代的6公里上升到约10公里,北京交通拥堵现象十分严重。根据2005年北京综合交通调查显示,小汽车交通出行比例占29.8%,持平甚至超过公共交通分担比例;居民通勤交通比例持续下降,生活类出行上升,占总体的24.3%;交通早晚高峰时间延长,高峰

与平峰间差距缩小；城市快速路和主干路高峰时期高负荷运行，高峰时间公交和小汽车出行时耗分别增加了10.0%和8.3%。

2000年，首都北京紧锣密鼓地筹备申办第29届奥林匹克运动会，国际奥委会对北京申办提出了两个质疑—环保和交通问题。可见，北京的城市交通问题已经成为首都社会和经济发展中的一个严峻矛盾，引起了国际社会的关注。

正是在这样一个内忧外“疑”的时代背景下，北京市政府向社会颁布了《北京交通发展纲要(2004—2020)》，作为今后一个时期指导制定全市交通规划、交通政策和实施计划的纲领性文件，有力地支持“新北京，新奥运”这一战略构想。《纲要》在分析北京市经济、政策与交通运输发展现状的基础上，总结北京交通发展历史规律，科学地诊断北京交通问题症结，提出了建设“新北京交通体系”的新时代目标，即以现代先进水平的交通设施为基础，构建以公共运输为主导的综合交通运输体系；以信息化与法制化为依托，提供安全、高效、便捷、舒适和环保的交通服务；城市交通建设与历史文化名城风貌和自然生态环境相协调，引导、支持城市空间结构与功能布局优化调整，实现城市的可持续发展。

《纲要》文本及九个专项报告是北京城市交通发展理论与实践上的一个里程碑，其主要贡献在于以城市交通与城市发展互动规律的探索为基础，对以往的城市交通发展模式在未来城市化进程中的适应性和有效性进行了科学分析，从北京交通发展环境和条件出发，提出了有别于北京传统交通发展模式的“新北京交通体系”，以及其结构、发展途径、运行模式与可实施的战略设计方案。《纲要》紧密配合了2004年北京新一轮城市空间战略调整，为北京今后的城市交通规划研究和实践奠定了基础；《纲要》中提出的交通先导政策，公共交通优先政策，区域差别化交通政策，小汽车交通需求引导政策等战略决策都正在今天的北京交通建设和管理中显现效力。

近几年，北京城市交通规划在实践和研究的深度和广度上都获得了前所未有的进步。首先，在《纲要》指导下，北京制定了一系列宏观战略规划，如《北京市“十一五”交通发展规划》、《东部发展带交通发展战略与规划研究》、《北京市近期轨道线网规划》、《北京市大容量快速公交线网规划》等，深刻影响着首都交通的发展方向。在中观和微观层面，北京每年编制“疏堵工程”计划方案，形成了标本兼治、建管并举、突出重点、综合治理的工作指导原则和思路。针对重点地区进行了专项规划研究，如“北京站、北京南站地区交通改善方案”，“北京CBD综合交通规划”，“西城区、宣武区综合交通规划”，“北京市区域性交通组织优化方案研究”等，针对北京城市交通发展中出现的阶段性问题做出及时、快速调整。

其次，着重强调了交通在引导土地利用和支持城市空间布局调整中的作用。《纲要》中明确提出交通先导政策后，确立了以发展轨道交通和大容量快速公交网络为主体的综合交通发展体系。“北京综合交通规划”研究中制定了交通与城市空间布局、交通与土地利用、交通枢纽与土地协调发展的策略，分别在公共交通设施、轨道交通发展、道路网络调整以及枢纽建设等方面提出了较为具体的规划方案。在研究建立的“北京市交通与社会经济适应性综合分析评价平台”研究中，也着重分析了交通与土地利用和周边土地价格的影响等问题。在中、微观研究层面，开展了公共交通为导向的土地发展模式研究（TOD），交通基础设施土地增值收益分配改革方案研究，交通对就业岗位分布影响研究等。

再次，北京在交通基础设施适度超前发展的思路下，加强了对交通结构的调整，在各项规划建设中重点调整路网结构、运输结构和投资结构，保证基础设施建设在资金分配、建设时序、运行秩序上协调并进，实现交通资源的合理分配和使用。一方面，在基础设施建设中加快环路之间快速联络通道建设，调整主干道系统空间布局不均衡的状况，大力扩充支路“微循环”系统，优化完善路网结构。另一方面积极开展城市公共交通改革，确立了“两定四优先”的原则，即从设施用地优先、投资安排优先、路权分配优先、财税扶持优先等四个方面全面落实公交优先发展战略，提高公交吸引力，优化交通出行结构。

接着，北京加强了城市交通需求管理系列政策的研究和实践。北京先后完成了交通需求管理政策研究、北京市商业错峰研究、城市中心区拥堵收费研究、北京交通可持续发展的需求政策措施研究、奥运交通需求管理研究、奥运交通需求管理长效机制研究等，这些研究主要在分析北京交通需求变化的基础上，提出对策方案并进行效果分析，旨在时间和空间分布上合理支配有限的交通资源。这些规划和政策研究在中非论坛、北京奥运会等大型活动交通组织中发挥了十分重要的作用。

此外，信息化和智能化已经成为建设“新北京交通体系”的重要支柱也是北京交通未来发展的必然选择。现代交通规划实现了量化分析、实时监测、定量诊断、科学决策、智能管理等方面的跨越性变革。《北京市智能交通系统(ITS)发展规划》初步确定了以综合信息平台为核心,包括道路交通管理、公共交通调度、货物运输、电子收费、应急指挥、公众信息服务和电子政务等七大系统组成的基本框架。动态交通信息服务平台示范研究,城市路网可靠性评估关键技术研究等课题,以及浮动车交通信息采集系统,市政交通一卡通 IC 卡分析系统,出租汽车运营分析系统,北京市交通运行智能化分析平台等系统的建设,不但为奥运会期间全市的交通运行监测分析和交通组织起到了重要作用,而且实现了交通规划、管理决策、监控安全以及服务水平的跨跃和提升,为可持续发展的新北京交通体系的建立提供了坚实的技术支撑。

北京在 2000 年和 2005 年,分别进行了两次以居民出行调查为主的全市综合交通调查。在交通数据积累和地理信息系统(GIS)等技术应用的基础上,逐步建立了国内领先的“城市交通模型”,模型的建立有力地支持了城市建筑体交通影响评价分析工作,可用于预测城市交通特征的变化,评估政策实施的可行性研究和效果评估。城市交通模型已经在中非论坛交通运行分析、奥运交通仿真系统研究等重点项目研究中发挥了重要作用,为各种规划的实施和政策的落实提供了科学分析的平台。

2008 年,北京成功举办奥运会,出色的城市交通保障开创了北京城市交通发展新篇章。奥运会期间交通保障工作圆满完成,兑现了北京申奥交通承诺,赛事交通和城市交通和谐运转,取得了“三个满意”(让国际社会满意、让各国运动员满意、让人民群众满意)。奥运交通保障工作的成功,得益于良好的交通基础设施,特别是公交基础设施是奥运交通畅通运行的前提条件;轨道交通在奥运交通保障和城市运行保障中发挥了至关重要的作用;机动车限行、错时上下班、黄标车治理等需求管理措施显现效力;社会各界的支持是各项交通政策顺利实施的必要保障。畅通、有序、安全和环保的奥运交通是多年北京交通建设和发展积累的浓缩,也是交通规划理论和实践不断进步的结晶。奥运会为北京交通留下了扎实的物质条件和宝贵的管理经验,也为北京未来交通规划理论的发展和实践提出了新的课题和挑战。

(执笔人:赵晖)

# 养护管理体制改革之我见

孙　璐

我国学者周志忍把当代西方行政改革的基本内容归纳为三方面:第一,政府职能优化;第二,充分发挥社会力量的作用,实现公共服务主体多元化发展;第三,政府部门内部的管理体制改革,包括建立与完善管理信息系统,提高服务质量以及改善公共机构形象等。

借鉴新公共管理理论核心理念,公路养护作为一种生产和维护公共产品的工作,应当以政府为管理者和协调者,充分带动社会各种力量,从而实现良好的社会效应和较高的经济效益。

## 一、西方行政体制改革的经验

西方国家的行政体制改革有两种方式,以新西兰为代表的国家改革步伐较快,可以称作行政改革的激进模式;以德、法为代表的欧洲大陆国家行政改革步伐较缓,但是各国的行政改革均带有明显的新公共管理趋向。

以养护管理体制为例,目前国际上公认的比较先进的管理体制是英国的养护管理体制。包括公路管理机构、提供养护相关信息的第三方公路管理代理人以及公路养护工程承包商三方主体,主体间是平等的合同关系。在具体的运作过程中,三方按照非常详细的法律规则操作,这些法律规则既包括实体法,也包含程序法(例如资金预算、使用的量化标准,维修工程的责任、程序等),真正建立了有法可依、有法必依、执法必严、违法必究的完备程序。

近30年来,中国行政管理体制改革经历了不断的探索与总结,形成了具有中国特色的改革道路，但是改革的很多方面同样具有渐进式的“新公共管理”趋向。在政府职能方面不断的淡化经济职能、具体职能，强化社会职能、管理职能，同时充分发挥市场的活力，调动各方面力量参与到社会的管理中，从怀柔区养护管理体制改革看，以1984年的经济承包制改革（岐庄养路工程队试行经济承包责任制）、1991年的三级养护管理体制改革以及2002年的“管养分离”改革最具代表性。

## 二、体制改革激发机构活力

管养分离——掌舵而不是划桨。改革开放以来，中国的行政管理体制改革先后经历了1982年、1988年、1993年、1998年和2003年五次大的改革，改革力度最大的当推1982年和1998年两次改革。从1985年开始，怀柔公路管理所对所属养路工程队实行“五定、五保、一包”目标管理经济承包责任制，激发养护人员的生产积极性；进入20世纪90年代公路养护强化了生产、养护、监督为一体的管理模式，但是这种模式带来了很多问题；为此，在2002年实行“管养分离”改革，怀柔公路分局从划桨者转变成了掌舵者，真正实现管理、生产相分离的模式，提高了养护管理的效率。

公共服务主体多元化——将社会力量注入到公共服务中。公共服务主体多元化是世界各国行政体制改革发展的大趋势，公路养护服务体制改革也顺应了这个发展趋势，采取渐进的方式逐步放权让利。尤其是2002年养护管理体制改革的完成，包括政府、事业单位、监理公司和养护公司等多种社会力量融入到养护工作中，提升了养护的技术水平，实现了社会效益和经济效益双丰收。

以人为本——从顾客需要出发。作为养护管理体制监督方，怀柔公路分局自成立以来加强内部的改革，先后吸收了一批优秀人才，同时建立信息化工作系统，既提升了工作效率，也方便了人民群众。

## 三、继续深化改革

科斯定理第一条提出，产权明晰是制度建设的根本。养护管理体制改革的最终目标是实现所有者(政府)、管理者(事业单位)、生产者(企业)三方权责清晰,当产权明晰后,管理部门与养护部门的关系就由隶属关系转变成平等关系。身份上的转变要求在运行机制上必须进行相应调整。

变革管理模式是当前阶段非常重要的一步,以行政命令为主的管理方式已经难以适应产权各方合作运行了,为适应产权主体的转移,必须建立平等的运行规则以约束双方的权责。

运行规则要着重连续性、稳定性和可操作性,只有建立好完善的配套制度,养护管理体制改革才能到位;进一步分析,只有建立好完备的运行机制,培育扩大全国养护市场才是可行的,养护市场的资源才可能在更大范围内自由流动。

(作者单位:怀柔公路分局)

# 区区通高速 天堑变坦途

市交通委计划发展处

从1986年北京市第一条高速公路京石路动工开始，仅用了22年时间，高速公路从无到有，从个别区县通高速到区区通高速，从单条路到基本形成高速公路网络，在改革创新中走向快速与规范发展。1993年通车里程达到100公里，2000年突破200公里，2004年超过500公里，2008年上半年已达到762公里。

回顾北京市高速公路发展历程，经历了起步、快速发展、规范发展三个阶段，至今初步建成了"两环、十一放射"的环线加放射线高速公路网络。

1986年4月，北京市第一条高速公路——京石高速公路动工，之后京津塘路、机场路、京哈路、八达岭路等陆续开工建设。截至1998年底，共建成高速公路163公里，平均每年13公里。包括原市公路局负责建设的京石路、京哈路、八达岭路（一、二期）和京津塘路，京津塘高速公路北京公司等投资建设的机场路，原市基础设施投资公司投资建设的京通路。

1998年，为多渠道筹集建设资金，盘活存量国有资产，加快高速公路建设，市政府按照《公司法》的规定，决定以部分收费公路作为政府出资组建首发公司，负责高速公路筹融资、建设、运营管理。1999年首发公司正式成立至2004年底，共建成高速公路362公里，平均每年60公里。2004年底，北京市高速公路通车里程达到525公里。

2005年以来，北京市按照国务院《收费公路管理条例》等法规规定，主要建设经营性公路，也建设了一条政府还贷公路。2005—2008年9月底，共建成高速公路253公里，平均每年63公里。截至2008年9月，高速公路通车里程达到778公里。

22年间,高速公路在北京市市域内不断延伸、发展。随着改革的持续深化,北京市高速公路从单一投融资渠道模式逐渐转变为以财政性资金投入为主,银行贷款、社会投资、发行企业债券等多种股权、债权融资手段为辅的多渠道投融资模式,有效促进了北京市高速公路的快速发展。

搭建融资平台,降低融资成本。1984年,国家出台"贷款修路、收费还贷"政策后,北京市积极执行收费公路政策,先后建设了京石、京津塘、八达岭等高速公路。1998年,市政府改革公路建设体制,成立了国有独资的首发公司,通过市场化运作建设高速公路。新机制打破了老框框,向银行贷款,发行企业债券,多渠道筹集资金,建设周期大大缩短。通过银企合作,2005年首发公司与工商银行、建设银行签订了总额为226亿元的贷款授信协议,降低了财务费用,为"十一五"期间高速公路建设提供了资金保障。2002年与2007年,以首发公司为融资平台,成功发行了15亿元和8亿元企业债券,主要用于五环路、京承高速(三期)等建设项目,有效降低了融资成本。

引入社会资金,扩大融资范围。根据《公路法》和《收费公路管理条例》有关规定,北京市充分利用收费公路政策,在高速公路中引入社会资金超过27亿元,建设了京承高速(二期)等高速公路。

在收费高速公路发展的同时,北京市坚持以发展非收费公路为主的政策,在高速公路建设项目中加大财政投入,减轻出行成本。

在执行收费公路政策的同时,我们在公路建设中坚持非收费公路为主,以减轻市民的出行负担。截至2007年底,北京市公路通车里程达到20754公里,其中只有526公里收费,仅占2.5%。2004年初,为缓解中心城区交通拥堵,造价达117亿元的五环路停止收费。密古路在建成收费10年贷款还清后于2004年停止收费。

在积极发挥企业投资建设高速公路积极性的同时,我们努力加大政府投入力度,提高高速公路建设项目中资本金的投入比例,大力发展政府还贷高速公路。京平高速公路全长约52.8公里,总投资约45.1亿元,市政府投入资本金比例由过去的35%提高到55%,并作为政府还贷公路进行管理,以减轻出行者的负担。2008年6月建成通车后,实现了"区区通高速"的目标。

改革开放30年来,高速公路的飞速发展,对首都和谐社会建设,统筹城乡和区域发展,支持社会主义新农村建设,促进京郊旅游、农业发展、房地产开发,方便市民出行发挥了重要作用。

(执笔人:贺姗 范玉亮)

# 为黑土地抹一缕"绿色"

## ——记市政路桥建材集团路面材料探索之路

张东平

也许您在北京生活几十年了，经常走二环、绕三环，见证了北京改革开放以来首都道路建设快速发展的进程，但不一定将脚下的道路与废物利用联系在一起；也许您驾车经过南四环科丰桥至看丹桥时，感到汽车噪声突然小了，享受到了路面材料创新带来的种种好处，但不一定了解我们在生产沥青混凝土路面材料方面做出的探索、努力和贡献……

从新中国成立以来，我们为首都的道路建设提供了高质量的道路材料，曾经参与长安街、平安大街、二环、三环、四环、五环、六环、首都机场等城市道路和京津塘、京石、八达岭、京开、京沈等高速公路的供料任务。

伴随着改革开放的脚步，我们把"建设资源节约型、环境友好型社会，大力发展循环经济"作为研究、创新产品的方向，将绿色环保的概念渗透在每一项技术的研究里，包含在每一个产品的开发上，尤其是在黑色的沥青混凝土中加上了浓浓的"绿色"。近些年来，在原料加工进行生产的基础上，不断总结利用新技术，开发研究了再生沥青、低噪声沥青、废胎胶料改性沥青、钢渣沥青混合料等一批环保产品。其中，许多产品应用在奥运工程及重点工程中，创造了显著的社会效益。

### 一、让废旧沥青"重新上岗"

众所周知，任何事物都有它自身的寿命，沥青路面同样如此。一般情况下，新建的沥青路面经过汽车荷载作用和自然界的风吹雨淋，10～20年就寿终正寝了。被翻挖出来的废旧沥青就成为工业垃圾，抛置一边无人问津。

政府每年除了要支付300万元的垃圾消纳费外，每年还需进口数十万吨的沥青用于道路建设。同时，沥青路面中所含碎石、砂子，这种看似普通的材料，在北京周边地区采集也很不容易。如果生产150万吨沥青混凝土，其中的砂石料用量为143万吨，用卡车装满排成一行，能从北京一直排到长江。以市政路桥建材集团所属路新公司为例，过去，该公司生产所用的砂石料均产自北京郊区，多年的开采，已对这一地区造成了水土流失和自然植被破坏，为此，这些地区已禁止开采。

改革开放以来，人们对路面废料的处理、利用的程度逐渐提高。为了让废旧沥青"重新上岗"，减少对环境的污染，我们借鉴世界先进国家的经验，开展了"沥青路面再生利用技术的研究应用"。首先对北京现有的旧路面进行调查，对不同年代的沥青旧料进行破碎，把沥青分离出来后与新沥青指标对比。然后选择再生剂，通过试验确定再生剂与旧沥青的掺配比例。几经交流、论证，在日本专家的指导下生产出我国首批再生沥青混合料。

2001年11月，羊坊店西路被作为试验段，摊铺了200m×9m的再生沥青混合料，经过冬春夏三个季节和车辆碾压的考验，路面没有出现开裂、松散、掉渣现象。经过专家评估，再生沥青混合料的性能完全符合《公路沥青路面施工技术规范》要求，达到了新沥青混合料的各项指标。

第二年，北京二环路进行大面积改造，再生沥青混合料被用于辅路工程施工中，这对于节省工程投资，保护城市环境发挥了重大作用。绵延二环路，再次记录了市政路桥建材人的"绿色"情结。

## 二、缓解"噪声污染"的侵袭

2003年，北京市一位政协委员提出，家住西三环边塔楼顶上的王先生，一年四季不敢开窗，只要开窗，窗外的行车噪声就会搅得他心慌气短，血压升高。这位委员建议，有关方面能否发明一种低噪声路面材料，降低北京城市路面噪声，还居民一个安静的生活环境。

为此我们展开了“废胎胶粉改性沥青应用研究”的课题，该项研究的中心就是将废轮胎加工成橡胶粉末，用于道路沥青改性剂。它是国际公认的无害化、资源化处理“黑色污染”的最好方法，不仅可以提高沥青路面的质量，还可以大幅度降低行车噪声，消化大量的汽车废胎，从而减轻废胎处理带来的社会和环境压力，是典型的绿色环保项目。这个项目还被北京市交通委员会设立为科研项目。

经过一年多的努力和无数次的试验，废胎胶粉改性沥青终于研制成功。2004年，顺义区和门头沟区铺设了两条2.4公里的试验路段，经验收合格。2006年，在南四环科丰桥、看丹桥路面改造工程中应用，取得明显的社会效益。

经专业机构测试，车速在每小时80公里的情况下，废胎胶粉改性沥青路面与SBS改性沥青路面相比，降低行车噪声2分贝，这相当于减少交通量1/3。同时，在一定程度上还降低了路面造价。研究人员通过比较，发现在道路建设质量相同的情况下，废胎胶粉改性沥青路面的成本，比SBS改性沥青路面的成本降低至少在10%以上。

2007年3月，北京市重点工程展西路工程其中一段要经过动物园，为了不打扰动物园中珍稀动物们的生活，这一段用隔音罩围成了一条空中隧道，同时结合8000多吨橡胶沥青混凝土，达到了静音效果。

2007年7月，在奥运工程——顺义潮白河畔右堤路路面施工中，废胎胶粉改性沥青再次发挥了作用，有效减小了汽车噪声污染。如今，汽车驶过右堤路，行车噪声小了很多，与应用普通沥青混凝土的左堤路形成鲜明的对比。

2008年，废胎胶粉沥青混凝土又在另一项奥运配套工程——机场南线高速公路工程防水粘结层中被广泛应用。

## 三、从工业废料中“淘金”

在运用科技创新，让废旧沥青“重新上岗”，让废旧轮胎“降噪节能”的同时，一个又一个工业废料——首钢炼钢剩余的钢渣、房山区煤矿生产过程中产生的废渣煤矸石等被发现，从这些工业废料中淘取的“黄金”，可以作为沥青混凝土的生产原料。

原来，首钢年产钢渣近百万吨，加上几十年的积累，成千上万吨钢渣作为工业废料分散堆积，占用了大量的空间。同时渣粉漫天飞扬，粉尘污染成为影响首都环境的首要污染源。

关于“工业钢渣在公路工程中的综合应用”项目的研究随即展开。该项目旨在满足高等级公路对石料的需求，节约天然原材料，大规模利用工业废料，减轻环境污染，节省筑路资金。2005 年底，经国内专家鉴定，成果达到国内领先水平，为大规模、高效能利用钢渣提供了技术支持。

煤矸石是目前我国排放量最大的工业固体废弃物之一，我国煤矸石每年的排放量相当于当年煤炭产量的 10% 左右，目前已累计堆存 30 多亿吨，占地约 1.2 万公顷。这些废石堆由于具有排放量大、易自燃、淋溶、稳定性差等属性，从而带来了大量堆放侵占土地、严重污染环境等一系列的环境问题。国家发改委、国家环保总局等 7 部委联合下发《关于加快煤炭行业结构调整，应对产能过剩的指导意见》，鼓励国内企业积极开展对煤矸石进行综合利用的科研项目。

在政府的号召下，“矿山废弃物资源化利用”的研究展开了，经过多次试验，煤矸石的利用找到了一条新途径——代替石灰岩碎石用于沥青混合料生产。2007 年 7 月份，组织在樱花西街铺筑了北京市第一条煤矸石沥青凝土试验路，效果良好。市发改委、市资源综合利用协会、市公联公司等部门领导亲临现场，对积极开展煤矸石综合利用给予充分肯定。

此后，为了促进煤矸石的综合利用，市政路桥建材集团和房山区南窖乡政府合作，建成煤矸石碎石综合利用基地。该生产基地投产后，每年处理煤矸石 25 万吨，可逐渐恢复和保护南窖乡的植被，改善现有生态环境，在治理环境、发展循环经济方面做出了贡献。

（作者单位：北京市政路桥建材集团有限公司）

# 一"冷"一"热"看发展

## ——温拌沥青混合料"改革"道路施工技术

张东平

2008年5月13日晚12时左右,位于奥运中心区"鸟巢"东北侧的中一路,两台摊铺机一字排开,由西向东慢慢推进,这里,正在进行路面沥青混凝土铺筑。但是,与以往不同的是,施工现场没有难闻的沥青味道,也看不见热气腾腾的烟雾。原来,该工程应用了一种新的路面摊铺材料——温拌沥青混合料。

## 一、沥青臭味有毒有害

多少年来,道路施工大多采取热拌沥青混合料。如果您正巧路过沥青混凝土摊铺现场,一定会闻到刺鼻的沥青味道。

据中国交通部公路科学研究院副总工程师、研究员黄颂昌介绍,我国道路施工中有90%以上采用热拌沥青混合料,根据施工要求,在现场的材料温度一般要保持160至180℃之间。摊铺时,会冒出烟雾和刺鼻的气味,这就是一氧化碳、二氧化碳、一氧化硫以及氧化氮等有害气体。它们不仅污染了大气环境,而且对操作人员的呼吸系统造成一定的伤害。长期工作在一线的工人师傅,进行摊铺作业时要忍受强烈的气味刺激,尤其在较为封闭的环境中,如隧道施工,还会发生被熏晕的现象。前不久,北京金融街修建地下通道,有记者在摊铺现场采访,他说,采访时间不算很长,但已经被强烈的沥青味道熏得眼睛流泪,头发晕了,在里面施工的人长时间忍受难闻的气味,太了不起了。另外,由于混合料要达到180℃的高温,在制作加热时也必然消耗大量的能源。这对于资源紧缺的地球来说,还不仅仅是经济问题。

因此,我国改革开放以来,国家和企业环境保护、劳动保护意识的提高,开发节能减排的新材料,成为政府大力支持的事业和业内人员的主攻方向、研究课题。

## 二、努力实践奥运理念

2005 年,北京市政路桥建材集团与交通部公路科学研究院共同开始进行温拌技术项目的研究。据了解,温拌技术最早在欧洲被提出,其主要原理是降低混合料中胶结料的黏度,进而降低碾压温度。温拌沥青混合料的核心部分是一种特殊的添加剂——乳化剂。为了加强对温拌技术的研究,市政路桥建材集团总工程师柳浩在集团技术研发中心成立研究小组,与交通部公路科学研究院密切合作,用了一年多的时间终于研制出温拌沥青混合料。2005 年 7 月,在 110 国道辅路上做出我国第一条温拌沥青混合料试验段。截至目前,已经经受住了两年多的行车及高温、寒冷季节的考验,经检测,道路各项指标完全符合国家标准。到现在,北京已经铺设了 7 条试验路。2008 年,在公联公司的大力支持下,此项技术首次应用在北京道路施工中,并且选择了奥运工程。

应该说,在奥运中心区的中一路铺筑温拌沥青混合料,不仅仅意味着一种新材料的推广使用,重要的是,这是实践"科技奥运、绿色奥运、人文奥运"理念的又一个实际行动。

## 三、城市道路施工良方

在城市道路铺筑温拌沥青混合料,最大的好处就是减少施工时废气的排放。这对于人口稠密的北京城来说,无疑是一剂良方。

有权威人士计算,全国每年使用的热拌沥青混合料为 2.5 亿吨,其中北京市高达 1000 万吨。1 吨热拌沥青混合料在使用过程中会排放 18 公斤二氧化碳,加热过程中需要燃油 6.8 公斤。据检测,采用温拌技术,可节省加热燃油 20% 到 30%,一氧化碳、二氧化碳、一氧化硫和氧化氮分别减少排放量70%、46%、40%和60%。同时，摊铺时产生的沥青烟减少了80%。总工程师柳浩介绍说，位于奥运中心区的中一路，道路长600米，宽近14米，道路两旁都是密集的居民居住区，许多建筑物临街而建，不少人家的窗户正面对着道路，如果采用以往的热拌技术，在路面摊铺时，肯定会冒出沥青烟，威胁施工人员的身体，也影响周边居民的正常生活。此次采用温拌沥青混合料，极大地减少了有害气体的排放，很大程度上保护了环境和施工人员的身体健康。据计算，该工程使用温拌沥青混合料共计1000多吨，仅二氧化碳的排放量就减少了18000千克。那么，温拌沥青混合料的各项性能能否达到国家标准呢？答案是肯定的。经过与热拌沥青混合料相比，温拌沥青混合料能够达到相应的性能指标，在车辙试验动稳定度方面，大大超过了规范值的要求。其推广应用价值显而易见。

有专家和企业呼吁，温拌沥青混合料降能耗，减排放。如果政府部门给予政策支持，将大大提高温拌沥青混合料的应用水平。我想，这一天到来时，道路施工现场的状况和现在相比将有巨大的变化，北京的天因此会变得更蓝……

（作者单位：北京市政路桥建材集团有限公司）

# 和谐交通 应急为民

市交通委交通安全应急处

2003年“非典”疫情的突然袭击，把我国如何应对突发事件的问题提到了前所未有的高度，“非典”疫情成为了应急管理的一个重要转折点。“非典”之前，我国应急管理尚未形成体系，而且侧重于自然灾害的救灾和恢复，对综合应急管理缺乏正确的认识。“非典”之后，国务院开始加强全国应急管理体系建设，2005年7月，国务院召开全国应急管理工作会议，并成立了国务院应急管理办公室，相继颁布了国家和中央各部门的应急预案，我国应对突发公共事件工作进入了一个新阶段。

市交通委成立之前，对交通灾害管理的体制实行单一灾种为主、分部门管理的模式，各涉灾部门自成系统，各自为战。自2003年4月，市交通委成立以来，逐步完善了交通应急指挥体制建设，整合了北京市交通系统各类突发交通事件组织管理机构，理顺管理体制和联动机制，逐步提升了交通系统的应急管理能力和综合实力，强化了应急抢险处置力度，落实了责任制，完善了各类交通应急体系。

截至2006年8月1日，建立了由总指挥、副总指挥和41家成员单位组成的市交通安全应急指挥部，作为全市14个专项应急指挥部之一，在北京市应急委的直接领导下开展交通应急指挥、抢险工作。全市交通安全应急管理体系从无到有，从小到大，形成了集中指挥与专业处置相结合的突发交通事件应急指挥体系。自此，交通安全应急管理迈入系统化和规范化发展的新阶段。

为全面做好北京市道路交通应急抢险和交通运输保障工作，有效应对各类突发交通事件，我们按照市应急办的要求，科学筹划、组建了10支突击力强、素质优秀的专兼结合的交通应急抢险救援保障队伍5000余人，共配备有600余部客、货运输抢险车辆和600余部机械设备，初步建立交通应急专业队伍组织管理体系。

自2003年以来，我们结合交通行业特点和实际情况，采取综合演练、专项演练、分项演练、集结点验等各种形式，先后组织了轨道交通火灾抢险、道路中断抢修、战备钢桥调运安装、客货运力紧急调集等综合演练30余次。2008年6月1日，市交通安全应急办会同相关单位，成功举办了奥运期间城市道路交通事件综合应急演练。市委副书记王安顺同志，市委常委、常务副市长吉林同志，市委常委、市公安局局长马振川同志，副市长赵凤桐同志观摩了演练。演练模拟了化学危险品运输车辆交通事故应急处置、奥运与会车辆发生交通事故应急处置、城市道路塌陷事故应急处置、公交车内发现可疑爆炸物及发生火灾事故的应急处置等多种事件场景。演练不仅检验了相关专项指挥部、各成员单位之间的协调配合、应急联动工作机制；检验了奥运期间城市道路交通保障单位应对突发事件的信息报送程序和处置程序；检验了应急通信技术、图像传输保障的有效性。而且熟悉了预案，解决了相关应急预案相互衔接联动等问题，提高了预案质量，也在演练中优化了组织。

北京市交通应急技术建设充分挖掘现有资源的潜力，将交通系统图像资源充分有效地整合起来，搭建了交通应急指挥平台，建立了由交通安全应急指挥中心和卫星移动指挥系统构成的交通应急指挥系统。实现了与市图像监控平台之间的互联互控功能。强化800兆数字集群系统的应用，为委领导、相关单位、各交通应急抢险队伍配发了电台，确保应急通信联络畅通，丰富了交通应急指挥技术手段，满足及时快速处置突发交通事件的需要。奥运会前，如期完成了地铁内无线政务网基站建设，实现了无线政务网在地铁的全面覆盖。

近两年，交通安全应急指挥系统及时妥善处置了京广桥附近路面塌陷、国贸桥辅路塌陷、西直门北立交危桥换梁施工、地铁10号线苏州街站工地塌方、京哈铁路2号桥被撞、杏石口过街天桥撞坏、大望桥塌陷、安华桥下两度积水等多起情况复杂、处置难度大的突发交通事件。

2006年1月3日，京广桥附近路面发生塌陷，抢险工作涉及3个专项应急指挥部、15个部门和47个施工单位。交通应急系统充分发挥整体优势，迅速启动应急预案，协调配合，果断处置，取得良好成效。及时通过手机短信和媒体广泛告知，处置工作始终得到群众的充分理解和支持。2007年3月8日，国贸桥东北角辅路局部塌陷事故在第一时间成立了以吉林副市长为指挥，29个部门组成的抢险指挥部，大大提高了应急抢险动员范围，确保了这次事故快速、有效处置。

奥运期间，北京市地面公交系统有45000多名司售人员、场站安保巡查人员佩戴“安保巡查”、“安保志愿者”等红袖标上岗。做到首车到末车，673条公交运营线路，车车有专、兼职安保巡查人员。同时，地铁也形成“红海洋”，在车站和列车车厢配置红袖标巡逻人员3976名，在全路网217个车组和392个车站治安责任区内，从事治安巡视工作，消除地铁治安盲区，圆满完成了奥运平安保障任务。

应急管理工作不是由一个部门或单位单独完成的，需要强有力的统一指挥和综合协调，需要灵敏高效的快速反应和应急联动。坚持预防与应急相结合，常态与非常态相结合的原则，以有效应对风险。人民是我们的服务对象，人民的安全是我们最终的奋斗目标，总结以往，我们将在今后的工作中更加努力。

# 打造交通职教精品
# 力助交通事业腾飞

北京交通学校

北京市交通学校在交通行业来说，是一座历史悠久的学校。她成立于1960年，建校初期曾经两次停办，1976年再次恢复办学后，选址永定门外沙子口，从而奠定了学校的发展基础。

随着首都交通行业的快速发展，市交通学校进入了发展的黄金期。学校将市场定位为为国内外一流企业和新兴交通产业培养中高级应用型技术及管理职业人才的培养目标上。学生毕业后能否实现高就业率和高收入及可持续发展是学校质量衡量标准。"指导择业、服务就业、因材施教、点石成金"的十六字方针，将教育教学改革的目标凝聚在能否为政府、行业、企业、学生提供独特的价值上。

自2000年起，学校实现了办学史上的两大跨越、一次飞跃，即：由原来北京市一所普通的中等职业学校，一跃成为北京市骨干示范学校，国家级重点学校，北京市政府认定的与国际接轨的现代化标志性学校。2002年，学校被国家教育部、劳动和社会保障部、国家经贸委表彰为全国职业教育先进单位。2004年，学校被交通部表彰为全国交通职业教育先进学校。2005年，学校完成了现代化标志学校一期工程建设工作。

## 一、办学规模不断扩大

1978年，学校占地面积仅3.2亩，校舍建筑面积2380平方米，教职工61人，全日制在校生180人。2000年，学校在行政主管部门的领导和支持下，认真贯彻教育部、市政府"关于中等职业学校布局调整"的精神，走出一条低成本扩张之路，将原国家级重点技工学校——北京市汽车驾驶学校并入交通学校。重组后的新交通学校办学规模不断扩大，学校拥有大兴黄村、海淀西三旗、东城潘家坡三个全日制学历教育办学校区，拥有永定门外沙子口、海淀皇后店两个成人教育培训校区，学校还在河北、福建、内蒙古建有4所省外联合办学点。截至2008年6月，学校占地面积已达到202亩，校舍建筑面积79400平方米，教职工299人，专任教师总数129人，全日制在校学生6800人。

自2000年起，学校招生数量连续八年位列北京市同类学校之首。1998—2003年，学校每年净增招生人数700人左右。2004~2007年，学校全日制中专生招生数稳定在1600人以上，其他层次的全日制学生在200人以上。目前，学校在校生人数是改革开放初期1978年底在校生人数的38倍。学校毕业生数量占首都交通行业需求人数的10%左右，毕业分配率近八年来均达到96%以上，部分专业毕业生出现了供不应求的局面。

1981年，学校根据《中共中央、国务院关于加强职工教育工作的决定》精神，开始涉及交通行业内在职职工培训工作，年培训人员100名。1985年，学校建立交通部电视中专分校，并在北京市交通行业内建立工作站、教学班，年招生220人。1998年，学校开始面向交通行业从业人员资质性和职业技能鉴定工作，2000年，培训鉴定工作发展迅猛，2001年达到1.2万人次，2002年1.9万人次，2003年受非典影响也达到1.35万人次。截至2008年6月底学校承担的行业内迎奥运培训、考核及各类职业技能培训、鉴定达到4万人次。

## 二、办学结构日趋合理

改革开放30年来，学校顺应交通行业和首都经济快速发展的大好形势，按照行业和企业需求，对学校办学结构、专业设置进行调整。由1978年只开设《汽车运用与修理》一个专业，到2008年学校开设了12个专业。2000年，学校与德国巴斯夫公司建立了国内首个《汽车整形与涂装》专业，填补了中国职业教育的空白。2001年，我校的《汽车运用与维修》专业被北京市教委认定为全市第一个现代化标志性专业。2006年,学校与香港铁路公司、京港地铁公司合作建成了及学历教育、职业培训相互融通的《城市轨道运输与管理》专业。

随着企业国际合作的不断深入和新兴技术的运用,企业对人才的层次要求在不断地提高。学生家长和学生对进一步提升知识水平和学历层次有了更高的要求。学校随即与北京工业大学合作开办高职班,与北京交通大学合作建立远程教育分校,与长沙理工大学合作建立长沙理工大学北京函授站,开展专、本科层次的成人教育。2000年,在市教委指导下先后与英国海博瑞学院、奇切斯特学院、诺丁翰新学院合作,引进英国大学的高职课程。通过与中外高等院校的合作,搭建起由中职—高职—大学的立交桥,形成了高层次、多元化的职业教育体系。

针对北京市交通行业庞大的从业人员再培训市场,以及劳动预备制度和职业资格证书制度,学校在市交通委员会的支持下,根据行业发展规划增加了汽车维修工等15个涉及交通行业的培训项目,在职业技能培训上实现由初级、中级、高级到技师的梯次培训结构。

## 三、教育质量逐年提升

30年来,学校依靠与中外优秀企业合作办学,逐步提高技术教育质量。学校先后与世界经济500强企业—日本丰田汽车公司、美国通用汽车公司、全球最大的化工企业德国巴斯夫公司开展订单培养工作。我校的毕业生先后荣获"中国丰田汽车维修技能大赛"第一、三、六届的冠军和"中国丰田TEP学校汽车维修技能大赛"团体和个人第一名成绩。2004年,日本丰田公司将"中国T-TEP样板学校"称号授予我校。2007年、2008年学校连续两年荣获上海通用汽车公司颁发的唯一的ASEP院校综合实力大奖。

引进国际先进职业教育的办学思想,全面提升教育质量。2001年,学校与英国魁维亚教育发展公司合作,引进英国职业教育"前厂后校"的办学模式,利用交通行业办学的优势,依托现有专业技术人才,建立起自己的实习基地。与巴斯夫公司合作成立了北京雅亮涂装工程顾问公司。该公司为巴斯夫公司中国北方总代理,负责德国喷漆技术及工艺的推广及汽车漆、敷料及设备的销售工作。与香港铁路公司、京港地铁公司合作建立城市轨道交通人才培训中心，致力于解决城市轨道专门人才短缺问题，为北京市及国内城市轨道企业培养高级技术和管理职业人才。与台湾汇丰汽车服务有限公司合作，建成具有一级汽车维修资质的德众丰通汽车维修公司，该公司是集实践教学、职业技能鉴定和技术服务为一体的高水平职业教育实训基地，学校通过参与实习基地的建设和运营，使学校的专业建设与市场的结合更加紧密，实习基地经营情况成为检验学校办学质量、专业建设的晴雨表和风向标。

## 四、社会效益与经济效益稳步提高

学校始终将服务交通行业发展，服务首都经济和社会发展作为自己的使命，把落实中央关于现代制造业、现代服务业技能型紧缺人才培养培训工作作为最大的社会效益放在优先重视的高度。30 年来，学校为首都交通行业培养了 13000 余名合格的应用型管理技术人才。

2004 年，学校在市交通委的支持下，成功地承办了“全国职业院校汽车运用与维修专业领域技能型紧缺人才培养培训班”。全国有 77 所中等职业学校，63 所高等职业院校，318 个企业单位派代表参加培训工作。以此为标志，拉开了全国汽车维修专业领域技能型紧缺人才培训工作的序幕。

同年 5 月，在市交通委的领导和支持下，学校积极参与承办了北京市政府 17 个委办局联合举办的“新世纪北京首届职业技能大赛——汽车维修工、汽车维修漆工、汽车维修钣金工”三个工种的决赛任务。根据交通委要将决赛办成公开、公平、公正，充分展示首都交通行业蓬勃发展精神风貌的要求，学校为决赛提供了场地、比赛用设备，保证“汽车维修工”、“汽车维修漆工”、“汽车维修钣金工”三个工种的决赛圆满成功。大赛的各项组织工作得到了新世纪北京首届职业技能大赛组委会的高度评价和赞扬。更加喜人的是在“新世纪北京首届职业技能大赛——汽车维修工决赛”中，获得前十名的选手中有 8 人是我校的毕业生，位列前三名的都是我校毕业生，我校 14 名毕业生获得大赛组委会颁发的汽车维修工高级技师和技师称号。2004 年，在全国奔腾杯汽车维修钣金工大赛上，我校毕业生又勇夺桂冠。

改革开放30年来，许多教师已经成为职业教育系统和交通行业内的专家和学科带头人。自1998年起，由我校教师担任主编的公开出版教材有28种，获得国家级优秀职教论文奖的25个，省市级优秀职教论文奖82个。

学校已将发展目标锁定为将学校建成与首都经济和“新北京交通体系”相适应的，中高职并举，职业教育与成人教育协调发展，立足交通行业发展、服务首都经济建设和社会发展，兼顾国内国际教育交流与培训市场，办学水平达到国内一流，与国际先进职业教育接轨的首都交通职业技术学院。

我们相信有党中央改革开放的好政策，北京市交通学校的明天一定会更美好！

# 公路建设者的摇篮

王占利

今年是改革开放30周年。北京的公路交通建设事业取得了辉煌成就。面对四通八达的交通道路，人们必然会对那些公路建设者满怀敬意。但是，我们也不应忘记为这支公路建设大军不断输送人才的摇篮——北京市路政局技工学校。因为，是她在35年中，特别是改革开放30年来在技工人才培养中作出了自己的贡献。

## 一、艰苦创业渐壮大

1973年北京市路政技校在大兴县一片荒滩中诞生。建校之初，只有几间简陋的平房，10余位教师，几十名学生，没有专门的实习场地和设备，甚至连像样的教室也没有，她确实太简陋了。但就是在这简陋的校园中，却培养出了北京第一批公路建设的技工人才，成为早期首都公路建设的骨干力量。随着1978年改革春天的到来，新校址在通州拔地而起，从此，路政技校伴着改革开放的春风，伴着首都公路交通事业迅猛发展的脚步，也开始了她新的发展征程。

经过30余年的艰苦努力，首都公路系统这所唯一培养道桥施工、筑机驾驶与维修、公路规费征收的技工学校，已具备一定的办学规模和能力，成为备受瞩目的职业教育基地。现在，学校有两处校址，总占地面积7.9万平方米，建筑面积1.9万平方米，固定资产3000多万元。

学校现有教师学历全部达到大学本科以上，其中有高级讲师、硕士研究生11名。1997年，在办学水平评估中被定为北京市技工学校一级学校；同年在全国交通技校评估中被定为A级和重点专业点学校;1998年被评为“首都绿化美化花园式单位”;1999年被批准为“北京市重点技工学校”。

## 二、辛勤耕耘结硕果

改革开放30年——培养出3000多名毕业生,从表面看这不是很大的数字,如果是普通教育,这不足为奇。但是,这是技工教育,是特定环境下的特定指向,他们全部融入首都公路系统,从而占据了公路职工的很大比例;更重要的是,他们以自身的良好素质承载起各自岗位的重任,他们已经成为首都公路事业的主力军和不可或缺的重要力量。如今,历届技校毕业生已经遍布全市所有公路建设、养护、管理等各个角落,他们像一环扣一环的链条,支撑着北京公路事业的发展,作出应有的贡献。

技校的培养方向就是技术工人,因此,他们中的许多人奋战在道路交通施工第一线,成为独当一面的生产骨干。据统计,目前,在各施工单位掌握主要施工机械的机手80%以上是技校生。在测量、质检、试验等许多工序人员中,技校生已占有半壁河山。他们以自己的辛勤劳动延伸着公路里程,推进着公路建设事业的发展,也实践着个人的价值和追求。

有一位20世纪80年代中期毕业于公路技校的毕业生,当时分配到延庆公路分局。他先是在一线当工人,干一行,爱一行,在初次接触进口摊铺机时,他刻苦钻研技术,与其他技术人员一起进行质量攻关,不仅很快熟练掌握了摊铺技术,而且摊铺质量全部优良。由于表现出色,20世纪90年代初加入了党组织,陆续担任了分局团委副书记,养护总段段长。目前担任着瑞通路桥养护中心十处书记兼经理。

首都收费公路是20世纪80年代中期以后,随着京石高速公路、京津塘高速公路、机场高速公路、八达岭高速公路等相继建成而发展起来的,在这个行列中,更活跃着许多技校毕业生的身影,他们成为收费公路的中坚力量。

历届技校毕业生中的许多人,在公路系统的各单位、各公路分局、路政局机关,以至技校本身,都成了管理层以至领导岗位的重要力量。他们中的许多人以自己的出色工作和奉献,获得过多种荣誉,这既是对他们个人的鼓励和肯定,也为学校赢得了荣誉和良好的口碑。

## 三、不断创新求发展

随着首都公路建设体制的改革和技工教育系统结构调整,学校又提出新的办学思路。以“拓宽办学渠道,提高教育质量,开发教育资源”为总的办学方针,在这个前提下,实施各项改革创新措施。增加了公路施工比较急需的质检与检测等新专业。

在教学中,为了不断提升教学质量,他们的着眼点首先是提高教师的思想业务水平。选派一些骨干教师进修硕士研究生,提高教师队伍整体理论水平。每年都派一些教师到重点公路工程去锻炼,增长实践本领。举行教学研讨班,聘请专家讲座,为教师充电。在全国公路技工教育各类教学比赛中,多名教师获得过奖项,为学校争得了荣誉。

利用学校优越的教育资源,根据职工教育的需求,积极开办用人单位和行业需求的项目经理、造价工程师、试验检测工程师、公路养护、中小型机械、公路规费征收、测量员等不同等级,不同层次的在职职工业务培训,涉及工种和专业多达十几个门类。

## 四、描绘蓝图铸辉煌

学校并未满足已有成绩,在市路政局的领导下,既立足现在,更着眼于首都交通建设长远发展,拟定出学校未来5年的发展规划,深化教学改革,全面推进素质教育,以培养中、高级技能型人才为主,大力发展在职职工的继续教育。同时尽快步入国家重点技工学校的行列,继而向高级技工学校、技师学院迈进。

北京市路政技校——公路建设者的摇篮,改革开放30年书写了自己的奋斗史、光辉史,也见证着首都交通事业的发展,她将以崭新的风貌为首都交通事业再铸新的辉煌!

# 第十五章

# 基础设施建设

## 交通理念的创新　环路建设的典范

——记北京市四环路工程建设

刘桂生　顾启英

北京奥运会的成功举办是改革开放30年来，中国经济飞速发展、国力不断增强的集中体现和最好诠释。作为这一重要历史发展阶段的见证人，我们回顾北京四环路的建设，从一个侧面印证北京交通建设的发展，讴歌改革开放30年来所取得的辉煌成就。

### 一、顺应经济发展　担负历史重任

北京城市快速环路是北京市路网格局中最为重要的交通支撑体系，它承载着市区50%左右的交通流量，维系着城市的运转，在北京经济发展、交通运输中发挥着重要的作用。北京交通发展经历过几个重要时期。20世纪80年代中期，北京城市交通面临极大压力，为适应经济发展的需要，北京市决定将城市道路建设向系统化、立体化方向发展，重点加快环路和放射线的建设。1990年，北京以举办亚运会为契机，提出"打通两厢，缓解中央"的战略目标。作为国内第一条全部控制出入的城市快速环路——二环路于1993年建成。1994年，三环路改建为城市快速路，成为北京第二条快速环路。

城市经济的高速发展，使机动车发展的速度远远超过城市道路的建设速度。为此，北京进一步调整和完善城市道路系统规划，提出加快建设城市快速路、主干路、加密中心区路网系统的三大战略目标，并将构建和改造城市快速路系统放在首位。四环路在北京交通发展的关键时期开工建设，并在交通规划设计理念创新、工程建设管理创新方面进行了积极探索和实践。

## 二、设计最高标准　创新管理体制

四环路在北京城市道路网布局中连接着丰台、海淀、朝阳三大区，连通首都机场、京通、京沈、京津塘、京开、京石、京张等高速公路的重要城市快速环线，全长65.26公里。工程于1998年开工，历时3年，2001年6月9日竣工通车。

四环路是全国最高标准的城市快速路。主路设计车速100公里/小时，双向八车道加紧急停车带，全立交、全封闭。全线修建道路412万平方米，大、中、小桥147座，桥梁总面积48.5万平方米，其中立交桥51座，高架桥7座、铁路桥6座、跨河桥16座、人行天桥42座，通道桥25座。在道路建设的同时，埋设水、电、气、热等7类数十条市政公用管线600多公里。

四环路建设首次实行项目法人责任制、招投标制、合同管理制和工程监理制，是当时北京市重大工程建设项目管理体制改革的一项重大创新。

## 三、点面连动　多方平衡

四环路设计运用现代交通理念，依靠技术创新，突出系统设计思想，整体系统协调统一,充分体现出科学性、先进性、系统性和以人为本、有益环境和可持续发展的设计理念。

充分总结城市快速路的建设经验,从研究城市路网系统入手,采用从宏观到微观、从全系统到节点、从追求局部最优到系统最优的系统研究方法。首次提出交通需求与交通资源相平衡的全新设计理念,并应用国际先进的交通分析程序,对全市区路网进行研究分析。交通理念的更新、路网系统的建设,使四环路建成以后在城市交通体系中发挥了重要作用。

从整体路网和系统的均衡性方面,研究立交与路网之间的协调关系,将"节点"置于路网中进行研究,形成"点"、"面"连动的设计理念,并依据交通分析预测,使用流量平衡、车道数平衡、路网系统优化等国内最先进的设计理念与方法,达到了平衡路网流量和保证服务水平一致性的目标。

出入口采用了"先出后进"的型式,同时从进出口数量、型式、间距等多方面提出了科学的设计方法与设计指标,使系统运行更为安全有序。

积极协调与其他工程建设的关系,形成了完整的综合交通体系。同时,工程建设中充分考虑了近远期结合方面的各项具体可行的工程措施。

桥梁设计综合考虑安全性、耐久性、协调性、经济性原则,同时考虑快速施工及环境保护要求,采用多种新技术、新工艺较好地解决了桥梁布孔、结构选型与规划及现况管线、道路、铁路、交通运行之间的矛盾。

高度重视生态环境保护和城市景观设计,道路、排水设计中对公园及沿线河道、水体、植被、古树等自然景观实施了有效的保护;桥梁选型与周围景观融为一体,从而体现出城市桥梁建筑的艺术风格。

四环路工程获2001年北京市第十届优秀工程设计一等奖,荣获2002年建设部优秀勘察设计一等奖,2003年获詹天佑土木工程大奖。

## 四、低成本带来高效益

国家发展计划委员会综合运输研究所于2001年出具的《北京市四环路项目建设效益评价》评估报告认为:"四环路的建设对完善城市路网、提高城市快速路系统的运行标准和水平;对改善沿线的投资环境,加强各区之间的联系、改善各区经济发展不平衡状态、促进沿线经济开发区、高新技术产业及房地产业的发展起到了十分重要的作用。报告测算:四环路土地增值效益将为沿线房地产业带来高达300亿元的收益,其对经济的拉动效益将使北京市国内生产总值GDP增加343亿元;项目在计算期2020年之前,可创造运输成本节约效益167亿元,减少交通拥挤效益130亿元,旅客节约时间效益114亿元,缩短运输距离效益40亿元,累积达451亿元(静态)。项目的经济净现值ENPV为675130万元,经济内部收益率EIRR为26.3%,表明项目的经济效益非常显著。"此外,东、南四环路等路段两侧的百米绿化带,形成了环绕京城、气势宏伟的绿色大道,极大提高了沿线的综合环境质量,为北京市治理污染、改善城市环境质量和首都形象作出了贡献。

四环路在北京申奥和承办奥运的全过程中发挥了重大作用。回顾四环路的建设历程,感触最深的是四环路在设计理念、设计与施工技术、管理体制创新方面为城市快速环路建设所作出的积极贡献与探索,以及在推动行业进步方面所发挥的重要作用。目前,北京市路网建设日趋完善,快速公交、轨道交通建设方兴未艾,以公共交通为主导的现代化综合交通体系正在形成。交通是永恒的话题,创新是发展的灵魂,让我们共同携手去开创北京交通建设事业的未来。

(作者分别是市政工程设计研究总院院长、副总工程师)

# 改革促发展 北京公路30年巨变

李道辅

今年是改革开放30年,30年来公路发展历程和业绩,使首都广大公路建设者感到万分光荣和自豪。时至今日,一个适应现代化大都市的城市交通网络,为首都经济发展,为首都人民对交通的需求,为奥运在北京的成功举办作出了历史性的贡献。

此时此刻,广大公路建设者们可以自豪地说:“虽然我们辛苦,但我们向全市人民交出了一份满意的答卷”。

在北京公路发展的历史上,人们不会忘记,北京公路30年的巨大变化。

自党的十一届三中全会召开以来,北京公路发生了历史性的转变。在党的改革开放方针指引下,在市委市政府的领导下,广大公路建设者开拓进取,奋力拼搏,勇于创新,团结奋斗,为首都公路谱写了一条又一条壮丽的诗篇。

作为公路战线的一员,亲身经历和见证这一伟大的变化,使我终生难忘。展望未来,我也预祝年轻的同志们为更好更快发展北京公路再创佳绩。

回顾改革开放30年公路发展的丰功伟绩,可以归纳为三个发展阶段:1978到80年代末,是公路稳步发展阶段。这个时期主要方针是贯彻“全面规划、加强养护、积极改善、重点发展、保证畅通”的方针。本着“普及与提高相结合,以提高为主”的指导思想。全市公路里程由1977年底6695公里发展到1989年的9371公里,净增2676公里。高级和次高级公路由2801公里,发展到4520公里。在此期间,重点相继完成:京密公路(顺义至密云段),这是北京第一条设备齐全,路况良好的一级公路。1982年6月新建了八达岭过境公路,全长38.4公里,这是全国第一条高标准山区二级路,也是获得国家优质工程称号的公路。以后又相继完成了一批重点工程,如京昌公路扩建工程,京津公路(通州段)扩建工程等。

1986年4月北京市交通部门,在认真贯彻全国交通工作会议的基础上,确定了"七五"期间公路发展规划。此时在全国有重大影响的京石高速公路一期工程开工建设(当时称为快速路)。这是在争议中开工的重点工程,它充分体现首都坚持改革开放的开拓精神。

"七五"期间同时启动京津塘高速公路的建设,至1990年9月京津塘高速公路(北京段)35公里建成通车。这项工程更体现改革开放的成果,在引进先进技术和国际管理经验,广开渠道,大胆利用外资,为全国树立了典范,特别在转变传统的施工管理方式和管理模式,为北京公路建设注入了新的活力。

在此期间还完成了一批旅游公路,如昌平至八达岭、怀柔至慕田峪、房山至云居寺等工程。

通黄公路扩建工程也是在1989年4月开工,于1991年7月竣工通车。

值得一提的是在建设干线公路的同时,公路部门始终没有忘记山区公路建设,为解决山区人民出行难,为了山区经济发展,公路部门急群众之所急,想群众之所想。1986年全市3700多行政村,在当地各级政府的大力支持下村村通了公路。1991年全市又率先实现了乡乡通油路。"要想富,先修路"体现山区人民对路的迫切需求和渴望,也更加体现市委市政府对山区人民的关怀。记得在房山霞云岭乡三流山村,一条1104米隧道建成,从此解决了山区交通闭塞,交通不便的困难。当汽车开进三流水村时,广大村民无不高呼:"共产党万岁!"截至1991年全市公路总里程达到了10259公里,其中高速公路从无到有达到了63公里。经过多年努力,解决"出城难"初见成效。应当说当时想干的事很多,但最大的困难是资金不足。1978年养路费全年收入也就7200多万元,而到1991年也只达到8个多亿。改革使我们拓宽思路,需要解放思想。千方百计多方筹措资金,宁可贷款、借款,或者引进外资也要发展公路,这在当时虽有争议,但思想的转变起到推动公路持续发展的作用。

北京从"八五"初期至"九五"期末,这个十年是北京公路大发展时期,是以加快高等级公路基础设施建设,全面发展的新时期。首先体现公路管理体制的变革,为了提升公路管理机构的地位,以适应公路发展的需要,1991年4月经市政府批准，成立了北京市公路局。这是一个振奋人心的决定，从而进一步调动了公路部门广大干部、职工的积极性。

1992年7月首都机场高速公路开工建设。公路局以合资和贷款相结合的方式，解决了当时资金不足的困难。在工程进入紧张阶段后，为确保工程进度，公路部门采取发行公路债券方式，发动广大公路职工集资，使工程得以顺利推进，于1993年9月胜利竣工通车，号称“国门路”的工程为首都争了光。这项工程在当时是我国设计标准最高，施工质量最好，新工艺、新材料、科技应用含量最高，各种配套设施最齐全的高速公路，代表了我国当时公路建设的最高水平。这期间还重点完成京哈高速公路(北京段)的任务。至“八五”末全市高速公路总里程达到112公里。

进入“九五”期间，北京公路建设以《北京市国民经济和社会发展“九五”计划和2010年远景目标纲要》，与中央批准的城市总体规划，以及交通部《国家干线公路网调整工作报告》确定的发展方针，加快了首都公路建设步伐。

1996年1月，八达岭高速公路一期工程正式开工，当年11月建成通车。其建设速度应称北京之最，而且获得优秀工程称号。1998年11月八达岭高速公路二期工程建成通车，2001年9月三期工程竣工。这条高速公路建成通车，促进了八达岭、十三陵地区的旅游事业发展和西北部经济迅速崛起，同时也促进了世界各国人民的文化交流。

1998年初国务院作出把公路等基础设施建设作为新的经济增长点的决策，要进一步扩大内需，充分发挥国内市场潜力，适当扩大固定资产投资规模，重点增加公路等基础设施的投入。

1998年6月20日，中国公路发展具有划时代意义的“全国加快公路建设会议”在福州召开。这次会议传达了党中央、国务院关于加快公路建设的有关精神，总结了近年来我国公路事业发展的基本经验，分析了当前形势和任务，确定了加速公路建设和深化体制改革的目标和政策措施，动员全国交通系统广大职工为加快公路建设作出贡献。当年全国公路建设规模由1600亿元增加到1800亿元，掀起了全国公路建设新高潮，给全国包括北京公路建设带来了“千载难逢”的发展机遇。可以说这是全国公路建设“黄金”时期的到来。

作为首善之区的北京，更是抓住机遇，积极行动。

1998 年 7 月京沈高速公路（北京段）开工建设。这是一条国家公路网规划中的主干线。1999 年 9 月北京段提前竣工通车，南与建设中的东南四环工程相接，向北直通沈阳。这条路的建成，为国庆五十周年献上了一份厚礼。

"九五"期间，全市公路建设投资完成 146.8 亿元，截至 2000 年底全市公路里程达到 13325 公里，净增公路里程 1514 公里。公路密度每平方公里达到 0.84 公里，居全国之首。全市高速公路也由 112 公里，增加到 270 公里。北京公路建设进入现代化，网络化阶段，一个以高速公路为龙头，干线公路为骨架，县乡公路为支脉的四通八达的环形加放射型公路网络基本形成，并在不断完善之中。

北京公路建设进入"十五"以后，应是公路快速发展时期。遵照"建养并重、协调发展、深化改革、强化管理、提高质量、保证畅通"的十六字方针，开启了新世纪北京公路与城市道路全面、高速发展的新阶段。发展交通，增加路网密度，成为全市的热点，也是交通公路部门的首要任务。其发展势头强劲，市委、市政府着眼于首都跨世纪发展，建设国际大都市，努力缓解交通对首都经济和社会发展的"瓶颈"制约，通过改革逐步理顺了公路行业管理、建设、运营体制，大大加快了首都公路事业的发展。先后建成了四环路、京开高速（北京段）、五环路、六环路、京承高速（一期、二期），三期工程还在建设之中。

近二三年来，为完成"十一五"宏伟规划目标，为迎接奥运会在北京召开，公路部门抓住机遇，迎接挑战、与时俱进，又掀起一个公路发展新高潮。2005—2007 年用 3 年时间对郊区公路进行提级改造，3 年投资 142 亿元，改造郊区公路 8771 公里，旧桥改造 185 座，公路好路率提高到 90% 以上，郊区干线公路畅通水平得到明显提升。这一任务的完成，展示北京在公路发展史上，谱写了新的篇章。

党的"十七大"提出"统筹城乡发展、推动社会主义新农村建设、解决好农业、农村、农民问题，事关全面建设小康社会大局，必须始终作为全党工作的重中之重。"北京公路提级改造工程的完成，进一步推动了新农村建设，促进了规模农业发展，交通运输更加畅通。

回顾 30 年公路改革发展的历程，是不平凡的 30 年，是不断改革创新的 30 年，是科技不断进步的 30 年，是广大公路工作者不惧困难，艰苦奋斗，无私奉献的 30

年。历史将永远铭记。

在建设有中国特色社会主义发展中,必须坚持改革开放。“发展是硬道理”,历史在前进,社会在发展。我们要始终不忘,抓住机遇,不断迎接挑战。要与时俱进,要时刻用新的思路、新的理念,坚持科学发展观,为首都公路事业更大发展,做出我们应有的贡献。

任重道远,再过10年、20年我们将会更加感受到公路的美好。

(作者系原北京市公路局局长)

# 公路延绵
# 在首都经济腾飞中绽放光彩

郁中华

北京，一个融古代文明与现代风韵为一体的国际化大都市，她散发着迷人的气息，她洋溢着青春的活力。作为全国政治、文化中心，北京市不仅吸引着全国人民的目光，而且是全世界关注的地方。北京公路交通事业的建设发展及其展现的面貌，无论是在国内还是国外，都有很大的影响。随着北京城市经济社会的快速发展，发展交通、保障出行顺利，已经成为北京的头等大事，特别是为了成功举办2008年奥运会，是否拥有良好的道路交通环境，更关系到北京的社会经济发展及对外形象。回顾改革开放30年来经济建设取得的辉煌成就，首都公路交通的发展同样绽放出绚丽的光彩。

党的十一届三中全会以来，北京的农村经济体制改革，促使农村经济开始向专业化、商品化、现代化转变。这种形势迫切要求疏通城乡流通渠道，开拓市场，并满足农村对工业品、科学技术和文化教育不断增长的需求。而重要的措施之一就是大力发展沟通城乡的公路交通运输，这是唯一能深入农村、较少受自然条件限制的一种运输方式，这一切的基础就是要有发达便捷的农村公路网，它具有建设时间短、投资少、见效快的优势，因此要较快地发展农村经济必然依托于农村公路的发展，这也顺应了“要想富，先修路”这句普遍流传的谚语。另外，北京地处华北平原，是内陆特大城市，没有海运，也没有河运，航空和管道运输在交通总结构中比重甚小，人民的生活、生产、建设所需的物资主要靠铁路和公路承担，而公路运输在中短程货运中绝对占有举足轻重的地位。这一切决定了公路交通的快速发展，成为了首都经济社会发展的前提和必然要求。

斗转星移，日月如梭。在各级领导和社会各界的支持和关怀下，北京公路交通正发生着日新月异的变化，特别是近十年来，首都公路交通实现了爆发式发展。"十五"期间，新建、扩建了京开、京周、五环、六环、京承一期、108、110国道等一批标准高、质量优的主要干线公路，一个以高速公路为"龙头"，以国道、市道主干线为"骨架"，县乡公路为"支脉"，纵横交错、四通八达的放射型公路网体系已初步建成并正在逐步完善。而自奥运申办成功以来，北京市高速公路的建设步伐逐年加快，相继完成了京石、京通、机场高速、八达岭高速路面大修工程和北五环绿化改造工程，机场北线、机场第二通道、京津第二通道等9条高速公路陆续建成通车，西北方向、东南方向以及机场周边至少有两条以上的高速公路通行，特别是作为奥运配套工程的机场南线、机场第二高速的建成，极大地提高了机场周边道路的疏散和承载能力。截至目前，高速公路通车里程比2003年新增305公里，正式实现了区区通高速的目标，初步形成了覆盖全市的环线加放射线高速公路网。

而从2005年北京市开始连续3年实施的郊区公路提级改造、路面大修、病桥改造、旅游公路、乡村公路及综合改造6大工程，总投资达到142亿元，提级改造里程达到8771公里，全市二级以上公路里程占全市公路网总里程从2004年底的22%提高到30%，公路好路率从78%提高到85%以上，实现了公路等级、公路好路率、公路安全保障能力、郊区旅游景点的公路畅通水平、公路景观和服务水平五个显著提高。郊区公路的快速发展，为城乡一体化，促进首都经济又好又快发展起到了重要的支撑作用，并且为奥运会、残奥会的举办营造了良好的郊区公路环境。预计到"十一五"末，北京市公路通车里程将达到16000公里，高速公路总里程达到890公里，卫星新城及平原区重要中心城镇均直接与高速公路走廊连接。公路网密度将达到每百平方公里95公里，实现市域公路网与国家干线公路网衔接匹配，强化北京公路主枢纽功能，为京、津、冀环渤海经济区资源共享、全面合作、统筹发展提供有力交通支持。

为了落实"十六大"关于繁荣农村经济，改善农民生活质量的重大工作部署，促进城乡统筹发展，发展郊区经济，加快新农村建设步伐，让农民兄弟走上柏油路和水泥路，从2003年开始，北京市开始实施"村村通油路"工程，各级政府和广大人民群众参与修路的积极性空前高涨，从2003—2005年，3年共新建通村油路1691公里，连通512个行政村。全市3978个行政村全部通上了油路，在全国率先实现所有行政村“村村通油路”的目标。同时，为建设社会主义新农村，实现城乡共同发展，北京市还积极推进自然村通油路工程和街坊路工程。

道路交通基础设施的全面改善，为首都经济发展腾飞创造了良好的物质条件，特别是促进新农村建设、农民实现增产增收、推进城乡一体化发展起到了积极作用。道路先行，沿路开发，促进乡村经济发展。农村交通条件的便利，极大地优化了招商引资环境，促进了农业结构调整，沿路招商、沿路开发已成为发展乡镇经济的新亮点。农村公路的延伸加大了特色经济路线的建设力度，带动地方经济发展，乡村公路已延伸到农业示范区、生态观光园、重点旅游景区，支持了都市型现代农业的发展。

怀柔区的公路建设完善了区域干线公路网，大幅度提高了怀柔公路网的通行能力，带动了杨宋、雁栖、北房等周边开发区的相关产业，增加了招商引资、经济发展的竞争能力，2006、2007年共有30余家新企业落户雁栖开发区，为怀柔经济发展注入了新的活力。位于怀柔区喇叭沟门满族乡，该乡文化内涵淳朴而深厚，具有独特的满乡风韵和民间风俗，北京市唯一的原始次生林风景区更是享誉华北，是京北著名的消暑纳凉、休闲旅游胜地。2007年建成的喇碾路在进行改建的同时，以新理念为指导，以利用旧路，不破坏环境，保护生态资源及自然景观为原则，对道路沿线进行了综合治理，将安保工程、交通工程和绿化工程融入其中，建成了一条“安全、和谐、文化”路，连接了“塞北江南”、“满乡风情”、“云雾梦境”三大景区，极大地改善了喇叭沟门满族乡的交通环境，促进了偏远山区的经济发展。

门头沟区几年来，共打造农业观光园区20个，如妙峰山樱桃园闻名全市，中坤集团、香港九鑫集团等旅游开发集团也纷纷落户山区。投资280万元的田寺路，建成不到半年，就为田寺村吸引了2830万元的投资，这个多年来苦苦寻找出路的贫困山村焕发了新的生机。“轿车开到了农家门口，公交车通到了村口，运输农产品的车辆开到了田间地头”，这是现在农村的真实场景。西达摩村过去由于进村道路狭窄，路况极差，坑坑洼洼、颠簸不平，3公里道路，开车单程需要几十分钟。“现在路通了，只要几分钟就能进村，再也不用排队了！”村主任笑着说。经济发展了，生活富裕了，社会安定了，“山里孩子的眼神儿都比以前活泛了”。

大兴乡村公路建设，加快了镇、村以及与河北省相邻各乡镇之间的物资交流，方便农民兄弟致富和就业。大兴区采林路向东与京津塘高速公路互通，它的全线通车提升了采育科技园的区位优势与吸引力，吸引多个大型项目落户采育镇，为大兴经济发展注入了新的活力。安定镇佟营村与河北省比邻，是一个偏远、交通落后、信息闭塞的少数民族群众居住的小村庄，群众主要靠种植玉米、小麦和西瓜等生活。每年西瓜成熟后，短短的3公里土路，运出要走上两个小时，等上到公路，一车西瓜巅裂了一半。现在将西瓜运到半壁店市场去买，15公里的路程，半天可以跑两趟。这个村还建起了130亩的养殖区，80%的村民搞起了养殖，有的还办起了牛羊肉加工厂，定点供应几个饭店。全村年人均收入达到7000余元，比通路之前翻了两番多。

昌平区阎庄子村是回龙观地区一个小自然村，由于不通公路，造成了该村和相邻地区的经济上的巨大差距。2006年实施通自然村工程，宽阔通畅的公路把阎庄子村与整个回龙观地区连成一片，该村闲散土地立刻成了招商引资的“金窝窝”，老百姓不但就业不成问题，而且还能每年获得可观的土地出租收益，真是一条路富裕了一个村。

公路交通的发展除了直接带动投资外，更多更实惠的是促进了北京旅游产业结构的全面升级和发展，特别是乡村公路成为旅游公路，城市居民周末假日休闲有了好去处，为农民直接增加了可支配收入。延庆县千家店镇以村村通油路为契机，在19个村中培育出秀水湾、下德龙湾等7个民俗旅游村120多个民俗旅游户，依托民俗游很多农户走上了致富之路。2004年，该镇民俗收入实现149万，到2005年8月，该镇民俗旅游收入同比翻了一番。密云县碱厂村通村油路修建后，农民的出行条件得到了很好的改善，而且来这里投资的企业渐渐多了起来，村里的经济也有了较大发展，兴起休闲度假旅游户6户，占地面积百余亩，发展了渔业养殖占地260余亩，存鱼量195万公斤，并发展了700余亩农业采摘观光园。

平谷区的黄关路的建成通车，结束了黄松峪和镇罗营两个相邻乡镇之间不直通公路的历史，并将沿线的新农村试点村玻璃台村，民俗接待村雕窝、塔洼连接起来，把由西向东的老象峰、杨家台水库、东指壶、百帝宫、湖洞水、石林峡、黄松峪水库京东大溶洞大小景区、景点串联起来，形成了一条独特的风景旅游和采摘观光带。道路建成当年,沿线黄松峪乡就接待了53万名游客,实现旅游收入2376万元,旅游人次和旅游收入同比增长了51%和46%。“吾有梧桐树,引来金凤凰”,建筑面积1200平方米的市级地质博物馆主体工程于2006年建成;黄松峪国家矿山公园整体设计已获批准,主体工程“矿山博物馆”将于近期开工;黄松峪国家森林公园完成整体设计,已进入景观施工阶段;中国山水画院、版画院以及一批知名艺术家相继落户雕窝村,增加了旅游发展的文化内涵。黄关路的建成,不仅使沿线成为平谷区旅游业最具发展潜力的新亮点,而且迅速催生了文化产业的开发,提升了旅游景区的历史文化品味。

一幢幢亮丽的农舍依路而建,一片片宏伟的厂房随路而起,一座座郊区新城因路而繁荣。公路交通的发展,促进了农业生产发展和农民生活水平的提高,推动了社会主义新农村建设,支持了新城建设和产业结构调整,为“新北京新奥运”创造了良好的道路交通环境,“让北京市民有个好郊区,让郊区人民有好的道路”这一目标基本实现了。

党的十七届三中全会不久前胜利闭幕了,大会总结了改革开放30年以来取得的成果,并提出了要继续解放思想,结合农村改革发展这个伟大实践,大胆探索、勇于开拓,以新的理念和思路破解农村发展难题,给农村发展注入新的动力,为整个经济社会发展增添新的活力。而大会指出:农业基础仍然薄弱,最需要加强;农村发展仍然滞后,最需要扶持;农民增收仍然困难,最需要加快,并提出了彻底破解城乡二元结构的八大措施,其中“加强农村基础设施和环境建设”正是让公路交通部门可以有所作为,在未来的道路交通发展过程中,在保证城市主要道路发展的同时,宜适当地增加农村公路的建设和管理力度,特别是在城乡结合的局部管理盲区,避免出现木桶原理效应。城乡结合部为交通设施的优化,为连接中心城区和卫星城创造了条件,有利于缓解中心城区压力,为实现城乡一体化发展发挥重要作用。

祖国在前进,北京在前进,公路在不断发展和延伸,北京公路人将继承和发展北京奥运会、残奥会取得的成功经验,以取得的成绩作为新的起点,为促进小康社会建设和城乡一体化发展,实现首都经济社会的全面发展,作出新的更大的贡献!

(作者单位:北京市路政局)

# 高速公路向我们走来

张明超

改革开放之后，在北京的大地上出现了高速公路这一新生事物，它迈着坚定的步伐，充满着现代气息，奇迹般地走进我们的生活。现代化的高速公路让人们大开眼界并为之欣喜和振奋。它不仅改变了北京市公路的整体布局和面貌，更加适应了改革开放后经济大发展的需要。同时，也从根本上改善了人们的出行环境，改变着人们的生活方式，使我们的生活更加丰富多彩。

从1987年京津塘高速公路开建以来，北京相继建成了机场高速、京石高速、八达岭高速、京开高速、北五环、六环高速，以及京沈高速、京承高速等。截至目前，北京已建成高速公路600多公里。从全国范围统计，20年间建成高速公路6万多公里，这在世界排名第二位，仅少于美国，其建设速度世界排名第一。我们在短短的20年里走完了发达国家50多年的路程，这在世界高速公路发展史上也是一个奇迹。

高速公路是一个国家现代化的标志之一，发达国家有的我们也以最快的速度拥有了，同时我们还取得了在世界上任何地方修建高速公路的资格，这些都是我们中国人最值得骄傲和自豪的。

高速公路对我们来说早已不再陌生，我们的工作和生活已经离不开它了。可是在20年前，它绝对是一个新生事物，人们不了解它，不认识它，对新生事物总会有积极推进的也会有坚持反对的。在改革开放的大潮中，对传统观念的冲击震撼着人们的心灵。京津塘高速公路作为第一条国家主办的利用世界银行贷款修建的高速公路，首当其冲要承受这样一种历练，它曾走过一段极不平凡的坎坷之路。早在20世纪70年代初期，国家对京津塘高速公路就做了可行性研究。直到20世纪

80 年代初期，历经 10 多年仍然停留在应不应当修建的问题上。其间 1982 年、1985 年经过了两次大的争论。其争论焦点是：高速公路占地多，中国人吃饭问题怎么办？我们没有高速汽车，修了也没有车走，高速公路造价高、能耗大、污染严重、车祸又多。所以他们得出的结论是“修建高速公路不符合中国国情”。甚至“高速公路”这个名词都不能使用，这是个非同小可的结论，致使高速公路迟迟不能开工。甚至到了 1988 年经国务院批准京津塘高速公路已经全面开工了，有人还在坚决要求立即停下来，“未经重新宏观论证结论前不得开工”，由此可知高速公路建设能迈出这一步已是非常不容易了。

第二步就是建设开始后，建设者面对的是更加难以接受的世界银行的一套管理。京津塘高速公路项目是我国第一次使用世界银行贷款，要求工程管理按市场经济模式运作，要实行国际通用的“合同管理和工程监理”，即执行“菲迪克”条款，这对建设者来说是巨大的挑战。要解放思想、转变传统观念，改变几十年来的工作习惯，要接受外方的工程监理这都是很困难的事情。同时要提高遵守合同、遵守技术规范的意识，更要遵守办事程序，接受工程监理对工程施工的全过程管理。这在思想上和观念上产生了极大的撞击，这在某种意义上说是带有强制性的转变，对每个人来说都是经历了一个痛苦的过程，对人们的心灵震动很大。外国人能做到的，我们中国人为什么做不到，要有这样的志气，最终人们战胜了自己，同时也激发了人们的爱国热情，一定要为中国人争气。在工程施工中坚持技术质量标准，强调试验数据，探索新的施工工艺，摸索适合国情的各项管理，包括双轨制下的物资采购，国内外机械设备的采购以及施工机构的设置、人员的配置、收入分配机制等。经过两年多的不懈努力，不仅工程质量达到了国际一流水平，而且总结出了高速公路建设经验，人们终于战胜了自己取得了极大成功。世界银行负责官员说：“这是我在中国看到的最好的路面工程，完全可以说反映了国际先进水平，你们用自己的优秀工程向人们证明：中国人有能力建造第一流的高速公路，坚定了世界银行继续支持中国公路建设的信心和决心”。这为我们中国人增长了志气，为中国增添了光彩。“京津塘高速公路的建设探索出适合我国国情的高速公路融资、建设管理、工程监理体制以及工程材料、工程机械的保障体制的道路”，为全国高速公路的发展提供了经验，“起到了示范和导向作用”，为 20 世纪 90 年代高速公路在全国的大发展奠定了基础。“京津塘高速公路是我国公路建设史上具有跨时代意义的现代化高速公路;给我国交通建设带来了新的观念、新的技术、新的水平和新的面貌”。京津塘高速公路被交通部命名为“全国十大工程”;被建设部评为“全国最佳工程设计特等奖”;被建设部评为“中国建筑工程鲁班奖”(国家优质工程奖);获得交通部“科技进步特等奖”;获得“国家科技进步一等奖”。这些都是建设者克服重重困难,经历千辛万苦,付出了极大努力才取得的荣誉。将这样一条载满荣誉的高速公路呈现在人们的面前,这迈出的第二步实在是很不容易呀。

高速公路建成后要保持安全快捷运行,为社会提供服务,管理好这条高速公路的责任落在了当时的“北京市高速公路管理处”的肩上,这也就是高速公路走向我们生活的第三步。高速公路管理同样也是新鲜事物,当时不清楚应当做些什么,国内没有可借鉴的先例,对于新组建的一支很不专业的管理队伍去管理现代化的高速公路更是难上加难。人们意识到这支队伍应当是组织纪律性强、热心服务社会、文化素质要高、业务能力过硬、具有现代化管理意识、掌握现代化管理手段的高效率的精干队伍,可在当时情况达到这样的标准是很困难的。

经过两年的努力,从组建队伍入手,摸清各岗位的工作内容,理清了六个方面的管理内容,即收费系统、公路养护系统、通信照明和监控系统、公路路政管理、公路救援和服务区管理。从建立规章制度入手,建立各项工作手册、规范,提出“全面提高素质、增强服务意识、争创一流水平”的工作指导原则,制定了“三、五、八”管理目标规划。这是要用16年的时间,把管理工作水平逐步提高到国际一流水平的目标规划。首次把服务的意识和理念引入高速公路管理。即高速公路管理的最终目的就是为使用者做出最好的、全面的、高水平的服务,一切要为用户着想。为此,各窗口单位都提出了对社会公开承诺的服务条款,自觉地为社会提供优质服务,并建立了考核奖励办法。为了兑现各项服务承诺,最关键的是每个人的思想素质和业务技术素质的提高,以及内部有条不紊的管理,“以人为本”的理念渐渐成为大家的共识。一层意思是要把工作思路放在为过往车辆和人的服务上,为过路人的需要着想,进行换位思考。尤其是举手之劳的事一定要做好。收费人员的微笑服务,大型指路图版,免费电话和茶水,路政救援及时到位,加油站主动服务都受到了过路人的好评,司机们留下的感人话语体现了亲如一家的情感,感人肺腑。二层意思是要提高全体人员的素质，建设一支思想好、能吃苦、业务能力强、掌握现代化管理技能的管理队伍。下功夫提高文化水平，加强技术业务练兵，学习英语对话，学习使用计算机，开发计算机办公系统和道路桥梁管理系统，这一切在当时都走在了前面。加强政治教育，全体人员每年军训一次，以加强组织纪律性。开展各项文体活动，寓教于乐，绿化美化环境，加强精神文明建设，这一切都收到了很好的效果，逐步形成了积极奉献、乐于进取、亲情友爱、团结互助、争创一流的"高速精神"，为能够作为"高速人"而感到自豪。经过3年的准备，全体职工的努力到1995年实现了第一个目标，管理工作水平达到了国内先进水平，得到了交通部的认可。从1996年开始实施"国际质量认证"即"ISO9000"认证体系"，制定管理目标，编写21项管理文件，成功地将国际质量管理应用到高速公路管理工作中，并取得了认证，使管理工作迈上了一个新台阶。1998年实现了第二个工作目标，提前两年使管理工作达到了国际水平，得到了上级的认可，并为全国高速公路系统提供了经验。从1990年到2000年为止获得集体荣誉奖项156项次，获得个人荣誉奖项183人次。获得市级以上的荣誉称号有：多年的"首都文明单位"、"首都文明单位标兵"、"为人民服务　树行业新风"示范窗口、"首都文明行业示范单位"、"青年志愿者杰出集体"、"文明收费站"、"青年文明号"等，在两个文明建设方面取得了巨大成果。高速公路管理处向社会奉献的是达到国际管理水平的高速公路。

改革开放30年来中国发生了巨大的变化，取得了巨大的进步。我们不仅能修建国际水平的高速公路，我们的管理同样也是国际水平的。高速公路是改革大潮中一朵精美的浪花，它是那样坚强地承担着经济发展的重任，它是那样精彩地走进了人们的生活。

# 通往长城的生态路

## ——记八达岭高速公路工程建设

倪　伟

八达岭高速公路南起北京市区北三环马甸立交桥，经过昌平、八达岭地区，北至延庆康庄，全长约70公里。该路是国家高速公路网中京藏高速公路与京新高速公路的共享路段，也属于国道主干线丹东至拉萨线的组成部分。对于北京市区来

2000年八达岭高速路　（李社兴摄）

说，主要功能是通往八达岭、十三陵等地区的旅游专线公路，同时也是国家大西北地区与京津沿海地区联系的主要交通干线通道。

八达岭高速公路此段线位历史上是北京与西北地区联系的主要交通要道。八达岭关城、居庸关、岔道城即是此交通要道上的重要关卡，具有悠久的历史，也是举世闻名的旅游风景区。

随着经济的发展、交通量的增加，八达岭路沿线在旅游高峰期经常造成严重的堵塞，致使道路交通瘫痪，为此北京市交管部门在旅游旺季对去八达岭的游览车辆采取发放通行证，控制交通流量的限制措施，严重制约了这一地区的旅游经济的发展。为解决这一地区的交通阻塞状况，同时结合国道主干线——丹拉线的建设，1993 年北京市决定修建八达岭高速公路。

根据道路沿线地形特点，为尽量减少山岭区路段施工的难度，确定八达岭高速公路全线设计车速平原微丘区为 100 公里/小时，山岭区为 60 公里/小时。沿线设有立交桥 18 座，高架桥 2 座，新建、改建隧道 10 座，并建有总控制中心、养护中心、服务区、隧道控制中心等设施。

## 一、因地制宜　路景合一

八达岭高速公路于 1994 年 9 月开工兴建，分三期进行建设，至 2001 年工程全线通车，历时近八年时间。从线位选择到工程设计、开工建设，历经坎坷，反映了山岭地区修建高速公路过程中遇到的一些典型问题，值得总结探讨。

八达岭高速公路沿线人文景观丰富、自然生态环境优美，但近 1/3 的路段在山区，沿线桥隧工程多、施工工作面狭小，工程土石方量较大。因此在设计选线和施工中，既要防止破坏自然、人文环境，防止水土流失，又要使道路沿线设施与长城景区景观相协调。

八达岭高速公路虽然不是很长，但沿途的地形地貌差异很大，它包含了平原、丘陵、山岭地区，所以在标准选取上要区别对待。如马甸至南站村段设计为三上三下六车道，整体式断面，设计车速为 80 ~ 100 公里/小时。南站村以北路线上下行线分开，下行线改造利用原八达岭公路至青龙桥，自青龙桥至长城关外修建八达岭隧道穿过长城，至滚天沟出洞后转向西行，与三期工程相接。上行线由南站村左转以隧道穿过居庸关西侧高山进入潭峪沟内，潭峪沟是一条与关沟几近平行的山沟，设计选择有利地形布设线路，至东老峪村后，新建一特长隧道——潭峪沟隧道穿过长城，在东沟以东与上行线会合，重新形成整体式断面，设计车速控制为60公里/小时。此段线位设计过程中经过多方论证，实施方案有效解决了八达岭风景名胜区自然环境保护难题，对促进本地区旅游业的发展有利，并充分利用旧路改造，节约了工程投资。

为更好地使公路沿线构筑物与周围自然环境相协调，并尽量节省投资，设计人员根据实际地形特点，因地制宜布设线位，尽量使道路断面布置与地形协调，避免大开大挖，特别是关沟段，利用旧路展宽，合理地占用部分河道而最大限度避免开山，防止绿化植被的破坏，保持自然生态，同时节省了工程造价。

八达岭高速公路二期工程中桥梁总面积8万多平方米，隧道总长度6108米，长度占路线总长的21%，桥隧结构工程费占工程总投资的46.5%。桥隧工程往往是全线中控制性工程，制约着施工工期及投资控制，关系到工程成败。

为最大限度保护环境，在桥梁结构选型和桥位布设时特别注意利用有利的地形、地势和地质条件，采用了钢管混凝土拱桥、预应力混凝土钢架桥、实腹式砌石拱桥等桥型。桥型选择的重点放在桥梁结构基础与自然山岭地势的关系方面，利用有利的地质条件选择合理的跨径结构，避免基础施工对自然地貌的破坏。

## 二、合理设计 跨越难题

高速公路的建设更需要高科技、高新技术的投入。在设计阶段结合实际情况，合理采用新技术新工艺，对确定合理的设计和施工方案，节省工程投资，具有重要的现实意义。

东老峪1、2号桥位于潭峪沟上行线上，为跨沟大桥，采用了先进的大吨位预应力体系的连续钢架结构，长度分别为200米及192米，桥型简洁美观。山羊洼1号桥利用桥位处有利的地形、地势和地质条件，采用一孔跨越，为一跨经80米、全长115.5米的钢管混凝土拱桥，具有自重轻，便于成拱，架设方便的优点。上述两种桥型结构均为北京地区首次采用。

潭峪沟隧道全长3455米，为当时亚洲最长三车道隧道，也是整个工程项目中影响通车日期的控制性工程。从线位选择到隧道设计方案确定，设计人员做了大量的论证工作，提出了完善、系统的隧道实施方案。

整个项目除主隧道外，设置了平行导洞，作为通风及防灾疏散通道。主隧道与平行导洞之间设有一定数量的供疏散、通风及安置变配电设备的横通道，并设有完备的消防及控制设备。

1998年潭峪沟隧道 （李社兴摄）

隧道结构设计中以有限元结构计算与经验类比法相结合确定隧道围岩支护参数，优化了断面尺寸及施工方法，确保了结构安全，并率先研究开发了针对三车道大断面隧道的先进的隧道监控设计系统，实现了隧道结构的动态设计。该科研项目荣获了北京市科技进步二等奖。

八达岭高速公路工程设计中，考虑到进京方向上行线连续下坡，为确保安全，采用了国外先进的安全理念，参考美国高速公路的设计经验，设置了三处紧急避险停车区，并设置了预告引导标志。在实际应用中取得了良好的效果，并为国内其他山区公路所借鉴。八达岭高速公路设计获建设部优秀勘察设计一等奖，国家设计金奖。潭峪沟隧道建设获得“鲁班奖”。特别是2002年八达岭高速公路二期工程获得中国土木工程学会颁发的“第二届詹天佑土木工程大奖”，对后期北京市高速公路建设取得了良好的示范作用。

（作者系市政工程设计研究总院副总工程师）

# 绿茵蓝天间的遐想与飞翔

## ——轨道交通首都机场线建设纪实

余　乐

北京市轨道交通首都国际机场线(以下简称"机场线")是我国目前建成通车的第一条机场客运专线。从2000年开始前期论证到2008年奥运前夕建成通车,历经8年的时间,凝聚了有关领导和广大参建人员的智慧和辛劳。笔者有幸参与和见证了机场线从构想到通车的全过程,本文对机场线的决策、建设过程和特点进行了回顾和整理。

## 一、科学论证　实事求是

2000年年底,原北京市委书记贾庆林和原副市长汪光焘在视察机场高速公路的时候,贾书记提出了修建一条从市内通往机场的轨道交通的动议,当时主管城市建设的汪光焘副市长非常重视这个提议,并指示研究论证首都机场线方案的可行性,并要求体现城市轨道交通的先进技术。

从2000年底到2004年这4年的时间里,机场线进行了充分的前期研究论证工作,组织召开了多次专家论证会。当时的争论主要集中在三个焦点上:第一是机场线是否立即开工建设;第二是建设支线还是专线;第三是采取什么样的制式。

2004年12月,市委、市政府召开了两次专题会议,研究决定机场线有必要在奥运前建成开通,采用专线方案,采用直线电机运载系统。机场线自此开始进入实质性的建设阶段,从设计到施工仅有3年多的时间,这样短的工期建成一条轨道交通线的难度可想而知。

## 二、服务为民 迎难而上

机场线是我国最大的航空门户——首都机场和2008年北京奥运会重要配套交通工程之一。其功能定位于连接北京市中心城区和首都机场之间的快速客运专线，主要服务于航空旅客，提供“安全、快捷、准时、舒适”的服务。线路起点在北京重要的东直门交通枢纽，设东直门车站，与地铁2号线、13号线和东直门公交枢纽实现换乘，经由东直门斜街，下穿三元桥后设三元桥车站，和地铁10号线车站平行布置，形成换乘。商务人员乘坐机场线可方便来往于中关村高科技园区、奥运中心区、CBD和机场之间，其后渐出地面。机场线主要以高架和地面线敷设，一直到达机场东航站区，在新建3号航站楼南的交通中心设3号航站楼站，从3号航站楼站出来后，渐入地下，穿越机场工作区和停机坪，进入机场西航站区，在2号航站楼西侧的道路下方设2号航站楼站。线路全长28.1公里，市中心区、进入机场工作区和穿越机场高速公路处采用了地下线路（长约9.6公里），其余为高架和地面线路，线路正线最小半径为160米，最大坡度为3.49%。

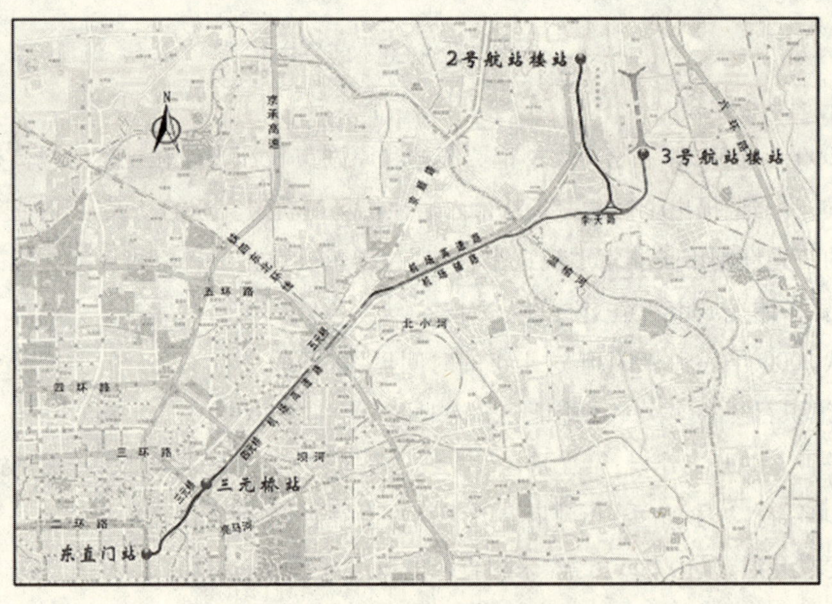


北京机场线线路示意图

机场线线路起点东直门站施工难度堪称北京地铁施工之最，从既有地铁 13 号线折返线下方通过，采用了洞桩托换、千斤顶主动顶升的施工方法。高架桥采用整体架运的施工方法，区间隧道基本上采用了盾构机推进。在紧张有序的施工过程中，创造了多项施工记录。

## 三、设计先进　运作高效

机场线选用了先进的直线电机运载系统，时速达 110 公里，3.2 米宽的铝合金车体，装配了强迫风冷大功率直线电机和迫导式径向转向架，轴重仅为 9.36 吨，列车 4 节编组，采用宽敞的通道相联，车辆外观采用了红白相间的动感图案。内饰分别采用了高雅的亚洲黄、海水蓝、中国红等元素，以坐席为主，每列车共设 218 个座位，同时考虑到航空旅客的特点，布置了行李存放架和残疾人轮椅存放位。为了方便乘客，车底板和站台面平齐，车与站台边缘之间的距离仅为 5.5 厘米。

机场线车辆外观

车辆驶入 3 号航站楼站

机场线采用了先进的基于通信的移动闭塞全自动列车控制信号系统（CBTC），按全自动无人驾驶模式设计（包括车辆基地全自动调车作业），国内尚属首次。通过计算，采用无人驾驶技术，从东直门经停三元桥约需 20 分钟可到达 3 号航站楼，从 3 号航站楼到 2 号航站楼约需 7 分钟。旅行速度达到 75 公里/小时。初期设计行车间隔为 5～15 分钟，远期可达到 4 分钟，远期高峰小时客流量约为 3500 人，日平均客流量为 5.5 万人次（双向），年客流量约为 2000 万人次（双向）。

在社会各界的大力帮助和支持下，经过广大参建人员 3 年的艰辛努力，被誉为

列车控制信号系统控制中心

沿线铺设的波导管

“国门第一线”的北京机场线于2008年7月19日,与北京地铁10号线(一期)和奥运支线同时开通试运营,是我国开通的第一条机场专线。目前机场线已有7组车,基于调试时间的关系,奥运期间采用人工驾驶,从东直门经停三元桥约需21分钟可到达3号航站楼,行车间隔为15分钟。开通当日,半天客流为4300人次,目前日平均客流在1.5万人次左右,最高日客流接近1.9万人次。奥运过后,继续调试无人驾驶(DTO),这将是我国第一条无人驾驶的线路。

机场线开通试运营的情景

机场线是首次采用了高清晰数字旅客信息系统,针对机场线服务于航空旅客的特点,机场线将航空信息引入地铁车站,乘客在站内可以方便地查看航班信息,并利用信号的传输通道,实现了车地之间图像实时传输,可以在车内和车站观看奥运信息和电视节目。为了改善乘车环境和节约能源,机场线是北京首次采用屏蔽门系统的项目,应急门集中两端布置,中部采用大幅面的玻璃门体,恢宏大气。

机场线车站装修设计强调飞行与天空的主题,突出空间的简约与现代性,形成

机场线屏蔽门系统

了一条亮丽的风景。东直门站强调传统与古朴，采用了中国红和北京灰的传统典型色彩元素。墙面上展翅的风筝寓意中华民族的腾飞，装修风格极具中国特色。三元桥应用了"飞鸟"的造型，空间形态突出飞行的流线造型与蓝色材料相互呼应，恢宏大气。2 号航站楼车站无柱空间配以劈裂天空的装修主题，别具一格，在换乘通道侧墙绘制了一幅展翅翱翔的超级飞机图案，细部体现了北京城的历史变迁和传统特色。3 号航站楼站顶部为高挑的玻璃穹顶，空间宏大，整个装修风格和机场候机大厅相似。

东直门车站

三元桥车站

2 号航站楼车站（实景）

3 号航站楼车站（实景）

北京市轨道交通首都机场线工程从前期研究到工程建设一直备受各界的关注，经过机场线的工程实践，掌握了直线电机车辆制造及其相关配套技术，首次在我国实现列车无人驾驶模式。机场线作为我国第一条机场专线，大大方便了进出首都机场的旅客，提升了北京及首都机场的形象。

（作者系市政工程设计研究总院副所长、机场线设计总体）

# 纵横山水间 绵延怀柔情

杜宏利

怀柔区地处北京东北，山岭重重，南北狭长，北高南低，自古以来，出行不便一直是困扰怀柔人的大问题。30 年来，怀柔公路建设者们在市、区各级政府的领导下，满怀建设家乡的热情，奉献了整整一代人的热血青春，终于换取了今天怀柔公路建设量的飞跃和质的突破。怀柔公路总里程大幅增加，技术等级逐年提高，高速公路从无到有，桥梁全部永久化，全区行政村实现了村村通油路。老百姓的出行环境得到了极大改善。

## 一、纵横交错 干支相连

1978 年改革开放之初，怀柔县公路通车里程只有 807. 14 公里。1984 年怀柔开建第一条旅游公路——慕田峪旅游路，形成绕慕田峪村的上下小环线，总长 6 公里。同年，全长 38. 29 公里的滦赤路新建工程竣工通车。1986 年，在“95 世妇会”前抢建完成红螺寺旅游路。同年，雁栖湖旅游路也建成投入使用。同期，连通怀柔北部山区与密云北部山区的长司路、连通怀柔崎峰茶与宝山寺的宝崎路一期工程陆续竣工。

进入 21 世纪，怀柔公路建设进入了新的历史时期，尤其是 2008 年北京奥运会的申办成功，为怀柔公路建设带来了新的契机，怀柔公路分局在区委、区政府和市路政局的领导下，一些新建重点项目纷纷启动。2005 年喇碾路 35 公里、庄喇路 36 公里、前塘路 15 公里三条环线竣工通车；2006 年 10 月，111 国道城区外移线 3. 2 公里、杨雁路 6. 55 公里、北台路 6. 8 公里新建道路，以及横贯怀柔南部的京承高速公路相继竣工通车。至此，怀柔四通八达的路网构架已经基本完成。截至 2007 年底，怀柔总通车里程达到1570.726公里，其中高速公路12.6公里、国道133.11公里、市道147.144公里、县道269.884公里、乡村及专用道路1007.988公里。公路总里程比30年前增加了762公里。经过改革开放的30年，在公路建设者们辛勤耕耘下，一批具有划时代意义的新建公路涌现在怀柔的大地和崇山峻岭之间。

## 二、提高技术 以人为本

如果把改革开放30年分为前后两个阶段的话，那么前期的公路建设主要是以提高公路纵深里程、满足车辆出行为主，后期主要在提高公路等级、围绕以人为本上实现了新的突破。

1978年底，怀柔全县公路达到四级(含四级)以上标准的不足总里程的二分之一，三级以上标准的不足四分之一，无一、二级路。十一届三中全会之后，公路系统认真贯彻交通部提出的“普及和提高相结合，以提高为主”的公路建设方针，在不断增加公路里程的同时，把公路建设重点转移到以提高路面等级为主，增强车辆通行能力上面来。经过30年不间断的新建、扩建、改建、大中修，公路路面等级普遍提高。到2007年底，怀柔境内共有高速公路12.6公里，一级公路52.149公里，二级公路109.675公里，三级公路553.412公里，四级公路842.211公里。油路和水泥混凝土路面达到1482.155公里。

进入21世纪以来，公路建设逐步向人性化方面发展，安全、和谐、自然、环保是最近几年公路建设的主基调。2005年春，交通部提出“安全、舒适、美观、和谐、耐久”的十字公路新理念，并把怀柔区境内的111国道(河防口至汤河口段)列为示范项目给予实施。在施工过程中，怀柔公路分局结合怀柔山区优美独特的地理环境，进行了有针对性的施工改造：对边沟进行浅碟式处理，为司机提供有效的容错空间；增加停车场、观景台、环保型公厕等便民设施；完善各种安全防护设施和道路指示标志；加强道路沿线绿化，改善路侧环境，保护路侧野生植被等等。当年10月，怀柔公路分局出色地完成了这一任务，111国道示范工程作为新理念示范路的典范，被交通部大力推广，先后有十几个省市的公路系统组织200余人到怀柔参观考察。此后两年，怀柔区主要干线公路的大修和综合整治工程，基本上按照这一理念实施。为人与路、车与路、路与周边环境的和谐创造了条件，提高了公路服务社会水平，延伸了公路的使用和服务功能。

## 三、村村通油路　经济迈大步

改革开放之前，怀柔县境内的农村公路大部分以土路为主，“晴天一身土，雨天一身泥”是当时农村公路通行状况的真实写照。1978 年底，怀柔农村公路只有 352.28 公里。十一届三中全会之后，农村公路建设得到加强。90 年代以前，乡级公路建设基本上以增加公路里程为主，到 1990 年，全县农村公路里程达到 516.17 公里，不仅所有行政村通了公路，而且通油路的行政村达到 170 余个。90 年代以后，乡村公路逐步进入以路面等级改善提高为主的历史时期。在这期间，部分乡村公路实现了路面硬化，油路里程也逐年增加。2003 年，市委市政府将“村村通油路”工程作为实现城乡统筹、解决三农问题的一项重要举措，怀柔公路分局在这一政策的指引下，3 年累计铺筑油路和水泥混凝土路面 220 公里，于 2005 年实现了全区所有行政村通油路的目标。截至 2007 年底，除 6 个山区自然村（共 65 户）因搬迁等原因未通油路外，怀柔其余的自然村均通了油路或水泥混凝土路。

值得一提的是，在近几年的农村公路建设过程中，怀柔公路分局科学规划，长远布局，高质量地完成了喇碾路、小梁子路、东头路等与外省市、外区县沟通的断头路，对方便当地群众出行，带动山区发展与物资交流起到了积极的促进作用。同时，打通这些路线，在关键时刻，也可以作为干线公路断行时的绕行路线使用。

今天的怀柔公路，已经初步形成了以国道、市道干线为骨架，以县道、乡道为支脉的纵横交错、干支相连的公路交通网络，对怀柔的经济发展产生了巨大的影响。随着路况的好转、公路里程的不断延伸，怀柔这个山区小城逐步被外界所认知。美丽的怀柔山水吸引了大批的旅游观光者和各行各业的投资人士，一批悠久独特的人文景观和民俗旅游资源得到有效开发，一些世界知名企业纷纷落户怀柔。交通环境的改善，使怀柔逐步向宜居城市、旅游城市方向发展。公路建设为怀柔经济的腾飞、人民群众的致富奠定了坚实的基础。

（作者单位：怀柔公路分局）

# 战山治水 道路先行

刘爱东

从城市到乡村,从平原到山区,1500多公里国道、市道、区县和乡村道路编织成了怀柔纵横交错、干支相连的公路交通网络。怀柔公路人改革开放30年,战山治水,踏平坎坷成大道,让千家万户走上了坦途。

新中国成立前,怀柔县没有一条柏油路、水泥路,能通汽车的只有京古路、怀丰路,总长41.5公里,能通汽车的公路桥有3座。当时山区人们出行没有路,过河没有桥。县城内只有南门、西门、东门三条大街,其余的新贤街、成贤街等都是小街巷,还是土路,最宽也只4米。

新中国的诞生为怀柔公路事业发展开辟了广阔前景,成就之大为世人瞩目。改革开放30年来,怀柔公路建设取得了量的飞跃和质的突破。公路里程不断增加,从1978年的807.14公里,发展到2008年的1570.726公里;公路技术等级逐年提高,从1978年无一、二级路,发展到一级公路52.149公里,二级公路109.675公里;全区所有行政村通了油路;高速公路从无到有;桥梁全部永久化;主要干线宜林路段均已绿化。

畅通的公路极大地促进了怀柔经济社会的发展,缩小了城乡差别。柏油路,不仅方便了人们出行,成了招商引资、强村富民的致富路、推进山区民俗旅游业的旅游路、改善山区环境的助推器,更成为密切党和政府与群众关系的民心工程。

怀柔区总面积2128.7平方公里,其中山区面积占88.7%,可谓"九分山水一分田"。山多山青,景色就美,但也正因为山多、山高,交通发展受到了制约。1978年底,怀柔社队路(今乡公路)共有352.28公里。山区大部分村走的还是土路,"晴天一身土,雨天两脚泥",每逢雨季,道路更是坑坑洼洼,不仅影响出行,还制约了经济发展。山里人早早就盼望着走上柏油路、致富路。

问渠哪得清如许，惟有源头活水来。正当人们急切盼望早日走上宽阔平坦的柏油路时，市委、市政府急百姓之所急，于2003年7月实施了村村通油路工程。市路政局对这项顺民心、合民意的工程高度重视，积极配套资金，尽快实现行政村全部通油路。

怀柔村村通油路工程的重任放到了怀柔公路建设者的肩上。局领导认真研究，精心部署，决心按照上级要求，全力以赴，扎扎实实地做好这项得民心、顺民意的工程。

在各方的大力支持下，新油路通了一条又一条，琉崎路、喇北路、庄小路……经过技术部门质量检查，油路各项指标都达到了优良水平。3年累计铺筑油路和水泥混凝土路面220公里，于2005年实现了怀柔区所有行政村通油路的目标。同时，自2007年起，怀柔公路分局招收专人负责乡村公路的养护，使乡村公路管理逐步走向正规化。

由于各村的土路都变成了宽阔平坦的柏油路，出行方便了，还引来了客商。素有"板栗之乡"的渤海镇如今成了全区销售的集散地，大客商、小商贩带着大、小车辆在新修的平坦坦的柏油路上奔向了各村。

柏油路还促进了旅游发展和资源开发。喇叭沟门满族乡修通了白桦路，不仅游人来了，投资开发旅游资源的单位和客商也来了。昔日交通不畅的庄户村自从通了柏油路，成了民俗旅游业发展的龙头。如今，可以说，有路的地方，就有城里人的小轿车，路通的地方，就不愁资源没人来开发。

油路通，民心畅。渤海镇龙泉庄村乡亲集体写信给区领导，感谢党和政府为他们圆了多少年的通油路梦！乡亲们在信中写道：平坦的油路就像一座丰碑立在百姓心中，让我们看到了党和政府忠实实践"三个代表"，真心为百姓办实事的无私行动，激励着我们走向更辉煌、更幸福的明天……

随着国家对基础设施投入的加大，怀柔公路也迎来了发展的春天，掀起了一个个建设热潮，大中小修工程百余项，是历史上发展最快、投资最多、公路交通面貌变化最大的时期。尤其是2008年北京奥运会的申办成功，为怀柔公路建设带来了新的契机，一些新建重点项目纷纷启动。2005年喇碾路35公里，庄喇路36公里、前塘路15公里三条环线竣工通车。2006年10月，111国道城区外移线3.2公里、杨雁路6.55公里、北台路6.8公里新建道路，以及横贯怀柔南部的京承高速公路相继竣工通车。2005年年底开工的111国道河防口至汤河口段提级改造工程，全长37.207公里，是纵贯怀柔南北、连接怀柔深山区与平原地区的交通要道，目前正在紧张施工中，计划2008年主体工程完工。一条条道路的维修改造，大大改善了怀柔区的道路交通环境。行进在公路上，或迂回曲折，上下盘旋，或一马平川。两侧青山绿树，遍坡花果，山势峥嵘，奇峰异石，尽可饱览山色湖光。怀丰路两侧已绿树成荫，形成了具有一定宽度，贯穿全线的绿化带。特别到了中秋季节，大片的火炬树和地锦红彤彤格外醒目，给道路增添了姿色。全长47.1公里的范崎路始建于1971年，技术等级为山区四级。从2002年至今，怀柔分局投资数千万用于该路的基础建设，现如今“畅、洁、绿、美、安”的范崎路使沿线村庄的旅游业迅猛发展起来，形成了虹鳟鱼养殖一条沟。

怀柔公路建设在满足车辆通行的基础上，逐步向人性化方面发展。“安全、和谐、自然、环保”是2005年以后公路建设的主基调。结合道路景观特点，利用道路两侧闲置荒地，根据现场地形位置、闲置空间大小设置不同规模的停车场，给游人和社会车辆提供休息、观景和维修车辆的地方。完善各种安全防护设施和道路指示标志，弯道处施划了震动标线。加强道路沿线绿化，因地制宜，适量补种适于山区生长并与周围环境相协调的花灌木、地丁花，其余尽量种植草坪，保护野生草皮，做到绿化与周围环境达到自然和谐。

“怀柔战略大发展、道路建设要先行”。今天的怀柔公路，正加足马力阔步前行。怀柔公路事业的蓬勃发展，就像一个火龙头把昔日贫困的乡村引上了城市化发展的高速路。

（作者单位：怀柔公路分局）

# 密云古道　旧貌换新颜

## ——记101国道生态公路建设

贺志高

101国道京沈路(密云段)是北京通往河北承德、东北三省及内蒙古的重要门户,古有"京师锁钥"之称。它全长65.97公里,途经十里堡、城关、穆家峪、太师屯、古北口等5个乡镇。京沈路沿线拥有4处皇帝行宫,故有御道之称。早在西周,便有了密云第一条道路—密古路(即现在的101国道京沈路)。到了清朝,几代皇帝在热河(现承德市)建避暑山庄,辟木兰围场。自康熙始,清帝每年都要到热河山庄避暑和木兰围场狩猎。

1921年前后,密云在清朝御道基础上就开始了道路修建工程,1956年密古路进行路面提级改造,1980—1993年京沈路分期分批进行了道路改建工程。1993年,101国道京沈路(密云段)改建完成后,全长65.97公里,技术等级为一级、二级公路,县界(梨园庄)—穆家峪段,路基宽25米,路面宽23米;穆家峪—白龙潭段,路基宽15米,路面宽12米;白龙潭—古北口段,路基宽12米,路面宽9米。面层材料均为沥青混凝土,设计流量1万辆/日,2005年交通实际流量为14706辆/日。有一位公路老前辈面对101国道京沈路上川流不息的车辆和公路沿线的秀美山川感叹道,京沈路未来将是一个"火炬树铺天盖地,爬山虎爬满路旁"的立体绿化景观长廊。京沈路生态公路建设由此拉开序幕。

生态公路是在新时期、新环境下伴随着公路建设引发对生态环境问题的关注而提出的。生态公路强调在公路工程建设过程中,采用先进的科学设计理念和先进的施工工艺,尽可能减少对公路周边的自然环境造成破坏,对已造成的缺陷通过公路养护逐步进行恢复，实现公路与周边环境处于自然和谐的状态。1995年3月交通部发布《国家干线公路文明建设样板路实施标准》，1996年北京市路政局在全市干线公路开展文明样板路、文明道班创建活动。101国道京沈路被市公路局列入首批文明样板路创建示范公路。

在文明样板路创建过程中，密云公路分局按照交通部《国家干线公路文明建设样板路实施标准》、《北京市干线公路文明样板路创建标准》、《北京市公路GBM工程实施标准》和《文明道班标准》，通过全局干部职工的共同努力，在1995年10月底完成101国道京沈路（密云段）路基标准化整修和GBM工程。在公路环境绿化治理方面，路政执法人员对京沈路沿线5个乡镇的过村、过街公路环境进行综合治理。改变了过村、过街公路脏、乱、差现象，纠正了私搭乱建、侵占路产路权等违法行为，公路路容路貌焕然一新，得到了地方政府和群众一致称赞，被授予"文明样板路示范工程"称号，成为北京市第一批市级文明样板路。101国道京沈路还因此成为了北京市十大红叶观赏景点之一。

2004年初，交通部决定在全国实施"清除隐患、珍惜生命"为主题的公路安全保障工程。2005年北京市开展干线公路安全保障综合整治工程。为此，101国道京沈路开始了三年公路提级改造工程建设。2007年为了给2008年北京奥运会的胜利召开营造一流的公路交通环境，在2005年101国道京沈路安全保障工程实施的基础上，又投入资金296万元实施奥运绿化综合整治工程。截至2008年7月，全部完成101国道京沈路（密云段）路面提级改造，好路率97%，综合值95.3，路面交通标线施划率100%；设置各项人性化（双语）交通标志牌671套。立体绿化生态长廊初具规模，绿化覆盖率100%，绿化景观休闲场地5处，种植落叶乔木11384株、常绿乔木8717株、矮林5676丛、花灌木665409株、花卉440590株共3900平方米、绿篱55864株共1775延米、攀岩植物186899株、草坪35265平方米，城关路段市政园林绿化8公里。通过几代公路人的努力，使梦想变成了现实。

101国道京沈路古北口"进京第一印象"工程，位于蟠龙山脚下古北口隧道北口。通过多年的养护和完善，现已成为京沈路上重要的公路标志之一。绿化景观园中有一座"古道雄关"的景观石，为京东第一古镇古北口增添了一道亮丽风景。它和蟠龙石古长城混为一体，为外埠进京车辆司机和游人留下深刻印象，名曰"进京第一印象”工程。古北口镇位于北京的东北方向，距北京 123.48 公里，有“燕京门户”、“京都重镇”之称，自古为人瞩目。当站在“古道雄关”景观石旁放眼眺望：一条宽阔的生态大街向北延伸，现代化的边陲古城展现在人们面前，众多的历史文化古迹再现京东古镇风貌；北侧雄伟壮观的古北口长城在卧虎山上蜿蜒起伏向东西延展，长城敌楼星罗棋布；东边可以看到已经重建修好的“六郎庙”和“药王庙”；西边则是碧波荡漾的潮河，河水清澈见底，与石城镇的白河形成密云两大水系一起汇入密云水库，是密云水库重要的水源之一。

北京新十六景之一的“白龙潭”风景区坐落在 101 国道京沈路 93 公里处，首先映入游客眼帘的是一座“龙”字形的立交桥，立交桥下的绿地中央是一个由白色大理石铺砌而成的“龙”字，“龙”字为草书，出自一位著名书法家之笔。白龙潭“盘龙绿化景观”是京沈路生态公路建设的又一标志性工程，引领游人到“白龙潭”风景区东山石坳幽谷龙潭间寻宝探秘。

2008 年密云县荣获“国家生态县”称号，成为北京唯一的全国首批生态建设试点县。101 国道京沈路生态公路建设使古道喜换新颜，把“安全、环保、舒适、和谐、耐久”新理念融入到地方生态县建设发展之中，其资源共享，同步发展，共同构建生态和谐的环境，加快了生态公路建设速度，提高了生态县建设水平，丰富了生态公路文化内涵，促进了地方经济发展，诠释了“以人为本、以车为本”的真谛。它的建设过程其实就是一部公路发展史，是公路人“敬业求实、开拓奉献”的真实写照。

（作者单位：密云公路分局）

# 风雨过后见彩虹

李 亮

经历了风雨洗礼之后，从1978年的626.51公里到2008年的2501.27公里，顺义公路总里程增长了近3倍。数字的变化见证了顺义公路建设30年来的沧桑与辛苦，感动与辉煌。

## 一、改革奋进的10年

回忆过去，让我们变的坚强。“文化大革命”期间，顺义县的公路事业受到冲击。各级公路的建设、养护工作都受到了很大影响，公路管理机构曾一度陷于瘫痪状态。1978年，顺义县干线公路过境通车里程为134.5公里，县、乡公路里程为492.01公里，总里程为626.51公里。党的十一届三中全会后，顺义的公路建设得到了快速发展，复工修建了已停建20多年的京沈公路。

改革开放的头10年，是改革奋进的10年，顺义公路事业在“调整、改革、整顿、提高”总方针和“公路建设要普及与提高相结合”的具体方针的指导下，不断深化改革，强化路政管理，推行岗位责任制，保证了公路建设向路面黑色化、桥梁永久化勇敢迈进的步伐。到1988年，全县共有公路206条，通车里程达829公里，拥有桥梁101座。

## 二、夯实基础的10年

进入20世纪90年代，顺义公路开始健康、稳步、成规模的发展。可以说这10

年是顺义公路夯实基础的10年。

在夯实基础的10年里，顺义县桥梁、公路绿化、乡级公路建设等都有了长足发展，当时的乡级公路南法信一焦各庄公路，平均日交通流量已达683车次，为百姓出行发挥了重要作用。20世纪90年代后期，全县上下继续加大城乡路网建设，1996—1998年，公路建设投资突破3亿元，公路总里程突破1500公里，路网密度1.46公里/平方公里。

## 三、创新跨越的10年

转眼迎来21世纪，顺义区经济迅猛发展，我们着力打造与区域经济发展相匹配的路网格局，全面促进了顺义公路建设的创新跨越，公路事业发生了翻天覆地的变化，公路建设蒸蒸日上。

"十一五"期间，顺义公路事业经历了事企分开、管养分开和公路体制、内部机构全面改革的过程，可以说顺义公路发生了一次蜕变。这次蜕变给了顺义公路脱胎换骨的力量。这次蜕变促进了顺义公路迅猛发展。这次蜕变成就了顺义公路今天的辉煌与梦想。就2005—2007年而言，共实施公路建设、养护项目98项，累计投资19.2亿元。3年来修建乡村公路240公里，是2005年以前建设里程的1.7倍；修建县级以上公路350公里，是2005年以前建设里程的2倍；全区道路绿化覆盖率38%，比2005年以前提高了3个百分点等。截至目前，全区拥有公路面积1418万平方米，公路总里程达到2501.27公里，形成了"六横"、"十一纵"、"三放射"、"六高速"的路网格局，为经济发展发挥了巨大的推动作用，方便了百姓出行。

过去的30年，顺义公路成绩与汗水同在，是不平凡的30年，是奋进的30年，是伟大的30年。随着改革开放的不断深入，相信未来的30年，一定是承载梦想、蒸蒸日上、铸就辉煌的30年。

（作者单位：顺义公路分局）

# 把握地铁运营动脉

# 适应生产发展需求

朱玉平

地铁给水系统是保证地铁安全运营的重要设备系统之一，担负着地铁全线的生产、生活、消防用水的供给任务。北京地铁运营公司根据1、2号线地下水源的变化、设备技术水平的更新，对给水管网、水源进行了多次改造和完善，2007—2008年又新接收运营了5号、10号、奥运支线及机场线。30年来北京地铁给水系统的安全可靠，为安全运营奠定了基础，提供了保障，作出了贡献。

## 一、给水系统改造同步生产发展需要

北京地铁一期工程于1969年建成通车，建设初期是以战备疏散为主，兼顾城市交通。给水系统采用生产、生活和消防共用系统，给水水源由自备井供给。一期地铁给水系统在前崇区间、长椿街等处设有6口自备水源井。全线在隧道内沿边墙设置两条给水主干管，在地下形成环状管网。考虑到地铁管线沿程水位高差近70米，地铁用水采用分段供水的方式。1979年，前崇区间和长椿街两口水源井水质超标，先后停止使用。五万区间的水源井井壁严重倾斜、地下水位下降干枯报废。

二期地铁给水系统设有6口自备水源井。在西直门、东直门和建国门站三处引入城市自来水，形成了自备井与自来水共同作为给水水源。与一期地铁供水系统相同，二期地铁在地下形成环状供水管网。一期与二期地铁给水系统在礼士路至复兴门站间由 Dg200 管相联，互为备用。二期地铁存在着水源井水质超标、含砂量大，供水干管施工不符合要求等问题。1984 年地铁运营公司对其进行了全面的整修。1985 年由于北京地区连年干旱，自备井水源陆续干枯。1986 年和 1987 年分别在礼士路站、八角水槽处接入了一路市政自来水，及时解决了供水不足的燃眉之急。

由于地铁设备老化、增设配套设备设施、水源井水位下降等原因，使地下给水管网状况发生了巨变。针对这种现状，1996 年，地铁运营公司对地下供水管网运行状况进行了测量与数据收集，首次完成了地铁给水管网运行现状下综合技术参数的研究，发现了部分车站和区间不能满足消防用水要求的问题，提出了增设自来水、加装增压设备的改造建议和措施。该研究获北京市科技进步三等奖。

北京地铁 1、2 号线给水水源以自备水源井为主，采用生产生活及消防共用的给水系统。上个世纪八九十年代，地铁运营公司虽对给水系统采取过一些改进措施，但自备水源井基本不能使用，仅靠几处自来水作为消防水源，供水水源不能满足新规范的标准。加上原有设备呈现出设备老化，安全性、稳定性降低的现象，改造任务非常紧迫。

2004 年，地铁运营公司开始进行给水系统改造，对 1、2 号线消防给水环网的管径、区段划分位置等进行计算和综合调整，增设及更换部分管段；增加电动阀门并与 FAS 联动，以保证各区段最大消防给水流量 20 升/秒。增加 26 处自来水引入点，划定 11 个消防供水单元，加装消防加压泵。改造后，采用生产、生活与消防分开的给水系统，满足相关标准和规范的要求，同时消防供水的稳定性和可靠性都得到了提高。此次改造工程是在不影响地铁正常运营情况下进行的，工程规模之大、风险之高、施工难度之大前所未有，创造了地铁运营历史的奇迹。

## 二、给水系统建设与时俱进

地铁 13 号线于 2001 年开通试运行，首次设置了地面及高架车站，其消防给水系统采用独立的给水系统。霍营、立水桥、北苑、望京西等 4 座车站为自备井供水，其他各站由城市自来水管引入一根 DN100 的给水管，车站内设消防水池，车站设有独立的消防环状管网，地面区间不设置消防给水系统。地铁13号线首次应用电拌热技术，该技术是地铁地面线路中防止给水管道冬季冻裂所使用的管道加热技术。八通线给水系统与地铁13号线基本相同，不同点为各站均使用自来水并设置水箱。

5号线、10号线、机场线各车站均采用生产、生活与消防分开的给水系统。水源采用城市自来水，生产、生活给水系统在车站内布置成枝状管网，消防给水系统形成环状管网。地上车站设有消防水箱。消防泵可用消防按钮控制、FAS远程控制、就地手动控制。综控室可显示消防泵的启、停、故障状态、管网压力、消防水箱水位等信号。

奥支线各车站首次增设直饮水系统，使得地铁生活饮用水的水质有了很大的提高。北京地铁六七十年代饮用自备井水；八九十年代混用自备井和自来水；21世纪饮用自来水；在奥运会期间，北京地铁奥支线的站台上设置了直饮水终端设备，乘客可以直接喝上经过严格处理的直饮水。

目前，北京地铁运行线路200公里。线路走到哪里，给水管网就延伸到哪里。我们相信随着产品的更新、技术的进步，会有更适合地铁环境、智能化程度更高的给水系统来满足地铁建设、运营的需要。同时直饮水系统首次在北京地铁的成功应用，也为今后地铁建设提供宝贵经验。

（作者单位：北京市地铁运营公司设备部）

# 方寸舞台尽显智慧

公交集团基建部

公交场站犹如条木之间的螺丝钉，与道路建设相比，占地不大，却关联着整个交通系统的运行效率。1978 年之前，公交场站数量较少，投资规模也不大，截至 20 世纪 70 年代末，公交场站共有 52 处，占地 64.21 公顷，建筑面积 39.14 万平方米，每年国家投资平均不足 1000 万。

改革开放后，国家逐渐重视投资建设公交场站。从“七五”末开始，历时“八五”至“十五”3 个五年计划，截至 2007 年底，共完成政府投资 14.68 亿元。其中，市财政投资拨款 11.3 亿元，市交通委专项资金 6569 万元，国债投资 2.2 亿元，圆满完成了市政府要求的公交场站投资建设任务。公交集团共拥有生产运营场站 565 处，总用地面积 384.8 万平方米，建筑面积 95.21 万平方米。其中，永久用地 178 处，用地面积 198.14 万平方米，建筑面积 77.86 万平方米。

近年来，公交集团在公交场站建设方面取得了显著成果，逐步建成了公交调度指挥中心、动物园公交枢纽，建设完成了一大批中心站、首末站和保养场，建设完成了 30 座加气站，改造 33 处换乘站。

动物园公交枢纽位于西直门外大街南侧，京鼎大厦西侧，占地 1.4 公顷，建筑面积 10 万平方米，建设内容包括地下公交换乘大厅、疏导通道、人防、社会停车场和地上公交车辆到发站台、车队管理用房、智能化运营指挥系统、抢修中心、公交派出所、部分经营用房等，总投资约 8 亿元，解决了 12～15 条公交线路的到发功能。动物园公交枢纽首次实现了对多条公交运营线路的实时监控和智能调度，提升了公交调度管理水平，运营管理效率也随之提高，并为进一步实现较大范围内的公交智能调度提供了数据支持。该枢纽建成后，彻底改变了过去动物园地区换乘无秩序状况,整合了周边部分服装批发零售市场,创出了一条以开发带动枢纽站建设的市场化融资新路,取得了良好的社会效益和经济效益。

动物园公交枢纽外观

动物园公交枢纽内部

西客站南广场公交枢纽位于北京西客站南广场东侧,占地 1.02 公顷,建筑面积 3060 平方米,建设内容包括调度业务用房、乘客换乘站台、停车场及配套设施等,总投资约 1 亿元,可解决 12 条公交线路的到发功能。北京西客站是全国各地旅客通往北京的窗口,其建筑规模属全国之最,每日运送旅客达十几万人,区域内的公交场站和线路承担着重要的运输任务,南广场公交枢纽建成使用后快速高效地集散西客站旅客客流，为西客站进出站旅客提供了更好的公交换乘服务设施，节约了换乘时间，与北广场形成了地区性运营调度管理体系，有效地改善了北广场的交通状况，大大提高了莲花池东路的通行能力。

西客站南广场公交枢纽

中心站、首末站建设同样重要。南苑中心站、西黄庄中心站、王佐中心站等一

王佐公交中心站

批功能齐全、设备完善的场站的建成，为开、调、延公交线路，方便市民出行，缓解北京交通拥堵状况起到了积极作用。

西红门公交站

安定门换乘站改造前

安定门换乘站改造后

从2006年开始,市委市政府加大了对公交的扶持力度,对一批重点地区和影响较大的公交场站进行了换乘站改造工作,目前已经完成40处。

大屯中心站改造前

大屯中心站改造后

展望未来,公交场站基础设施建设将进一步加快发展。到2020年,北京将新增公交枢纽站20座,建成公交中心站20处,新增公交首末站80处,新建加气站30座,新建、迁建保养厂5座,综合改造公交站点50处。

# 满路尽是绿红妆

王玉霞

1978 年是改革开放的第一年，也是我大学毕业的第一年，如今已年过半百的我赶上了这 30 年的大好时光。忆往昔，看今朝，时光荏苒，日月穿梭。看到公路建设取得的伟大成就，我的心里就非常的激动和感慨。

绿化是公路建设的一个重要组成部分，也是改善生态环境的重要因素，我在公路绿化事业上为之奋斗了 30 年，这段难忘的历史，见证了今天的辉煌，预示着未来的美好。

我生在农村，黄土地伴随着我成长，我没有忘记，肩扛背驮的祖辈们，那泥泞弯曲的小道，雨天就要赤脚走路的往事，在我童年时对路就充满了幻想。没有想到，我所学的绿化专业，在公路建设中有了用武之地，30 年所走的历程，所发生的变化使我感受至深。

改革初期，充满梦想的我，来到顺义公路分局养护队负责绿化工作。那时，十几间简陋的平房是办公、居住的地方，一辆东风三轮车是全队人员的主要交通工具。当时的公路绿化是投资少，品种单一，栽植形式是一边一行树，管理粗放，更谈不上规模。管理制度很不健全，还是大锅饭，没有专业队伍，我是第一个专业人员。1981 年我虽然是绿化队长，可是上路作业、上下班全靠着我父亲的一辆旧自行车。

我清楚地记得，1985 年京沈路 、顺平路的路树发生了舞毒蛾虫害非常严重，由于路树高，药根本打不上去，眼看着树叶被虫子吃光。通顺路栽植 4 米高的大油松，只有靠人抬、肩扛，繁重的体力劳动使职工的手上打起了老茧和血泡。南岗路栽植杨树，天上下着小雨，一直栽到晚上 7 点多，因为公路还不发达，又没有交通工具，在漆黑的夜晚，沿着崎岖的小路往家走，走啊走，十多公里的路程，感觉是那么的遥远。那时我在想，要是有一辆汽车，路修到家门口多好啊。

1987 年，组织学习邓小平文选，领导让我写一篇心得体会，我就将所学的理论结合当时的形势以及绿化的情况，谈出了自己的想法。十一届三中全会以来的政策，概括起来就是改革开放，改革是推动发展的直接动力，不能等、不能靠，没有成功的经验，只有摸着石头过河，深知发展才是硬道理的内涵。抓住机遇，敢于尝试，成立绿化专业队伍才能更好地适应公路发展的需要，才能在改革的道路上迈出新步伐。

多年的期盼和梦想，随着改革开放的不断深入，逐步得以实现，市公路局为了适应公路事业的飞速发展，培养了公路绿化的专业人才。1989 年，顺义公路分局成立了绿化队，有 4 名专业绿化人员，我是其中的一个。从此，公路有了自己的专业绿化队伍，更值得兴奋的是，有了属于我们自己支配的一辆水车和一辆双排座车。绿化投资是专款专用，并且是单独核算。我们这支队伍承担着顺义公路分局的新植和养护任务。除了新植以外，绿化养护里程已经发展到了 203 公里，有乔木 69420 株、灌木 15130 株。1989—1992 年，平均每年绿化工程投资是 100 万元左右，这个数对我们来说，已经是天大的数字了。

随着公路的不断新建和改建扩建，隔离带越建越宽，环岛也越建越大，绿化规模有了显著的变化，绿化品种由原来的几个增加到十几个，先后引进了常绿树、灌木、花卉、草坪等等。绿化栽植形式相比原来的一边一行树，有了质的飞跃，短短 4 年的时间，实现了高低错落、四季有绿、三季有花、黄土不漏地的绿化理念。在管理上也有了突破，我们对水车的喷枪进行了改造，解决了打药难的关键问题。同时进行了叶面喷肥试验，使养护管理水平不断提高。

政策良，百事兴，我们乘着改革开放的强劲东风，大胆地放飞梦想。1993 年在改革政策的感召下，我们不再满足现有的 100 万元的绿化工程。为了扩大集体经济来源，增加职工收入，首先转变观念，解放思想，第一个走出去，主动开拓市场，向市场要效益。1993—1994 年，在京石高速公路绿化工程中连续两年中标，牛栏山、大孙各庄乡政府的绿化，红牛饮料公司、五处等地的绿化项目，使我们既锻炼了队伍，提高了我们的信誉度和知名度。1993—1997 年，平均每年绿化工程投资达到了 210 万元，在 5 年里实现了翻番，职工的收入也实现了翻番。

改革开放给我们带来了生机、带来了希望，是改革使我们尝到了甜头，开阔了眼界，增强了信心。有了前几年的经验和收获，我们抓住每一个机遇，不断提高中标率，八达岭高速公路、服务区、二环、五环和南法信、北小营乡改造等等的绿化工

改造后的水车正在打药

改造后的隔离带

程,给我队创造了更大的经济效益。1998—2002 年,平均每年绿化工程投资已达到了 610 万元(年平均递增 400 万元,比前期增长了两倍)。

从 2003 年瑞通养护中心的成立,到今天已经是 6 个年头了。这 6 年,改革开放给公路建设带来了翻天覆地的变化,造就了养护中心的一代新人。我们跨行业,跨省市,步伐越迈越大,先后创下了北务乡绿化和雨污水工程,天北路、龙塘路、京承高速、天津高速公路绿化等精品工程,2003—2008 年平均年产值已高达 1200 万元。

从改革初期的 100 万元到今天的 1200 万元,相差了 10 多倍。绿化养护里程不断增多,从发展的 203 公里到今天的 435 公里,增长了一倍多。养护乔木 13.7 万株,花灌木 152.6 万株,攀缘、绿篱 193.6 万株,草坪 50.3 平方米。机械设备从无到有已经发展到水车 5 台、载重汽车 10 台、小车 5 台。机械化作业代替了繁重的体力劳动。绿化品种由原来的几个发展到几百个。绿化规模由原来的几万元增加到千万元以上。栽植形式实现了绿化、美化、亮化、人文化的设计理念。管理达到了科学化、规范化、机械化。从这些发展变化的数字,看改革开放给公路建设带来的巨大变化,30 年一步一个脚印,在实现梦想的历程中,好像永远没有顶峰。

回首 30 年,是改革开放给社会带来了和谐,给人民带来了安康。人在画中游,看不完的美景,数不清的画卷。30 年的编织,30 年的足迹,为我是一名交通人而自豪。

(作者单位:瑞通养护中心十一处)

# 新机制孕育"阳光首发"

王展旗

1999年9月16日，首发公司伴随着改革开放的步伐和北京交通基础设施投融资体制改革的进程应运而生。短短8年，首发人团结奋进、开拓创新、努力拼搏、扎实工作，从起步打基础到发展创辉煌，取得了一个又一个骄人的业绩，创造了一个又一个新的辉煌。

## 一、工程建设突飞猛进

2008年初北京市高速公路通车总里程达到718.43公里，初步构筑并形成了两个环线连接东西南北交通主干线的框架。这718.43公里高速公路的修建，前后共分两个阶段。1999年9月前，首发公司还未成立，北京市高速公路由原北京市公路局负责修建。1986—1999年这14年间共建成并通车高速公路216公里。1999年9月首发公司(2006年10月更名为首发集团公司)成立，开始负责北京市高速公路的修建。8年间共建成并通车高速公路502.43公里，是前14年的两倍多。

## 二、运营管理稳步提升

首发集团公司的运营管理工作始终坚持"以人为本、用户至上"的原则，重在培育服务理念、强化服务意识、规范服务标准、创新服务手段、加强内部管理。8年来通过运营一线广大员工的共同努力，在经济指标、日常养护、路产维护等各个方面均取得了显著成绩。

2000年通行费收入还不足4亿元。2008年上半年,通行费收入已达12.85亿元,是2000全年年通行费收入的3倍多,增长速度之快显而易见。首发集团公司成立以来,始终坚持“以人为本”的宗旨,树立“学习促才、岗位成才、创新是才、尽其用才”的人才理念,组织各种培训活动,打造了一支思想过硬、作风顽强、纪律严明、爱岗敬业、无私奉献的员工队伍,为首发集团公司实现可持续健康发展奠定了坚实基础。日常养护、路产维护为了实现专业化管理,首发集团公司建立了养护监理考核制度,加大了过程控制,形成了闭环管理。在高度重视日常巡查和小修保养的前提下,定期进行路面、桥梁检测,完成了附属设施改造和路面病害处理,确保了重点部位安全。

## 三、党建工作创新发展

首发集团公司的党建工作在公司各项事业的发展中始终发挥着政治核心作用、战斗堡垒作用,以党组织的政治优势、组织优势和联系群众的优势,有力地推动了公司的改革,促进了公司的发展,维护了公司的稳定。

从公司组建之初的党委筹备组到现在的新一届集团公司党委,逐步建立并完善了一套符合党建工作原则,贴近党建工作实际的党委管理制度,为集团公司党建工作的顺利开展提供了组织保障和制度保障。

首发集团公司党委始终高度重视加强各级党组织的思想建设、作风建设和廉政建设。通过中心组理论学习、领导班子民主生活会、先进性教育、廉政教育、评选基层先进党组织、优秀党员和“四好班子”建设等多种行之有效的形式和载体,进一步加强了各级党组织和党员领导干部的思想建设、作风建设和廉政建设。

首发集团公司党委坚持党员发展向施工生产一线倾斜的原则,实行了党员发展公示制、票决制,建立了党员、中层管理人员数据库。截至目前,公司系统共有党员650余名,比公司组建之初增加近400名。新党员的增加,党员队伍的壮大,为首发集团公司党建工作注入了新生力量。

## 四、文明创建硕果累累

精神文明建设和企业文化建设是企业实现持续健康发展的重要组成部分，8年来首发集团公司党委在进一步加强党建及思想政治工作的同时，深入开展了以创建文明行业为龙头，以窗口服务行业为重点，以提高服务水平为目标，以改进服务、提高信誉、创建品牌、树立形象为目的的精神文明创建活动，并取得了良好效果。

各级领导充分认识到精神文明建设和企业文化建设既是企业的基本职责和重要任务，又是办好企业的重要措施和根本保证，切实把精神文明建设作为各项公司生存、稳定、发展的一件大事抓紧抓好，抓出成效。

首发集团公司所属各单位根据首发集团公司党委的总体部署和安排，先后开展了评选文明单位、先进班组、先进工作者、岗位标兵和先进基层党组织、优秀党员活动，利用“党员志愿者”、“党员先锋岗”、“党员巡视车”、“文明就在我身边”、“文明建设从我做起”等一系列行之有效的活动载体掀起了争先创优的热潮。广泛开展的“建家”活动和文体活动，改善了员工的工作和生活条件。首发集团公司党委还加强民主管理，坚持职代会制度，维护员工的合法权益，切实解决员工工作中的实际困难和问题。

首发集团公司党委编制并下发了《企业文化建设手册》，总结、提炼了公司企业精神，明确了企业使命，规划了企业愿景，提出了公司发展战略和企业理念、管理理念、人才理念、廉洁理念、安全理念、服务理念、环保理念、和谐理念，以及集团公司行为识别系统，为公司企业文化建设和发展打下了坚实基础。

首发集团公司成立8年以来，各项事业都取得了长足发展和进步。公司实力不断壮大，员工队伍不断加强，工程建设突飞猛进，运营管理稳步提升，融资工作广开渠道，产业经营发展良好，党建工作创新发展，文明建设硕果累累。事实已经充分说明——“新机制带来的新变化，高效率带来了大发展”。

（作者单位：首发集团安畅高速公路管理分公司）

# 筑富国强民之路

黄文婷

改革开放的春风,使中华大地再次焕发了活力,30 年的沧桑巨变,30 年的光辉历程,取得了举世瞩目的成就,叙写了华夏民族的新篇章。作为改革开放的同龄人,又在筑路行业工作,我见证了筑路行业的今昔巨变。这种变革不仅仅是看得见的筑路机械、筑路材料,更是对人的思想冲击,观念、意识形态的变革。

## 一、筑路·筑就辉煌

改革开放伊始,流传着这样一句话:要想富,先修路。那时候,我还小,不明白这其中的道理,只是知道家乡的路从“风天尘砂飞扬,雨天泥水满街”的土路变为砂石路、沥青路,房子也越建越新,生活也就越来越好。

我查阅资料,得到这样一组统计数据:1980 年,我国公路通车总里程 88.8 万公里,其中硬化路面公路里程为 66.1 万公里,没有一条高速公路。截至 2007 年底,我国公路通车总里程达到 357.3 万公里,其中高速公路 5.36 万公里。

公路事业高歌猛进的同时,人民生活也在发生着天翻地覆的变化。1980 年,工农业总产值为 6619 亿元,全国城镇职工年平均工资为 762 元,而到 2007 年,全年国内生产总值 246619 亿元,城镇职工年平均工资 24932 元,分别是 1980 年的 37.3 倍和 32.7 倍。事实胜于雄辩。修路,的确是一件富国强民的大事。综观历史,历朝历代江南为什么都是繁华富庶之地?因为交通便利,水路陆路四通八达,物资可以往返运送。以史为鉴,可知兴衰。而在这造就辉煌之路的 30 年里,挥洒着多少汗水、多少耕耘。

## 二、筑路·科技先行

30 年,筑路材料在发展;30 年,筑路工艺在进步;30 年,筑路机械在升级。以沥青混合料拌和为例,从纯粹人工拌和,发展到机械化,再发展到自动化,每一次都是一个飞跃。单从机械化到自动化的变革,单机小时产量从 60 吨/小时发展到了 320 吨/小时,而每个班组生产人员从 10 人减少到了 3 人,沥青混合料的生产从劳动密集型进步到了技术先进型。过去不是那么容易忘记,至今筑路人还常常把沥青混合料称为炒油,因为我们曾经采用过一口大锅一只铁锨翻拌沥青混合料的方法。曾几何时,进口沥青拌和机一统江山,英国的玛连尼、美国的阿斯太克、日本日工等设备都曾经是筑路人心中盼望达到的高度。什么时候我们也能造出这么好的沥青混合料搅拌设备？今天,自有技术,自有知识产权的国产沥青混合料搅拌设备与进口设备、合资生产的设备已然三分天下。国产机器由于成本更低,操作更简便实用,温控功能领先于国际水平而更受国人欢迎。筑路,不仅需要力气,更需要现代知识武装头脑。

## 三、筑路·绿色家园

山清水绿,蓝天白云,祥和静谧,这是时代的渴望。人类的活动让这些曾经的风景逐渐远去。工业废水、废气、废渣困扰着改革开放的脚步,也正是因为如此,绿色 GDP 逐渐成为世人关注的指标。中国提出的“绿色奥运”理念赢得了 2008 年奥运会的主办权。绿色是全社会的责任和义务,筑路人把它们牢牢记在心间。

设计,要用最适宜的结构,充分延长路面的使用寿命,减少资源的浪费;铺路,要用最环保的产品,排水路面、降噪路面,掺加工业废渣、尾矿、煤矸石,利用废旧资源,废沥青路面翻新,旧轮胎细化成粉掺加;施工,加热锅炉燃料由煤改换成油,搅拌设备增加烟尘净化装置;合理安排工时,减少噪声扰民以及施工断路给群众生活带来的不便;施工结束,开放交通前还要安装环保设施,绿化带,隔音板……筑路人以绿色为己任，不断学习，与改革开放共同进步。

## 四、筑路·观念更新

改革开放30年，是不断尝试，不断完善，不断进步的30年。从一贯服从计划经济指令，转变为遵循市场经济规律，经历了短暂的迷茫。但凭着天生不服输的劲头，筑路人不再坐着等活干，而是积极转变观念，树立竞争意识，强化服务意识，向市场找活。

当年的老筑路人在向我描述计划经济的感慨时说，那时候铺路最怕的是要料。沥青厂按计划生产，每天就那么多料，我们铺路都得举着好烟，拿着钱在路上截车，能铺完真不容易。1979年，北京的沥青厂只有一家，而今天，以施工地点为圆心，50公里为半径内，至少有3到5家日产量5000吨以上的沥青厂。市场竞争带来更好的质量，更低的价格，强者更强。

在传统观念里，看的见摸的着的东西才值得付钱。在我最初踏入这个行业的时候，作为一种看不见的技术服务，监理不被接受和认同。走过6个年头我发现，在重要或特殊工程的施工过程中，不仅有监理为工程质量负责，还要有设计单位孜孜不倦的服务，技术公司代理业主进行部分职能的监督。

国家为基础设施建设掏腰包，司空见惯，但是改革百废待兴，国防要投入，农业要拨款，工业要税收优惠，轮到交通运输业，蛋糕已经越切越小了，怎么办？银行贷款，以路养路，BOT模式……有多少名词就有多少尝试，每种尝试都成为交通运输事业成功的关键。正因为这些新观念、新探索、新模式，中国路网才越来越密，公路里程才越来越长，人民生活才越来越好，国家才越来越富强。

路，缩小了人类的生存空间，拉近了人与人之间的距离。而筑路，正是融汇古今，沟通世界的途径。从北京到杭州，古代车马兼程也要月余，今天乘飞机两个小时就可以到达，人们不由的感叹：如果乾隆生在现代，哪怕再下6次江南也不会花光库银，国怨民愤了。30年，多少沧桑巨变，尽在今昔笑谈中。

（作者单位：北京路新沥青混凝土有限公司）

# 道路建设技术发展以"创"当先

胡达平

改革开放30年的变化，可以用天翻地覆来形容，许多人从艰苦的年代一步步走来，亲眼见证了改革开放的点滴历程，亲身感受到改革开放带给我们的无限惊喜，同时，也见证着改革开放30年的光辉历程和取得的举世瞩目的成就。

"路新公司"前身是北京市沥青厂，该厂是在1953年建立的国有企业。建厂初期是只有四口大锅，年产沥青混合料3000吨的作坊式工厂。70年代，工厂购进60吨/小时的沥青混合料搅拌设备，生产能力达到200吨/小时左右。采用冷料直埋皮带机地沟上料形式，三个热料仓，燃烧系统采用人工点火，手动控制温度，仅能生产三种沥青混合料。沥青混合料的辅助设备基本没有，很多工作都是靠人工完成，说那时的工厂"破"一点都不夸张。

改革开放初期，工厂独自研制了两台150型沥青混合料搅拌设备，可以算是首台国产大型设备了。其中间歇性强制式沥青混合料搅拌设备曾荣获北京市科技进步一等奖，筒体式沥青混合料搅拌设备曾荣获北京市科技进步二等奖。虽然取得了一些成绩，但是设备故障多，经常需要修理，有时也会影响生产。另外，由于燃烧器和除尘系统的技术相对落后，虽经过多次改造，生产设备运行起来也会有烟尘。

那时主要交通工具还是自行车，路面质量没有什么大的改善，市里路面到处都是修修补补的痕迹。

随着改革开放的步伐越来越快，在北京市道路材料市场上出现了很多新的企业，一片群雄逐鹿的景象，这也给我们这种老国企带来了挑战。在这种背景下，公司领导大胆改革，在改革的浪潮中"闯"出一条路。1999年企业改制，北京路新沥青混凝土有限公司成立，并逐步发展成为一个拥有先进生产设备的，由十几个参股公司组成的,年生产能力200万吨以上的企业。在改革过程中,公司引进国外先进成套的自动化设备,辅助设施既有国产一流设备,又有本企业自行制造的配套装置。其中,引进日本日工公司制造的NBD－160和NBD－320型全自动电脑控制沥青混合料搅拌设备,每小时产量为160吨和320吨。日工设备采用了6个冷料仓,4个热料仓,可生产出30多个沥青混合料品种,并且可以随技术开发及客户的需求不断增加新品种。品种更换更方便、更快捷,随时可变。产品质量优良,合格率100%,日产量可达万吨。燃烧系统为自动点火和自动控温。沥青混合料搅拌设备采用箱式除尘系统,配有一级惯性除尘器和二级布袋脉冲反吹除尘器,除尘效果显著,除尘效率实测数值大大低于北京地区标准。生产中再也见不到浓烟滚滚的景象了,厂区环境有了很大的改善。有了这样先进的设备,具备了这样的规模,企业稳稳占领了北京市的道路改建供应黑料市场。

60年代老沥青混凝土搅拌设备 （摄于60年代末）

设备的改善和提高,使沥青混合料的配合比更精确了,所生产的产品质量波动小了,路面的开裂、损坏明显减少了。

随着科技的不断进步和沥青混凝土行业对沥青混合料搅拌设备的生产能力、生产工艺、产品质量的监测和检测要求的不断提高,以及新技术的应用和新产品的开发,企业具备了适应市场变化的需要,以“创”当先。因此,科技创新成为了企业长时间立于不败之地的法宝。

花园式的生产厂区 （摄于2007年7月）

彩色沥青铺筑在亦庄开发区卡丁车场跑道 （摄于2001年）

通过引进美国HEATEC公司的改性沥青设备(采用德国胶体磨),改善和提高了沥青的性能,并首次在“平安大街工程”中成功应用了沥青码蹄脂碎石混合料,取得了良好效果。《改性沥青及SMA在城市道路中的应用》研究项目也因此荣获了北京市科技进步二等奖，并掀开了北京市改性沥青应用的新篇章。

再生沥青混合料搅拌设备的引进为公司提供了新的经济增长点，也为社会解决了废旧沥青路面的处理问题。再生沥青混合料的生产技术、工艺已成熟，现已生产20多万吨。再生沥青混合料的各项指标均能达到沥青混合料试验规程要求，产品的摊铺效果和使用多年后的路面质量均良好。再生沥青混合料已经得到社会的认可，在北京市二环辅路等一批工程中使用效果良好。

近几年，国家积极推进节能减排、环保等工作，企业在站稳市场、稳步发展的同时，把新产品的开发应用，环境保护定为主攻发展方向。公司在坚持推广再生沥青混合料的同时，又陆续进行了橡胶沥青混合料、低噪音沥青混合料、尾矿（煤矸石）沥青混合料的研究和应用，这些产品或是对废弃物的再利用，或是可以节能减排、降低能耗，或是能降低噪声、美化环境、改善环境均有着显著作用。

如今的道路象蜘蛛网一样密集，道路周边都是绿树、草地、鲜花。企业在发展，道路在变化，迎着清凉的秋风，走在华灯绽放的路上，感受着日新月异的变化，美好的明天正向我们走来。

（作者单位：北京路新沥青混凝土有限公司）

# 第十六章

# 公共交通

## “大肚皮”开创公交发展新模式

刘璇亦

2004年底，北京南中轴路上跑出了“大肚皮”。虽然体积大，速度却一点也不含糊。这就是新开通的快速公交系统——BRT。进入21世纪，经济的快速发展带来私人轿车拥有量的高速增长，城市交通拥堵问题越来越凸显。缓解交通拥堵的主要出路有哪些？优先发展城市公共交通已成为大城市缓解交通拥堵问题的主要出路。快速公交（BRT）系统因其运量大、速度快、安全可靠、准点舒适、绿色环保等特点，是国际公认的解决城市公共交通问题的革命性方案。

2003年3月，北京召开了首次快速公交（BRT）系统发展战略研讨会。会上市交通委明确提出北京市公共交通优先发展战略，不仅要加快轨道交通建设，同时要建立多元化的公共交通客运体系，重视提高地面公交系统的运行效率，特别要研究探讨建立地面快速公交系统。该研讨会对地面快速公交在国内的建设起到了极大的推动作用。2004 年底,北京南中轴快速公交(BRT)一期工程通车,2005 年底,北京南中轴快速公交(BRT)全线通车。

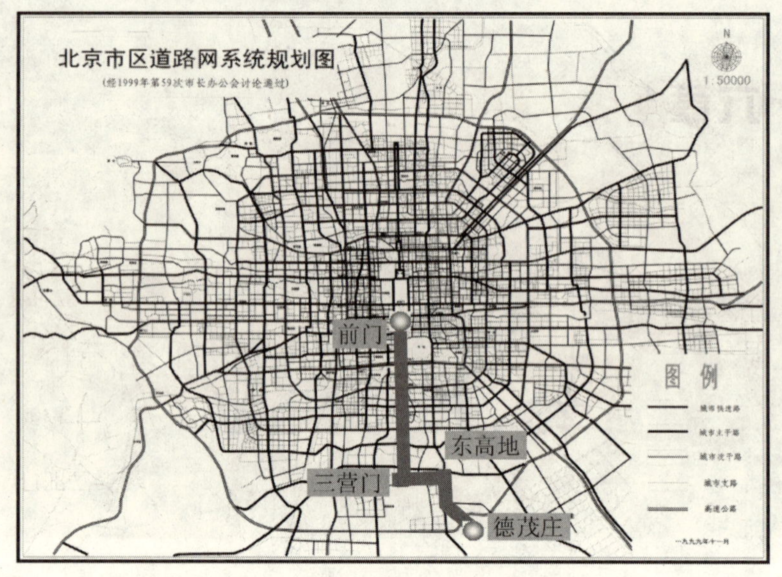


南中轴快速公交线路示意图

南中轴 BRT 线路之所以能在北京快速建成,首先是公交优先理念已被广泛接受,其次是这种投资少、见效快、效率高、风险低的模式符合国内实际情况。南中轴 BRT 线路位于前门—德茂庄,全长 16 公里,设置车站 17 座,并与多条交通主干线相交,包括多条环路和前门东西大街,与东西方向共有 5 处交叉换乘点,是南部地区交通主干线。专有路权是 BRT 的基本特征。南中轴 BRT 线路在路段范围采用全封闭的公交专用车道,在道路中央隔离带的两侧(最内侧车道),通过物理隔离形式与社会车辆完全分开,保持公共交通服务水平不受其它机动车干扰。BRT 在通过其他平交路口时,在信号方面也有优先权。南中轴 BRT 信号优先系统的构建,是基于车辆自动定位信息,以形成专用道绿波和高优先级作为优先策略。

国际上快速公交系统通常采用改良型的公交车辆,色彩鲜艳及形式统一,以体现其品牌效应。考虑到城市公交的大型化、低地板化、造型现代化、服务电子化及低排放的公交车辆技术发展趋势,南中轴 BRT 系统车辆选型确定为 18 米长单铰接车辆,根据系统布设车辆设计为左侧开门,应用低地板技术,降低了整车的重心,

增强了城市客车的行驶稳定性和舒适性,车辆载客量 180 人,发动机排放标准为欧

南中轴线路专用车道

南中轴线路专用车辆

Ⅲ。南中轴 BRT 系统车辆造型现代化，直接体现了北京现代都市风貌，成为现代都市一道靓丽的风景线。

南中轴线路封闭车站

车站水平登程

车站集中换乘可以减少乘客的换乘距离和时间。南中轴 BRT 线路站位设计尽可能靠近路口，便于相交道路换乘。站台设计为岛式站台，上下行共用。配合低地板的公交车辆，站台适当抬高保证了乘客水平登降，减少上下车时间。

车下售验票是 BRT 系统区别于普通公交的重要特性。南中轴 BRT 线路采用封闭式售验票系统，车下售验票的方式，配合公交铰接车辆，可以保证乘客在所有车门同时上下，消除售验票造成的通行能力瓶颈，提高整个系统的运营能力与效率。

车下收费

南中轴 BRT 线路的开通带来了巨大的经济效益。由于享有专用路权，运营速度提高了 50%，车辆周转快，运营成本降低。开通时，整合了 7 条传统重叠的公交线路，撤掉了 260 余辆公交车辆，有效地降低了能源消耗和尾气排放，缓解了道路拥堵，道路资源得到了科学合理的利用。自 2005 年 12 月 30 日南中轴 BRT 全线贯通后，客流量持续增长，日客流量目前接近 13 万人次。在 2008 年奥运会前，北京又开通了安立路、朝阳路两条快速公交线路，使快速公交线总长达到近 60 公里。快速公交已然成为公共交通多元化中的一种新模式，将与地面常规公交、轨道交通等形成不同层级的客运网络，共同为城市交通服务。

（作者系市政工程设计研究总院第一设计所副总工程师）

# 出行变化印证时代轨迹

贾宋洁

改革开放30年,北京城乡居民出行的变化翻天覆地。人民群众总结得好:四通八达开新路,城市交通变新貌;越织越密公交网,来势如潮私家车。

据统计,截至2007年底,北京公路总里程已超过20000公里,平均每100平方公里就有125公里公路,是改革开放之初的3倍多。这些让我们深刻地感受到北京的发展变化。

把历史镜头回放到30年前:赶路的农民驾着马车,在颠簸的乡间小路上扬起一道烟尘;城里的上班族骑着颜色单调的自行车在街道上穿行,数量不多的公交车,每遇风雨天就人满为患。

30年弹指一挥间,如今的交通工具和出行方式已是花样繁多:在繁华都市,知名品牌轿车会不经意间从人们身边招摇而过,公交路网越织越密,出租车招手即停,私家车的数量更是以惊人的速度增长;在农村,公交车也陆续通到了家门口。回首出行的变迁,人们品出了昔日清贫生活的苦涩,也品出了今日改革开放成果的甘甜。

## 一、四通八达开新路 千里万里成近邻

我家在通州,不是在北京的城里。我是1980年后出生的,30年前的事我并不知道,但是最近这20来年我还是很有感触的。依稀记得儿时,我家那边没有大的公路,只有1条不是很宽的路还很不平整。公交车很少,即使离城里只有30公里,也要好几个小时才可以到达,去一次天安门几乎是奢望。

看看现在,有时感觉像在做梦。我家旁边就是新华大街,非常宽阔并且现代,

更有数条公交线路,出行十分方便。高中时我去城里上学,甚至可以走读,公交走高速又快又安全。现在的北京出行已经不是问题了。

## 二、越织越密公交网　来势如潮私家车

“30 年前,街上的汽车很少,自行车还是主要交通工具,人们为了坐公交车经常要走两三站地。去一个远些的地方要换两三次车。飞机更是极少见到,更别说乘坐了。”谈起交通工具的变化,今年 60 多岁的爷爷依然感慨不已。

20 世纪 70 年代,爷爷最想要的就是一辆自行车。当时自行车与缝纫机、手表

30 年前的北京早高峰

现在的北京现代化公路

并称为“三大件”,地位无异于现在的私家车。当时购买自行车都得凭票,每年一个单位也就能分到十几张购车票,能有幸分到票的人自然不多。

1978年以后,自行车市场开放了,不再需要凭票购车,大街上卖自行车的商店和修车铺犹如雨后春笋。攒够钱后,爷爷终于如愿以偿地买了一辆崭新的“永久”牌自行车。骑车上路,那昂首挺胸的架势和满足的神态,至今让家人念念不忘。

如今,这一页历史正被新的变化改写,而且是翻天覆地的变化。大街小巷到处可见公交车,百姓出行越来越方便。居民收入持续增加、道路交通条件改善、城区面积不断扩大以及消费环境日渐成熟,私家车也越来越热。10年前我家也买了汽车,周末全家人经常一起出去兜风,出行真是方便多了。

(作者单位:首发集团公司京沈分公司)

# 一张奥运会开幕式公交纪念车票

凌春北

听说8月9日公交发行奥运会开幕式纪念车票,一些乘客就到公交车站等候首班车。为了能买到纪念车票,有的只坐一站地就下车。还有出来晚的乘客,挨车询问有没有纪念车票,如果有也坐一站地,没有就再等下一辆公交车。我开始对这还真没当回事,可这两天的电话多起来,都是朋友打电话询问是否有公交奥运开幕式纪念车票。车队的司售人员、管理人员也在找,有了一张纪念车票后,还互相凑成一套进行珍藏,这时我才意识到纪念车票的珍贵。

## 一、难 忘 往 事

30年前,我刚从部队复员,就走进了北京公交,成为102路公交车的一名驾驶员,工资待遇不高,工作条件还特别艰苦。车辆老化、设施不整,酷夏一身痱子,寒冬满手冻疮。没有统一的工装,衣服穿的五花八门,社会地位不高,没有多少人愿意干。在我那几年的开车生涯中,一遇到冬运高峰就犯怵,倒不是因为道路拥堵,而是客流太大。当时北京只有电车公司、公汽一、二分公司和长途4个运营公司,几十条线路,没有现在这么大的规模。每天高峰时段,重点站都聚集一二百号人等车。大冷的天,谁不想早点回家,因此车一进站,乘客蜂拥而上,没有三五分钟,甭想关好车门。我所在的线路使用的是单机,售票员要上下车服务,车队里的司机都不愿与女售票员搭班,嫌女售票员胆小,招呼乘客上下车腿脚不利索,动作慢,到站延误时间长,稍不留神,还会把售票员丢下,这种事我也遇到过。还好和我搭班的售票员是个棒小伙,关门特别“脆”,往往发车没开几站地,准能追上前车。但就算儿部车一块走，乘客还是不能完全上车。电车是无法超车的，造成30分钟以上的大间隔是常事。车辆晚点了，别说抽根烟，就是上厕所也得一路小跑，那个紧张劲儿就别提了。干售票的也不容易。车上那么挤，卖的车票又是五分、七分、一毛一，非常麻烦，常常是票还没卖完，车就到站了，又得下车服务，每天上班一站就是8小时！

## 二、公 交 巨 变

伴随着北京公交的快速发展，“公交优先”的战略部署正在加快落实，乘车难的问题得到了有效解决，30年来，公交车辆已经历了几次更新换代。多条线路都有了空调车，特别是申奥成功后，北京更新和新增1.6万辆新型公交车，公交车总数达到2万多辆，与之相呼应的还有公交提速和公交降价政策。这些新举措使北京公交车便捷性、舒适性、经济性、安全性大大提升。现在乘客出行可选择的线路增多了，有的公交线路都开进了小区，在家门口就能乘车。线路和车辆的增多，乘车条件的改善，也提高了广大乘客的文明意识。

## 三、奥 运 洗 礼

在北京奥运会闭幕式上，国际奥委会主席罗格用“这是一届真正无与伦比的奥运会”给予高度评价。中国体育健儿夺得了51枚金牌、100枚奖牌的辉煌成绩令人振奋。北京公交在完成奥运交通保障任务中经受住了考验。与奥运节目同样精彩的是，开幕式结束仅50分钟，所有运动员就回到奥运村；75分钟16万演员和观众疏散完毕，整个疏散过程比预计时间提前了整整一刻钟，体现了“北京公交速度”。残奥会前公交集团对611部奥运服务用车进行了无障碍改装，改装后的大客车后门设置了一块“渡板”。汽车停稳后，司机一摁按钮，“渡板”就慢慢伸出来，形成上车的斜坡。乘轮椅的乘客就可以顺着斜坡进入车厢。改装后的车厢内部空间非常宽敞，紧挨后门的车厢中部，两侧可以摆放六七辆轮椅车。除了这611部车，公交集团还购置了2385辆低地板的无障碍公交车。残奥会期间，公交集团还开通了16条残奥会专线车,首末站实现无障碍,106个中途站也全部进行了无障碍改造。为赛事服务的公交车实行无障碍服务,多方面折射出北京公交改革开放30年来的巨变,为中国赢得了赞誉。

傍晚,站在北京街头,望着一辆辆整洁美观的公交车与气势恢宏的建筑场馆交相辉映,汇成北京城一道道流动的彩虹,不禁思绪万千……30年只是历史长河的一瞬间,回首往事,我们这一代公交人亲眼目睹了北京公交的飞速发展,这里有进步、发展、成功的喜悦,也有前进道路上遇到的挫折和困惑。憧憬北京公交更加美好的未来,我们没有理由不为公交事业继续献身!

（作者单位:公交集团专线客运分公司党委工作部）

# 无障碍交通为我撑起一片天

刘力群

一个坐轮椅的残疾人,如果在30年前乘坐地铁出行,那简直不可想象。面对几十级的台阶,似乎像是一座天梯横在面前,不免让你发出"蜀道之难,难于上青天!"之慨叹。

改革开放刚刚开始,工伤致使我下肢残疾,坐上了轮椅。从此我不仅离开了工作岗位,也阔别了我熟悉的地铁事业。

从1971年开始,我便与地铁结下了不解之缘。刚参加工作时由于上下班需要乘坐地铁,单位便给我们打了地铁月票。那时候的地铁很单一,从苹果园到北京站,仅此一条线路。发车的间隔也很大,即使高峰期起码也要等五六分钟。车厢也很一般,噪声很大,遇到夏天人挤人,十分闷热。而且末班车时间很早,北京站是晚上10点40分,而苹果园只到9点30分。如果出门稍微晚了一些,就要算计末班车的时间了。当时公交车的末班车,大部分要比地铁还早。就当初的公交设施发展来看,还是十分缓慢,更甭提无障碍设施了。

到了20世纪90年代初,曾经风靡一时的"黄面的",以其价格低的优势,给坐轮椅的残疾人带来了实惠。但不方便的是,坐这种车必须要有两三个人连同轮椅抬上车才行。但我已经很知足了,毕竟我可以时不时地走出家门,探亲访友,参加一些社会活动,扩展了原本狭窄的生活面。数年过去了,"黄面的"退出了出租车行列,后来外出时就只能坐"夏利",如今则是"索纳塔"、"桑塔纳"等,出行成本越来越高。不仅如此,上车时自己必须艰难地挪到车座上,还要有人把轮椅折叠起放到后备箱里。有时遇到不通情达理的司机,见你坐在轮椅上,便爱搭不理地从你身旁呼啸而过,令你倍感不快。面对川流不息的公交车,我们这样坐轮椅的残疾人,何时才能像健全人那样无障碍乘坐呢？脑海里也不止一次掠过从前自己坐地铁上下班的情形，不免感慨道，何时还能再次坐一坐地铁，哪怕只坐一小会儿也好。然而，面对自己残疾的双腿，面对残酷的现实，我只得把这种想法当成是一种梦想罢了。

随着改革开放的不断深入和发展，特别是2008年奥运会的申办成功，北京的公共交通设施也在不断地发展和完善。渐渐地，我意识到，面对这样的大好契机，我的梦想一定会变成现实的。

残奥会前夕，从媒体得知，残奥会期间地铁和公交车都将开展为残疾人服务的无障碍运行。我高兴极了。这一天终于来到了！

残奥会开幕的当天，我突然想去天安门看看，感受一下残奥会所带来的节日气氛。临出门，给地铁热线打了电话，预约好自己出行的时间、地点。到了古城地铁西南口，已经有四五个地铁服务人员等在那里了。我顺利地通过了地铁口的无障碍坡道，十分方便地坐上了升降平台。随着升降平台平稳的运行，仅四五分钟就到了站台。当一辆车进站时，两位保安人员把我推进车厢，安放在轮椅专用的地方，系上安全带，陪同行进了两站才下车，并告诉我到站时会有人接。

将近30年没有坐地铁了，面对地铁中的一切，感到既熟悉又陌生。眼前呼啸而过的隧道，使我仿佛回到了从前。隧道中眼花缭乱的广告，以及车厢里的液晶电视，显示着现代化的气息。30年的变化真是太大了！

到了天安门东站，果然已经有人等在那里了。下车时，志愿者用一块木板把车厢与地面连接成一个坡道，我自己就顺利地下了车。接着，又分别坐了两段升降平台，就到达了地铁出口。许多乘客可能是第一次见到升降平台，纷纷拿起相机和手机拍照。昔日，坐着轮椅行进在大街上，人们大多以同情、怜悯的目光看着我；如今，当我坐在升降平台上的时候，人们露出的是惊奇、友善的眼神。我忽然感到自己就像是坐在轿子上一样，真正体会了一把做“上帝”的滋味。

9月13日，我来到“鸟巢”观看残奥会的田径比赛，又体验了一次了地铁的无障碍设施。这次没有提前预约，到了古城地铁站口，我按动了可视电话的按钮，仅仅几分钟升降平台就开到了我的面前。到了国贸站换乘10号线，再到北土城换乘奥运支线，当我出地铁口时，美丽壮观的“鸟巢”已经展现在了我的眼前。从我出发上了地铁,一直到比赛场馆,全程无障碍,加上地铁工作人员和志愿者的热情服务,这一整天我都沉浸在兴奋和感动之中。

也许我是幸运的。虽然我没有更多的机会投身到改革开放的建设之中,但作为一个残疾人,在这30年当中,我亲眼目睹了祖国日新月异的变化,亲身享受到了改革开放的成果,感到无比自豪。

# 第十七章

# 其 他

## 门头沟不再遥远

王 栋

门头沟区地处北京的最西端，在五六十年代，通往那里的公共汽车只有336路一条线，来往那里一次要用大半天时间。记得当年有位邻居在门头沟当老师，每星期只能回一次家，碰上雪天，简直就无法来往。那时，无论在久居市内的城里人眼里，还是在门头沟人心中，莫不视此为畏途，觉得门头沟是个遥远的地方。进入20世纪80年代，门头沟相继开通了307和326路，但这3条线路都只到门头沟区的边缘地带，并且只有50多部车运营，与市内的往来仍然十分不便。

1991年底，市政府提出“解放门头沟，方便石景山，服务发电厂”的目标，决定改造广宁路。广宁路，原来坡多路窄，坎坷难行。改造后，这条东起石景山北辛安，西至门头沟大峪环岛，全程6.7公里的道路一改旧日容颜，原来路宽只有7至9米，改造后主路宽22.5米，路两侧有2米宽的人行步道，还修建了13座桥梁和通道，工程于1992年4月动工，1993年9月告竣。与此同时，阜石路也进行了改造。从此，东起阜成门，西接门头沟的阜石路和广宁路成了连接市区与门头沟的通衢大道，京西道路状况明显改善。

伴随着道路建设的改善，公共交通也迎来了大发展。门头沟不再遥远，首先体现在公交线路的增加上。过去，出入门头沟只有两种选择，要么乘336路走高井、三家店一线，要么乘326路到苹果园换地铁。1994年10月，公汽一公司运五分公司开通了门头沟大峪至甘家口的921路车，该车运营在新修建的广宁路和阜石路上，走市区与门头沟间的最短路径，与原来的336路车时而并行，时而分道，同向运营，互为补充，使人们可以就近选择，出行愈加方便。其后，公交又开通了383、929、931、992、981等线路，现在通往门头沟的公交线路已经超过8条。

门头沟不再遥远，还因为公交线路不断向山区延伸，极大增强了门头沟腹地与外界的联系。过去，公交车主要集中在门头沟平原地区，98%以上的山区则要靠长途汽车，而那时长途汽车运力非常有限，每天只有几个班次，而且线路也少，难以满足山区群众的出行需求。1994年底，大峪至杨坨煤矿的383路开通，1996年5月，苹果园至木城涧的929路开通，1997年5月，苹果园至潭柘寺和卧龙岗的931路开通，1997年底，杨坨煤矿至海淀太舟坞的903路开通，如今门头沟区的22个乡镇和街道办事处，基本都通了公交车。

在此期间，公交线路也不断往市内方向拓展。1996年4月，336和921路东端终点站由甘家口向东延至阜成门，直达市内二环路。2000年后，921路变更为645路，并向北延至民族园路；326路与370路合并，从此，370路从门头沟的圈门直抵西三环的公主坟。

门头沟不再遥远，更表现为山区出行的公交化。如今，公交车辆大幅增加，车次密集，来往于门头沟的公交车比过去翻了三番，超过300部，仅336路、370路、645路这三条线，日发车就超过1000次，运营间隔一般只有10分钟左右，早晚运营高峰四五分钟就发一个车。尤其值得一提的是，2008年8月，阜石路上连接四环和五环的高架桥竣工，从而使五孔桥至石景山晋元庄路段没有路口，没有红灯，行驶其间的336路快车原来从阜成门到门头沟大峪需要80多分钟，现在只需72分钟就可抵达，市区至门头沟公共汽车线路的公交化，使乘客候车时间减少，出行愈加方便。

蓦然回首，是改革开放推开了北京交通发展的大门，使山区人们的活动半径越来越大。如今，无论是生活在市内或门头沟，都随心所欲，来去自如，门头沟不再遥远。

（作者单位：公交集团第四客运分公司宣传部）

# 回望我的人生“路”

刘卫东

记得是1984年的夏季,父亲帮我填报了中考志愿书。我的第一志愿就是:北京市公路技工学校。当时,很多亲戚听说我报考的是“公路技校”,都很不屑,去那里有什么好的?不就是扫马路的,多没劲。

说实在的,当时我对公路技工学校没有什么具体的概念。等领到录取通知书后,还是高兴了一把。毕竟是第一志愿就被录取上了啊!后来经父亲打听,他同事董老师的孩子就是在这个学校里。这样他也放心了些,我也更加高兴了。我那时因为从来没出过远门,人也很发怵。心想这回有董阿姨的孩子,有个兄长照顾了,就踏实多了。等到开学,父亲送我坐车到通州,由新华书店经消防队,走过狭窄的麦禹胡同小路来到宽阔的马路,在右侧上坡大门内报到。南边是两栋简陋的小二层宿舍楼,只有北边四层教学楼是新的红砖楼。

开学后生活逐渐步入正轨,开始学习文化课。很多城近郊区的学生都瞧不起我们延庆人——因为是远郊山区人,还有浓重的口音,并且一提到延庆,他们会感觉象凛冽的寒风似的。但是我们学习都很努力,成绩都名列前茅。转年开始学习专业课程:《公路施工工程》、《工程力学》、《材料力学》、《金属工艺》、《机械构造》、《机械制图》、《筑路机械驾驶运用与维修》、《汽车电器修理》、《电子计算机运用及程序》等。通过学习《公路施工工程》等公路施工方面的课程,我开始知道了路堑、路肩、边沟、密实度、含水量、平整度、横坡、纵坡等基本的概念。通过学习《机械构造》、《机械制图》等课程,我对机械产生了浓厚兴趣,并且学会了怎样严格按照操作规程去驾驶、修理施工机械,更重要的是学会了利用现代机械,修筑高等级公路的施工工艺和质量控制程序以及简单的工地管理知识。其中印象特别深的是付丽霞老师讲解的《机械构造》，细致的讲解和丰富的图形构造让我喜欢上了机械，并且第一次听到了“高速公路”这个名词。当听说如果驾驶汽车行驶在高速公路上会有飞翔的感觉时，我就不由自主地激动起来！是不是和坐飞机一样的感觉啊？可是我连飞机还没见过，更别说坐了！那时我们北京还没有真正意义上的高速公路。

等到毕业前实习，我有幸被分到了京石快速路延庆所施工工地实习。在与师傅的学习、交谈过程中，与其他工地实习的同学交流后，我由最初的不了解，慢慢地爱上了公路，爱上了延庆所。因为从师傅那里不仅学习了技术，还从他们自豪的言语中，从别的学生对延庆所的钦佩话语中，感受到延庆所的名声已经传响，将来发展大有空间。在实习过程中，我懂得了：无论付出多少汗水都是值得的，因为我是快乐的。从那时起我就感觉已经融入到公路大军中了。

等到参加工作后，我在机械修理车间学习了半年。来年3月8日，我第一批进驻“京津塘高速公路”工地，心里别提多兴奋了。工地驻地设在通州次渠通往廊坊路边的一块空旷场地里，没有房屋院落只有简易的帆布帐篷，夜晚刮起的冷风能把帐篷吹透。后来才逐渐盖起了活动板房。一开始气候多变，阴雨连绵，潮湿炎热，每当倒休从家里回到工地宿舍，床上铺的凉席都会长出绿毛毛。等到9月份，天气好转，为抢工期做实验段，我们每天早晨4点起床，夜晚加班到12点甚至第二天凌晨。虽然条件艰苦，身体疲惫，但是能够参加建设京津塘高速公路，心里特别地高兴，并由衷的引以为自豪。

在多年的工作中我越来越体会到，我们延庆公路的发展是和求真务实的精神分不开的。我们从艰苦中学会了坚强，学到了公路建设的真本领。虽然夜以继日的工作，但是我们的努力赢得了较高的工程质量。

在新一届领导的带领下，经过多年的努力，延庆所发展成为北京市路政局延庆公路分局。养护里程发展到三级以上公路647.07公里、四级公路954.45公里。筑路工艺由原来的级配沙石灌注沥青发展到利用大型沥青混凝土搅拌，进口机械铺筑。路面维修处理由单纯的沥青勾缝发展到稀浆封层，再到多巴哥沥青的利用。办公楼由原来的几排平房发展到了现在2000多平方米拥有现代办公设备的办公楼。延庆公路分局从一个混合型的事业单位成功转变为具有公路规划管理行政职能的单位。层层处处，点点滴滴，无处不显现出“安全、环保、舒适、和谐、耐久”的现代公路的延伸！我会更加坚定我所选择的这条“路”。

（作者单位：延庆公路分局）

# 公交载我走进新时代

宋桂玲

1978 年 12 月 18 日,党的十一届三中全会在北京召开,那年我刚一岁。可以说我们这一代是伴着改革春风成长起来的一代,亲眼目睹了祖国改革开放以来翻天覆地的变化。

1978—2008 年历经 30 年我由一个婴儿成长为一名乘务员。作为一名公交员工,我更深刻的体会到了改革开放以来企业的变化。从一拥而上的挤车到井然有序的排队上车,从老式的“大通道”到无级变速的空调车,从纸制车票到电子钱包……公共交通的发展体现了我国的经济、综合实力的增强和人民生活水平的提高。

儿时的我是一个爱坐车的小孩。那时道路上行驶的车辆还很少,去通县也只有几条“3”字开头的公共汽车。依稀记得是那种车身带有红道的铰接式公共汽车,俗称“通道车”。车少人多,夏天被挤的汗流浃背,冬天被冻的双脚发麻。当时只能是这样,人们出行没有太多选择。

随着改革的不断深入,北京公共交通事业也逐渐进入了全新的发展阶段。单就通县而言,现在“3”,“6”,“7”,“9”字开头的公共汽车就不下 20 多条线路。这些线路有走京通快速路的,有走辅路的。有小区专线,也有直通火车站的,平均一分钟就有一辆甚至几辆,大大方便了人们的出行。随着生活水平的提高,人们的出行需求也有多样化的趋势,进入 20 世纪 90 年代,出现了空调车,双层车和无障碍低底盘车。车内设施,也逐渐增加了显示屏、移动电视、空调、安全扶手及老幼病残孕专座等人性化的服务设施,逐步实现了公交企业对社会“人文公交”的承诺。

刷卡乘车,翻开了公交史上新的一页,人们乘车时不再为没有零钱担心,票价回归到 30 年前,起步价仅 0.4 元,甚至 0.2 元,这着实让老百姓受益匪浅。有一位乘客告诉我，他以前坐728路，从三元村到东单票价为6元，现在刷卡是1元，这一年能节省一笔不小的开支。“公交优先，服务优秀”，在北京半个世纪的风雨历程中，优质服务成为首都精神文明建设的前进动力。特别是党的十一届三中全会以来，开展的“五讲四美三热爱”和“文明礼貌，优质服务”活动，涌现出以李素丽、刘俊华为代表的一批先进典型。他们集中展现了北京公交企业形象，在平凡的岗位上，用辛勤的劳动和真诚的付出，去体现“一心为乘客，服务最光荣”的企业精神，得到了乘客的尊重，赢得了社会的赞誉，为广大公交职工树立了榜样。

21世纪是经济高速发展的信息时代，这在公共汽车上得到最好的诠释，人们在上下班的路上，坐在公交车里，就可以了解更多的信息，看到最新的内容。在奥运期间，公交车的移动电视里清晰地直播奥运赛事，乘客们为每一次的拼搏而喝彩，为每一枚奖牌而感动。掌声时时响起来，那情景使你不由得为人类的自我挑战而震撼，为祖国日渐强大而骄傲。北京奥运圆满的落下帷幕，北京公交以崭新的姿态为这座古老而现代化的都市，增添了祥和美丽的色彩。社会经济在发展，人口密集，车辆增加，交通堵塞的问题逐渐突出，于是，卫星定位、无线通信、快速公交以及轨道交通应运而生。四通八达的各式公共交通在地面地下形成了巨大的交通网络，为人们提供了更加便捷的出行。计算机的应用日渐普及，电脑发车，客流调查，现场调度等科学技术也正逐步使用。随着北京市的经济发展不断进步，北京公共交通事业正逐步实现“科技公交”的伟大构想。

回顾北京公交近百年来的历史，新中国成立前她几经兴衰，甚至停止营业。新中国成立后，北京市的公共交通事业走上了欣欣向荣，蒸蒸日上的征程，成为都市生活中不可缺少的桥梁和纽带。想想这些，作为一名乘务员，我心中充满了激动，一首歌在我的耳边渐渐响起——

我们唱着东方红，当家作主站起来

我们讲着春天的故事，改革开放富起来

继往开来的领路人带领我们走进新时代……

（作者系公交集团员工）

# 北京公交 礼仪之窗

李俊玲

第29届奥运会的成功举办，成为一届无与伦比的奥运会，而作为城市大动脉的公共交通也成为这座城市的一个先进标志。

百里长街上奔驰着一辆辆崭新的公交车，全景风窗玻璃，车载移动电视，无障碍的倾斜式踏板等人性化设计的公交车，零排放的环保电动车和混合动力车，公交车的变化日新月异。现在不只是城市公交车先进发达，为了广大市民出行的便捷，公交车开进了居民小区，就连乡村道路也是一样。如今，北京的“村村通”工程已完成了一大半，门头沟区最偏僻的山村也不愁坐车难了。方便、舒适、快捷，改革开放30年后的北京交通正以现代化的步伐突飞猛进。

去趟北京，真难！

那是在70年代，我家住在门头沟城区新桥大街。当时公交车只有336一条线路，而新桥大街作为区政府主要大街，还是一条不过6米宽的普通公路，要出门坐车就得坐上20多分钟，到黑山或是河滩车站，那还算是最近的了。再说这车吧，据说那种长着长鼻子，到站要靠人手动拉开车门的公交车还是美国产的“道奇”牌。像那样的老牛拉破车，加上路途远，道路窄，弄不好就“开锅”了。遇到爬坡时，这车还没有人跑着快呢。那时候，坐这趟车去阜成门最快也得两个多小时，座椅就是木制的长凳，地板也是木制的，这样一路下来颠簸摇摆，满车尘土，受罪程度就可想而知了。

改革开放，为山里人造福。

随着改革开放的推进，家门口的马路越修越宽了。过去门头沟区只有三家店、河滩两处设有红绿灯路口。现在随着路网的建设，已有不下几十处了。行人过马路有了人行横道灯，老百姓走在宽阔的路上增加了更多安全感。路修好了，车也更好更漂亮了。近些年，我们公交不断更新车型，从普通车到空调车，从通道车到双层车，这些都是公共交通改革30年的浓缩与展现。现在我们山里人出行，也能享受到大城市里一样的便捷与舒适，“开车一身土，坐车颠屁股”的场景已成为了历史。

过去因为交通的不便，山里的特产运不出山，大多烂在家里，山里人都过着贫穷的生活。现在交通发达了，京白梨、香白杏、大樱桃都走出了国门，成为了水果出口品种的典型代表，这一切更是改革开放带来的致富之路。从修路到通车，从土特产的上市销售到出口海外，大山里的人们迎着改革开放的春风一步步走上了致富的道路。

提高服务水平，塑造公交形象。

进入2008年，公交大批更换了新车，增加了数百条线路。现在无论您在哪里，都能非常方便地换乘。交通一卡通的发行代替了多年来的纸质月票，乘车优惠更是政府为市民做的实事，深得民心。车好了，线路多了，我们公交员工的文明素质也在不断地提高。车厢虽小，却能浓缩一个大社会，微笑服务，礼貌待客，北京公交已成为北京一扇展现礼仪之邦的窗口。

（作者系公交集团员工）

# 两代公路人 一世交通情

王 强

作为一名高速公路管理者,我体验的北京交通发展,当然是我国高速公路的飞速发展,桥梁建筑技术结构的飞跃性突破。高效率,高质量,高强度的高速公路网的飞速发展,势必要求桥梁修筑技术的不断更新。从大关桥到潮白河斜拉桥,两座不同世纪的桥梁在诉说着我国道路交通事业的迅猛发展。作为一名高速公路管理者,本人以点带面,阐述一下我心目中的交通发展。

记忆中,母亲作为密云县最早期的公路管理者,为我讲述了大关桥的故事。密云大关桥为 20 世纪 70 年代修建的双曲拱桥,位于密云县密关路上,横跨白河水系。1969 年 10 月至 1971 年 7 月,北京市第一市政工程公司修建的大关桥(桥长 265.88 米,高 158.5 米,桥面宽 8 米),上部结构由 3 孔 72 米的双曲拱和两端各有 2 孔 7 米左右盖板组成。该桥是当时北京地区跨径最长的公路双曲拱桥。

时光荏苒,我已成长为一名首都的高速公路管理者,延续着母亲曾经忙碌过的事业,继续奋斗。在从事高速公路管理的这几年中,我从事过路产、养护管理。正是在这期间学习到的公路桥梁专业知识,使我对桥梁工程的技术革新产生了浓厚的兴趣。从 1999 年京沈高速公路运营通车的儒林桥,到 2002 年京承高速公路运营通车的来广营双向分体式立交桥,再到 2003 年 8 月五环高速公路转体 49 度后的斜拉桥全线贯通,我有幸成为首都高速公路桥梁建设技术迅猛发展的见证者。然而,让我印象最深的,还是京承高速公路潮白河大桥斜拉桥的建成通车。

2006 年底,京承二期工程(高丽营—沙峪沟段)线路全线通车,道路里程全长 46.7 公里,道路为双向六车道,设计时速为 120 公里,途经顺义、昌平、怀柔、密云三区一县。这条高速公路的贯通,使我回密云的时间从以往的 3 个小时,缩短为 1 个小时。京承高速公路二期工程中的亮点工程，潮白河斜拉桥工程，是我每次都要驻足观望的风景。

潮白河大桥位于京承高速公路高丽营至沙峪沟段，是京承高速公路重点工程，全长919.18米，宽为29.5米。主桥结构形式为三塔四跨矮塔斜拉桥。跨径组合为72m+120m+120m+72m，中间桥塔处为梁塔墩固结，两侧桥塔处为梁塔固结，在桥墩上设支座，主梁采用单箱三室箱结构。潮白河大桥主桥三跨矮塔斜拉桥索力、耐久性控制、大体积混凝土浇筑，竖向预应力筋施工等关键技术。

从20世纪70年代北京地区跨径最长的公路双曲拱桥密云县大关桥，到现在的京承高速公路二期的潮白河大桥。两座不同年代的桥梁为我们诠释着交通科技的迅猛发展。

首都高速公路事业的迅猛发展，带动了北京经济的全面发展。使我们有能力、有条件承办2008年第29届奥运会。作为两代公路管理者，我和母亲一起用生命的岁月见证着首都公路事业的变迁和发展。母亲用一生捍卫的公路事业，我将继续为之奋斗。党的“十七大”要求我们落实科学发展观，我们这一代人，将用科技的力量和饱满的热情，筑就高速公路事业不朽的篇章。

（作者单位：首发集团安畅分公司）

# 小小车厢里的大变化

黄秀萍

1984 年，刚参加工作的我怀着忐忑不安的心情和对未来的憧憬，来到了公交四场。为便于接班，我被分到了位于动物园站址的第八车队，成为了一名售票员。

当时车队只有 3 条线路：360 路、334 路和 347 路。334 路都是大通道车，360 路有部分是通道车，小部分是单机，而 347 路就都是单机车了。为了对车队的每条线路都熟悉，车队要求我们在每条线路上都要实习，直到可以独立顶车。

1984 年线路较少，市民出行可选的线路也少，从动物园往西去的车只有这 3 条线路。特别是往西北到香山的车就只有 360 路了。每到上下班高峰时间，车上水泄不通，玻璃都能挤破。当时单机车售票员要求前门下后门上，上车之后按一下车门边的一个按钮，通知司机可以关门走车了。由于人多，车队一般安排男同志走单机车。这天有一个售票员请假了，由于我是后备，就被派去顶了一天单机车。当早高峰走到蓝靛厂时，车上就已经挤的满满当当了，车下的乘客喊着口号往上挤，我奋力把最后一名乘客推上了车后，车门关了，我却被关在了车下。这可怎么办？一般男售票员都是在车门要关的最后一刻挤上车。我满头大汗地跑到车前告诉司机我上不去了。司机师傅一边推开驾驶室门，一边对我说：别着急，从我这儿上去吧。

如今，北京的公共交通四通八达，特别是近几年发展的非常快，别说从动物园到北边的车了，就是到香山的车也不止 10 条线了，而且大部分都是空调车，冬暖夏凉。从市区各个方向到香山的车都有，不用再到动物园换乘了。过去一些退休的老职工到香山溜早，打香山的泉水，从各区到动物园站换乘，使得 360 路只能同时发两辆头班。现在不用了，因为大家在哪儿都能换乘到香山的车。

20 世纪 80 年代北京的公共交通车辆都是“老解放”车，车窗玻璃都是要用摇棒才能上下摇动。夏天把车窗玻璃摇到半截,刚走到一半下起了雨,如果司机忘记带摇棒了,那么车里可就到处是水了。到了冬天可就更受罪了。当时的"老解放"冬季每天都需要加水、放水,上早班的都要提前45分钟加水。男司机还好点儿,女司机就辛苦了,往往是车里加满了水,身上也沾满了水,天冷一冻,身上的大衣硬邦邦的。如今的公共汽车已经更新换代好几次了。从"老解放"到后来的东风141,再到现在的欧III、欧IV标准的康明斯以及CNG车的使用,极大地减轻了司售人员的工作量,而且工作环境也发生了很大的变化。不用加水不说,发动机也变成后置式的了。没有大的噪声,许多车还是无极变速的,车上既有电子显示屏报站,也有语音报站。买票的乘客少了,刷卡的乘客多了,既减少了售票员的工作量,也方便了乘客。而且现在许多车都是半封闭式空调车,冬不冷,夏不热。车厢环境好,卫生也好打扫。过去车厢地板怕滑,都用木条钉成一条一条的,卫生极不好打扫,每次都要用铁丝去勾木条中的土,扫到车前才能扫出去。用墩布就更不好擦了,得把墩布挤成一堆,才能擦掉木条缝中的土,不使劲根本就别想擦干净。现在车的地板都是橡胶的,既不积尘土也非常好擦,擦完了还特别显干净。玻璃也是推拉式的,既方便开关也方便擦拭,而且为了减轻司售人员的劳动量,公司出资找来了保洁工,专门负责车辆的卫生保洁。

如今,驾驶员开着崭新的清洁燃料车,售票员在宽敞明亮的空调车中,为八方来客提供热情规范的服务,让广大乘客一同感受着改革开放以来公交变化带来的舒适与便利。

(作者系公交集团员工)

# “车”　记

王文厚

我从小就喜欢看车，到现在一把年纪了，仍然乐此不疲。走在街上，我经常注目于身边驶过的那些公交车、小轿车。我喜欢他们那时尚现代的造型，亮丽大气的颜色。绵延的车流，为北京这座充满生机的城市，平添一道道流动的彩带。

我所以能发现这种流动的美，是因为过去不是这个样子。好像是什么事都是这个道理，知道过去，才能感受现在，过去和现在反差太大了。想起30多年前北京街道上的公交车，只能用“简陋”一词概括，那时的车没有舒适美观可言，只是代步工具。座位是木条做的，车窗也不能随意开闭。冬天又冷，车开起来寒风刺骨，如果没戴手套，哪儿都不敢摸。晚上车里没有灯光，只能用路灯照亮。不仅设施落后，外观也陈旧。就像那时人们的服装一样统一，汽车一律上黄下红，电车一律上黄下蓝，漆面斑驳，土头土脑。如果那些车再开到马路上来，人们不知作何感想。

那时每逢有重大政治活动，天安门广场附近就有一支“国宾车队”，那些车好像是东欧一个社会主义国家生产的。绿色车身，上下略窄，中间稍宽，车窗方中带圆，里外擦拭得干干净净。那车比当时的公交车大多了，式样也好多了，七八个车的车队，一经启动，柴油发动机震耳欲聋。给我的感觉格外“壮观”，羡慕得不得了，因为那已经是我们国家最好的车了。

至于小轿车那就更少见了。我记得护国寺那有一个出租汽车站，总是停着六七辆出租车。车是黑色的，又小又圆，司机都是40岁上下的女司机，那些车好像是没见开动过一样，路过那里就有一种萧条的感觉。真想象不出来，当时什么样的人才能坐上出租车。

改革开放，国门大开，也让我眼界大开。看着进口的“皇冠”、“尼桑”，才知道人家那车一踩刹车后边尾灯格外明亮；才知道那天线居然可以自动伸缩；才知道汽车里也能装空调，冬暖夏凉；才知道转向时车里会发出一种从未听过的轻轻的亲切悦耳的敲击声……然而弹指之间，马路就成了国产车的世界，各种型号的公交车，品质优良的小轿车，豪华考究的旅行车，五彩缤纷，风姿各异，让人目不暇接。就拿大众化的公交车来说，外观现代大气，车内设施完全人性化设计，坐在上面视野开阔，通风良好，冬暖夏凉，一开起来，又快又稳，整车工艺也很好。此生虽无缘去发达国家看一看，但据我猜想，那里的公交车恐怕也不过如此吧。再看路边停放的各旅游公司的大型旅行车，一律的“金龙”客车标志，那些车的样式，材料，内外装饰，令人瞠目。想起原来最高级别的“国宾车队”，恍如隔世，让人感慨万千。

家与北二环隔一条护城河，我常于晚饭后到河边的林荫路上去走一走。河这边，树影斑驳；河那边，车水马龙。路灯像一串巨大的金光闪闪的宝石，蜿蜒而去，此时的二环路是繁忙而美丽的。大车小车，灯光闪烁，鱼贯而过。形态各异的国产小轿车，或顽皮可爱，或绅士俊朗，像在不知疲倦地讲述着一个国家由贫而富的故事。车里车外通体透亮的公交车，周身上下被闪光装点得格外漂亮。特别是鲜红明亮的车牌标志，多少路车离得很远都看得一清二楚，再也不用像30年前的晚上，车都进站了，人们还在辨认是哪路车。

30年的时间对于一个挣脱桎梏，走向复兴的民族来说转瞬即逝，却让一个古老的国度，发生了翻天覆地的变化。

（作者单位：北京地铁供电公司）

# 穿越南城的6路汽车

史雨兰

今年是我国改革开放30周年,我亲身经历和感受到了30年来我国各个领域发生的翻天覆地的变化,对自己所在的公交行业的改革发展更是感受至深。

1980年9月,一参加工作我就来到了公交,我被分配在6路公共汽车做售票员。6路的首站是莲花池,也就是现在的西客站南广场,末站是体育馆路。全长超过8公里,是当时贯穿南城东西的唯一一条公交线路。那时运营车用的是红色车身的斯柯达单机柴油车,这种车载人少,噪声大,售票员报站声音稍微小一点,乘客都听不见。尤其是到了冬季早晚高峰,车一进站看见的就是黑压压的一片人,售票员下车服务如同冲进人堆,经常是被站台上的乘客堵在车门口下不了车。乘客扒着车,车门关不上,走不了车,勉强关上车门,乘客和售票员都被挤得跟相片似的,喘不过气来。当时乘客和我们司售人员心中最大的愿望就是坐车不拥挤。

到了1982年,6路的斯柯达单机柴油车换成了三开门的黄河通道车。我想这回换通道车了,乘客和售票员可以不用再挨挤了。可是在换通道车运营的第一天,车一进达官营站,三个车门同时打开,乘客就象潮水一样立即把车厢塞的满满的,不少乘客抱怨说:"没想到换了大车还是这么挤,到什么时候坐车能够不挤啊!"其实,要说当时的客流量没有现在大,主要是车少、线路少,能不挤吗?记得当时由于车厢拥挤,乘客之间经常为你踩了我脚,我挤着你了这些小事争吵。挤人的人最常说的一句话是"怕挤去坐出租车去。"有一次,一个乘客对另一个乘客说的话很过火:"怕挤去坐火葬场的灵车去,没人挤你。"因为这句话俩人动了手,最后警察出面才解决了问题。现在想起来，车厢里的这些纠纷不都是因为人多车挤造成的吗？当时，抱怨公交车挤、乘车难的乘客很多，可是没有办法，上班路远，又只有这么一趟车，多挤也得上，挤不上去，上班就会迟到，被扣奖金。

到了20世纪90年代初，改革开放的春风已经吹遍祖国大地。6路的公交运营车辆逐渐增多，可是车辆满载率高的问题依然存在，这主要是由于经济发展了，车辆增多了，原有的道路状况已经满足不了交通的需要，堵车越来越严重，有的路口一堵就是20～30分钟，道路上经常出现"串车"，造成有的车上没有几个乘客，有的车挤得满满当当，乘客的意见非常大。

这时，城市道路改造的序幕拉开了。北京市投入大笔资金，首先对广安门大桥进行了重建，消除了沿线的一大堵点。接着，打通了两广路，对天桥地区进行了危改，同时也解决了天桥路口的堵车问题。

到了20世纪90年代末，就在人们满怀信心地迎接新的世纪到来之际，人们在公交出行上已经开始享受到了改革开放的丰硕成果。1998年，公交巴士公司成立了，立即使首都的公共交通格局发生了巨大的变化，一条条方便乘客出行的线路陆续开通，有舒适的空调车、非空调车，极大地方便和满足了不同消费阶层乘客出行的需要。用乘客的话说："早晨一出家门，看见小区门口一夜间立起了公交车的站牌子，出门就有公交车坐了，还是空调车，冬暖夏凉，咱们真有福气啊！"

如今6路公共汽车的首站已从莲花池向西延长到了六里桥东，末站从体育馆路延长到了北京游乐园。沿线新开通了好几条线路，过去一直号称南城唯一一条贯穿东西线路的6路公共汽车，现在已经融入众多条公交线路之中了。

由于工作需要，我已经离开6路车队很多年了。但是由于6路售票员是我进入公交的第一个工作岗位，在感情上总是割舍不断，在两广路上乘车我仍然首选6路。现在的6路早已今非昔比，新型通道车，宽敞、舒适，同时乘客还能享受着"公交优先"政策带来的刷卡乘车4折的优惠。在每天的早晚高峰，已经没有了80年代初公交站台人头涌动的镜头了。映入眼帘的，是乘客排队乘车和售票员文明服务的和谐景象。

我国改革开放已经30年，这30年在中国5000年的历史长河中只是弹指一挥间。但这30年改革开放取得的成果，却让全世界看到一个东方巨人挺直了脊梁，一个古老的民族重新找回了自信。如今,我国又成功举办了一届无与伦比的奥运会,更是让全世界各国人民刮目相看。就在我们为我国国际地位提升、综合国力增长、为世界和平发展作出贡献而骄傲时,为享受这和谐社会生活中的衣食住行便利而欣慰时,又有谁不由衷地赞叹改革开放带来的好时代呢。

(作者系公交集团员工)

# 制管工人逢盛世 卅年巨变谱新篇

谷永生

30年前,为了修建北京水源八厂的输水管线,一个占地430亩号称当时亚洲最大的水泥管厂——原北京市第三水泥管厂在昌平东河套的沙滩上建立起来。为此北京市市政工程局在北京昌平招工300人,我有幸成为其中的一员,从此踏上了人生新的道路,为祖国的制管行业整整奋斗了30年。

说起制管行业,早在1939年的时候,就在北京西郊的永定路建立了我国的第一个水泥管厂。20世纪50年代,我们敬爱的朱德委员长亲自考察过这个厂,还留下了珍贵的照片。改革开放之前,我们制管工人的劳动强度一直非常大,用小推车

水泥管厂水泥筒仓和搅拌楼 (摄于1975年秋)

推水泥、推砂石料，人工拉钢筋，人工用大铁锹喂料，人工推管子等，许多人为此付出了大半生的心血，有的还付出了生命的代价。经过30年的改革和科技的进步，我们已由原来的三个国有管厂，演变成为一个现代管理体制的有限责任公司。

水泥筒仓和搅拌楼 （摄于2006年夏）

以前，一个离心制管车间需要二三百人，而今的芯模振动车间只需二三十人，那么大的车间看不见几个人。以前，离心制管车间的制管工人，整天站在泥水里，不管冬天多冷，夏天多热都得穿上高筒胶靴，闹脚气是常有的事儿，而且这种工艺损耗大、污染严重。现在的芯模振动车间干干净净，技术工人只需通过计算机来监控，在操作台上按按电钮就可以打出漂亮的优质管材。

制管工的工作环境得到极大改善，钢筋骨架绑扎工也变化极大。那时候的钢筋车间，铁屑满天飞，空气污浊。女绑扎工使用钢筋钩子绑扣儿，左一拧，右一拧，一天最少也要绑上万个扣儿，一天下来，腰酸腿疼手发麻。就是戴上口罩，鼻子眼儿也全是黑的。如今，工人在明亮的厂房里，操作滚焊机，只需几分钟就可以焊出一个骨架。工人们不再受苦受累了，骨架的质量大大提高，成本大大降低。如果那些制管的老前辈们，看到现在的这些先进设备，不知道会多么羡慕呢。

科学技术的进步，使工人从繁重的体力劳动中解放了出来。同时产品也在不断增加，不断丰富。当年三管厂建立的时候，只有直径 2 米承插口低压管一个品种，如今我们可以为用户提供直径 0.6—3 米的上百个品种的排水管管材。

芯模车间工人制管操作现场 （摄于 2008 年 2 月）

水泥管厂钢筋绑扎车间工人
绑扎成型钢筋骨架 （摄于 1984 年夏）

传统的给排水管道铺设时要先开挖沟槽，然后再铺设管道，最后覆土填埋。这种方法的缺点，一是开槽要破坏地面建筑；二是大量土方堆放困难，造成环境污染，还使人们出行不便，甚至中断交通；三是施工成本大、工期长。顶管施工技术可以大大减少开槽施工的种种弊端。特别是穿过建筑稠密的城镇地区，比如平安大道、两广路等道路工程，更能显现出顶管技术的优越性。真是省时、省力、成本低，既不干扰人们的生活规律，也不影响首都的交通秩序。

滚焊机制作钢筋骨架现场　（摄于2008年8月）

最初的顶管铺设管道施工技术，是每隔几十米挖一个坑，在几米深的坑下用顶管机具把一根根水泥管水平方向顶到几十米以外。人们现在见不到像往常那样“开膛破肚”，一条管道就已经在地下修好了。

管道顶进技术，对管材的技术要求很高。最初使用普通的企口管材，顶压面积小，管口容易破损，这就影响了施工的进度与工程的质量。把管口改为平口，在接口处套上一个钢环，这就可以使管口得到保护而免于破损。我们把这种管材叫双插口刚性接口管材，这种管材的首次使用是在修建平安大道时。在小月河污水管线施工中，我们又把管口改为柔性接口，也就是在管口之间加上一个橡胶垫，这就可以解决因地层不均匀沉降而造成的管道口处变形、错位而产生的接口处渗漏的现象。

在管道顶管施工中，由于加上几百斤重的钢套环，给操作带来了一定的难度。对此，公司又在制管时把钢套环固定在管口的一端，这样打出来的管子，第一可以省下一圈钢板、一个胶垫和一个止水胶圈，材料成本大大降低；第二在施工的时候不但免去了吊装钢套环的一道工序，而且管道精度又有所增加，工程质量更高，顶进的距离也由原来的50米左右增加到200多米,这样施工成本也大大降低了;第三由钢套环的两个接口变成一个接口,减少了一个渗漏源。在修建北清路、小月河二期、清河污水管线及吴家村污水管线等市重点工程中,都大量地使用了这种钢承口管材。

30年来,我们生产的各种管材遍布祖国大地,出口非洲突尼斯,广泛应用于市政、交通、水利、电力等基础设施建设。回首首都30年巨变,道路交通之变犹甚。从当年“打通两厢、缓解中央”开始,我们相继修建了二、三、四、五、六环,修建了平安大道、两广路、京通快速路、八达岭高速路和通往四面八方的高速路。一座座造型别致、风格各异的立交桥,一条条平坦宽阔、顺畅通达的道路,把首都装扮得分外妖娆。

不论从狭义的老三管厂工人,还是广义的制管行业,抑或是北京成功举办奥运会来看,我写的这个文章题目并不为过。忆往昔峥嵘岁月历历在目,看今朝国运昌盛华夏腾飞。

(作者单位:北京远通制管有限公司)

# 个人投稿节选

进入2008年,我国改革开放已经经历了30个年头,在这30年中最受益的是我们广大公交职工,我们的路越修越宽阔,车越换越好,场站设施越来越完善,职工的收入越来越高,仅728路车目前职工收入而言,售票员平均达到2100元,司机平均达到2800多元,是改革开放前的几十倍,通过我的亲身经历,我深深体会到改革开放是中国在新起点上夺取胜利的必然要求,30年的实战告诉我们改革开放是中国走向富强的必由之路……

——果宝怀(公交集团员工)

西部群山的门户已经全部打开,进来的正在进来,出去的正在出去,在这来去之间,门头沟区正发生着前所未有的变化。一条条大路承载着飞驰的车辆,更承载着公路建设者的真情,承载着京西人民通向美好明天的希望。

——王晓珚(市路政局门头沟公路分局)

作为首都高速公路路产管理单位,分公司以创建首都文明行业为契机,以"保护路产,维护路权"为宗旨,在统一、规范的基础上,逐步转变服务观念,强化服务职能,努力为广大车户提供高水平服务。……"党员巡视车"是分公司在先进性教育活动中建立的长效机制,车组成员由党员和入党积极分子组成,巡视车上放置"党员巡视车"标志牌,以高标准工作、高水平服务体现党员的先锋模范作用……热情服务车户的事迹每天都在发生,"党员巡视车"这面流动的旗帜飘扬在首都各条高速公路上,引领广大路产巡视员为实现高水平服务努力工作。……

——任瑞德(首发集团安畅高速公路管理分公司)

我们作为一名公交车的生产者，肩负着义不容辞的责任。我们在汽车的设计制造方面认真负责，一丝不苟，力争生产出一流的公交车。为此，我们每位职工都付出了自己的努力，加班加点、出谋划策，为企业贡献出自己的力量。大到一块铁板，一个座椅，小到一个焊丝钉，一个小支架，都不容马虎。公交车是首都的窗口，承载着成千上万人的出行，质量的好坏直接关系着首都的荣誉。我相信随着社会的进一步发展，我们的公交事业还会有更大的进步，让我们所有公交人携起手来，为公交的发展作出自己最大的贡献。

——李燕红（公交集团职工）

想当年北京城还是以古城墙为界的，要说起公交车，大多是以这个城墙门、那个城墙门为终点或者起点，而通往郊区的车只有几条3字头的车，车少线也少……随着四环路和五环路的贯通，公交网络逐步扩大，车型开始丰富起来，体制上也进行了试点试验……短短的几年，北京公交高速发展，成为全国公交的学习模范，北京公交集团也成为了北京的文明企业。改革开放30年，中国强大、自信的站在世界的舞台上。北京发生了翻天覆地的变化，成为国际大都市，而北京公交俨然是这座城市的血脉，活力四射、铿锵有力。

——李文忠（公交集团职工）

30年，北京的城市变化让人目不暇接，我这个在北京生活了50多年的人也感到吃惊。然而变化最大，让人感触最深的当属北京的交通了。从悠长的胡同到静谧的小巷，从热闹的马路到繁华的街道，从宽阔的高速公路到封闭的环路，北京的道路经历了翻天覆地的变化。行走在路上的人，奔驰在路上的车，每天都不一样。人们充分享受着改革成果，我相信随着我们国家的综合国力不断提高，北京的交通将会建设的更加完美。

——魏京秋（公交集团职工）

中午12点从家出发，12点5分坐上了366路快速公交车，今天我要去木樨地看望一个朋友。车厢里明亮整洁，乘务员面带微笑的穿梭于乘客之间，车载移动电视正在播放奥运会中国女排与古巴女排比赛，乘客们一个个紧盯着电视画面，为中国姑娘加油。车外骄阳似火，车内空调吹着习习凉风。我坐在宽敞舒适的座位上，尽情享受着旅途的快乐，好不惬意。同时心中又多了一份光荣与自豪，因为这是我们公司自行设计生产的公交车。

——白　颖（公交集团职工）

我年龄还不足30岁，说起这30年的变化，只能从记事的时候说起。记得小时候家附近的路是黄土路，每到雨天，路上有坑的地方就会积水，形成一个一个的小水坑。雨大的时候这条路就像是一条小泥河，上面飘着树枝杂物等乱七八糟的东西，不管你怎么挑路走，鞋上裤腿上还是会沾泥。随着经济的发展，家附近也变样了，主要的路面上铺上了柏油，路的两侧种上了树，一眼看上去很舒服。村里的路比以前整齐多了，下大雨了也不觉得很脏了，出去玩的时候慢慢地发现以前的商场车站都变了模样，要是不常出家门的老人会不认识这个城市了。村子里的街道还装上了太阳能路灯，看上去很干净很漂亮……

——王志新（公交集团职工）

20世纪70年代，人们能买上一辆自行车，就是非常荣耀的一件事，一定要好好庆祝一番。当蹬着爱车穿梭在大街小巷时，像是插上了幸福的翅膀。那时的公共交通工具仅限于几条公交路线，而且每条线路的车次也不是很多……当大家在雪花飘飘的寒冬，坐在装有暖风的公交车上时，体会到的是流入心底的丝丝暖意；当酷暑的阳光被挡在公交空调车的外面，人们不用在拥挤的车内汗流浃背时，心情似乎也变得好起来了。公交线路的增加使得偏远郊区的人们也尝到了经济发展的果实。出行方便了，物资交流也变得更加频繁。公共交通就象一座桥梁、一条纽带，让发展的脚步遍及每个角落。

——陈林红（京华客车有限责任公司）

近年来，北京市委、市政府对公交事业越来越重视，出台制定了优先发展首都公共交通的具体意见，从规划用地、场站建设、专用道、环保车辆、财政补贴等各个方面给予公共交通优先发展以有力支持。公交出行的比例已达到34.5%，比2002年的28%提高6.5个百分点。公共交通改革是近年来市民受益最明显、最成功的一项改革。

——张振东（北京京华公司物业管理中心）

30年，北京的公交车在变，变得更加舒适安全，变得更加环保美观；30年，北京的公交服务在变，变得更加体贴周到，变得更加人性细腻；30年，北京的公交线路在变，变得更加无所不在，变得更加四通八达。北京公交30年的巨变，是改革创新的完美体现，是时代进步的最佳证明，我为能够参与其中而感到骄傲。北京公交改革发展的成功势必成为中国公交行业的典范，让我们为新时代的北京公交喝彩！

——梁俊峰（京华客车通州分公司）

改革开放为北京公交事业开辟了广阔发展前景。30年来，特别是2000年以来，北京公交的变化令市民和国人为之惊叹。北京公交究竟应如何发展，历史上也曾有过争论，但就是在争论中，通过不断的实践、探索和总结，最终找到了适合北京公交发展的独特之路。北京公交被人们称为是"北京经济发展的第一道工序"。作为公交员工，我们能感受到，有政府的大力支持，有集团公司各级领导班子的实干精神，有广大市民，广大乘客的理解与支持，把公交集团建成现代化公交企业，指日可待。

——杨永安（京华客车通州分公司）

# 后　　记

《跨越的30年 腾飞的30年——改革开放30年北京交通发展成就与展望》一书是根据北京市交通系统各单位来稿和面向社会征文编辑而成的。在稿件征集过程中，市交通委、市路政局、市运输局、市交通执法总队、公交集团、基础设施投资公司、轨道建设公司、地铁运营公司、首发集团、公联公司、市政路桥集团、祥龙公司、京通快速路、市政设计院、城建设计院、交研中心等单位和社会各界人士积极投稿。我们深表感谢！

根据本书的篇章结构，我们对来稿进行了个别修改和完善。因版面所限，部分稿件做了较大删节，一些稿件只做了节选，由于时间关系，修改编辑后的内容未来得及征求作者本人意见。

在本书定稿之前，我们就全书再次征求了各参编单位和编委会成员的意见，对所提意见基本都已采纳。同时还聘请了5位专家对全书内容进行了审校，他们是王英杰（原市交通局局长）、阎炤（市交通委原正局级委员）、郑树森（公交集团董事长）、王德兴（市地铁运营公司董事长）、李道辅（原市公路局局长）。在此，对各位编委和专家付出的辛勤劳动表示衷心感谢！

在本书付梓印刷前，市交通委研究室全体同志又分别对每个章节进行了校阅，具体是：杨宇梁（全书）、顾涛（第四、五、十三、十七章）、杨忠伟（第一、三章）、耿慧妍（第八、九、十二章）、周天（第二、六、七、十六章）、冯陶（第十四章）、周凌（第十、十一、十五章）。

改革开放30年来，北京交通发展成就令人瞩目。尽管本书广泛征集了北京市交通系统各单位、各部门和社会各界的稿件，但也很难全面反映30年来北京交通发展的成就。遗漏错误之处在所难免，恳请广大读者批评指正。

让我们共同为北京交通新发展献计献策！

编　者

二〇〇八年十一月十八日